《智能科学技术著作丛书》编委会

智能科学技术著作丛书

无人智能运载器航路规划方法及其应用

刘利强　李　刚　赵玉新　著

科　学　出　版　社
北　京

内 容 简 介

无人智能运载器是一种无人操作的、全自主或半自主的、智能化的运载体，是一种特殊的智能机器人。无人智能运载器航路规划技术主要解决运载器在任务执行前和执行过程中行进的问题，是决定无人智能运载器智能化、自主化水平高低的关键技术之一。本书整理作者课题组近年来的部分研究成果，深入全面介绍了基于蚁群优化的航路规划方法、基于空间弹性绳算法的航路规划方法、基于粒子群优化算法的航路规划方法、基于协同进化的航路规划方法、基于萤火虫算法的航路规划方法，详细给出了各种航路规划方法的基本思想、流程和仿真结果。

本书可供机器人、自动化、计算机、人工智能等领域科技人员参考，也可作为相关专业本科生或研究生的教材和参考书。

图书在版编目（CIP）数据

无人智能运载器航路规划方法及其应用/刘利强，李刚，赵玉新著. —北京：科学出版社，2014

（智能科学技术著作丛书）

ISBN 978-7-03-042023-7

Ⅰ. ①无… Ⅱ. ①刘… ②李… ③赵… Ⅲ. ①航天运载器–航线选择–研究 Ⅳ. ①V475

中国版本图书馆 CIP 数据核字（2014）第 224227 号

责任编辑：姚庆爽　王晓丽 / 责任校对：桂伟利
责任印制：肖　兴 / 封面设计：陈　敬

科 学 出 版 社 出版
北京东黄城根北街 16 号
邮政编码：100717
http://www.sciencep.com

北京凌奇印刷有限责任公司 印刷
科学出版社发行　各地新华书店经销

*

2015 年 6 月第 一 版　开本：720 × 1000 1/16
2015 年 6 月第一次印刷　印张：13 3/4
字数：277 000

POD定价：80.00元
（如有印装质量问题，我社负责调换）

《智能科学技术著作丛书》序

“智能”是“信息”的精彩结晶，“智能科学技术”是“信息科学技术”的辉煌篇章，“智能化”是“信息化”发展的新动向、新阶段。

“智能科学技术”（intelligence science&technology，IST）是关于“广义智能”的理论方法和应用技术的综合性科学技术领域，其研究对象包括：

- “自然智能”（natural intelligence，NI），包括“人的智能”（human intelligence，HI）及其他“生物智能”（biological intelligence，BI）。
- “人工智能”（artificial intelligence，AI），包括“机器智能”（machine intelligence，MI）与“智能机器”（intelligent machine，IM）。
- “集成智能”（integrated intelligence，II），即“人的智能”与“机器智能”人机互补的集成智能。
- “协同智能”（cooperative intelligence，CI），指“个体智能”相互协调共生的群体协同智能。
- “分布智能”（distributed intelligence，DI），如广域信息网、分散大系统的分布式智能。

“人工智能”学科自 1956 年诞生的，五十余年来，在起伏、曲折的科学征途上不断前进、发展，从狭义人工智能走向广义人工智能，从个体人工智能到群体人工智能，从集中式人工智能到分布式人工智能，在理论方法研究和应用技术开发方面都取得了重大进展。如果说当年“人工智能”学科的诞生是生物科学技术与信息科学技术、系统科学技术的一次成功的结合，那么可以认为，现在“智能科学技术”领域的兴起是在信息化、网络化时代又一次新的多学科交融。

1981 年，“中国人工智能学会”（Chinese Association for Artificial Intelligence，CAAI）正式成立，25 年来，从艰苦创业到成长壮大，从学习跟踪到自主研发，团结我国广大学者，在“人工智能”的研究开发及应用方面取得了显著的进展，促进了“智能科学技术”的发展。在华夏文化与东方哲学影响下，我国智能科学技术的研究、开发及应用，在学术思想与科学方法上，具有综合性、整体性、协调性的特色，在理论方法研究与应用技术开发方面，取得了具有创新性、开拓性的成果。“智能化”已成为当前新技术、新产品的发展方向和显著标志。

为了适时总结、交流、宣传我国学者在“智能科学技术”领域的研究开发及应用成果，中国人工智能学会与科学出版社合作编辑出版《智能科学技术著作丛书》。需要强调的是，这套丛书将优先出版那些有助于将科学技术转化为生产力以及对社会和国民经济建设有重大作用和应用前景的著作。

我们相信，有广大智能科学技术工作者的积极参与和大力支持，以及编委们的共同努力，《智能科学技术著作丛书》将为繁荣我国智能科学技术事业、增强自主创新能力、建设创新型国家做出应有的贡献。

祝《智能科学技术著作丛书》出版，特赋贺诗一首：

智能科技领域广

人机集成智能强

群体智能协同好

智能创新更辉煌

涂序彦

中国人工智能学会荣誉理事长

2005 年 12 月 18 日

前　　言

无人智能运载器是一种无人操作的、全自主或半自主的、智能化的运载体。它是一种特殊的智能机器人，最早是由于军事应用需求而被提出的，主要包括无人机（unmanned aerial vehicle，UAV）、无人地面车（unmanned ground vehicle，UGV）、无人水面艇（unmanned surface vessel，USV）、无人潜器（unmanned underwater vehic，UUV）等。由于无人系统在近几次局部战争和反恐中的突出表现，受到了各方普遍关注，许多国家争相发展无人技术，并已取得了一定的成果。在军事应用领域取得重大成功之后，无人系统也开始转向社会安全、大地测绘、海洋监测、海底勘探、救援等很多民用领域，并渐渐走进了人们的日常生活。

航路规划技术是决定无人智能运载器智能化、自主化水平高低的关键技术之一。它属于人工智能的范畴，其实质是基于抽象环境模型搜索优化路径的过程。该技术目前已经受到越来越多国内外学者和工程研究人员的关注，并已成为无人智能运载器研究的热点问题之一。本书著者通过整理课题组近年来在无人智能运载器航路规划技术领域的部分研究成果，完成了全书的撰写工作。全书共分为 6 章。第 1 章概括无人运载器和航路规划技术的发展；第 2 章和第 4～6 章分别介绍了基于蚁群优化、粒子群优化算法、协同进化和萤火虫算法的航路规划方法及应用效果；第 3 章介绍了著者提出的空间弹性绳算法及其在航路规划中的应用方法和效果。

本书研究工作先后得到国家自然科学基金（60904087、61210306002、51009036、51109041、51109045、51370949）、中央高校基本科研业务费（HEUCFX41302、HEUCF110419、HEUCF100423、HEUCF041216）、黑龙江省博士后科研启动金（LBH-Q09127）等项目的资助，特向相关部门表示感谢！同时，在本书撰写过程中得到了课题组许多年轻老师和同学的协助与支持。他们是刘厂、沈志峰、祖伟、王丹、范志超、王庆中、孟欣冉等，在此表示衷心的感谢！

由于著者水平有限，书中难免存在不妥之处，敬请广大读者批评指正。

作　者

目　　录

第 1 章　概　　述

1.1　引　　言

1920 年，捷克斯洛伐克作家卡雷尔·恰佩克在他的科幻小说《罗萨姆的机器人万能公司》中，根据捷克文 robota（原意为“劳役、苦工”）和波兰文 robotnik（原意为“工人”），创造出了机器人 robot 这个词，其表达的意思是使用一种机器代替人做苦工、服劳役，来减轻人的劳动强度和痛苦。1967 年，在日本召开的第一届机器人学术会议上，森政弘与合田周平提出“机器人是一种具有移动性、个体性、智能性、通用性、半机械半人性、自动性、奴隶性等 7 个特征的柔性机器”。1987 年，国际标准化组织将工业机器人定义为“工业机器人是一种具有自动控制的操作和移动功能，能完成各种作业的可编程操作机”。中国科学家对机器人的定义是“机器人是一种自动化的机器，所不同的是这种机器具备一些与人或生物相似的智能能力，如感知能力、规划能力、动作能力和协同能力，是一种具有高度灵活性的自动化机器”。

现代机器人的研究始于 20 世纪中期。1954 年，美国的德沃尔最早提出了工业机器人的概念；1959 年，美国英格伯格和德沃尔制造出世界上第一台工业机器人，取名为“尤尼梅逊”，其含义为“万能自动”；1962 年，美国 AMF 公司推出了“Verstran”，UNIMATION 公司推出了“Unimate”，这是机器人产品最早的实用机型。这一阶段的机器人主要用于工业领域，称为工业机器人。随着传感器的应用，提高了机器人的可操作性，产生了有“感觉”的机器人。1962 年，托莫维奇和博尼在“灵巧手”上使用了压力传感器；1963 年，麦卡锡在机器人中加入视觉传感系统，并在 1965 年帮助 MIT 推出了世界上第一个带有视觉传感器，能识别并定位积木的机器人系统。随着计算机技术、电子技术、智能理论的不断进步，机器人开始向着智能化、自主化方向发展，人们逐步认识到机器人技术的本质是感知、决策、行动和交互技术的结合。随着人们对机器人技术智能化本质认识的加深，机器人技术开始源源不断地向人类活动的各个领域渗透。结合这些领域的应用特点，人们发展了各式各样的具有感知、决策、行动和交互能力的特种机器人和各种智能机器。

无人智能运载器是一种无人操作的、全自主或半自主的、智能化的运载体。它是一种特殊的智能机器人，最早由于军事应用需求而提出，主要包括无人机（unmanned aerial vehicle，UAV）、无人地面车（unmanned ground vehicle，UGV）、无人水面艇（unmanned surface vessel，USV）和无人潜器（unmanned underwater vehic，UUV）等多种类型。在近几次的局部战争中，无人系统渐渐发挥越来越重要的作用，其突出表现受到了各方普遍关注。近些年，无人智能运载器已开始由军事应用转向社会安全、大地测绘、海洋监测、海底勘探和救援等民用领域，渐渐走进了人们的日常生活。航路规划技术是决定无人智能运载器智能化、自主化水平高低的关键技术之一，主要解决无人智能运载器在任务执行前和执行过程中的行进问题。该技术目前已经受到越来越多国内外学者和工程研究人员的关注，并已成为无人智能运载器研究的热点问题之一。

1.2 无人智能运载器

1.2.1 无人机

无人机是一种利用无线电遥控设备和机载程序控制装置操纵的不载人飞机，如图 1.1 和图 1.2 所示。机上无驾驶舱，但安装有自动驾驶仪、程序控制装置等设备。地面、舰艇上或母机遥控站人员可以通过雷达等设备对其进行跟踪、定位、遥控、遥测和数字传输。无人机目前已广泛用于空中侦察、监视、通信、反潜和电子干扰等。

图 1.1 美国捕食者无人机

图 1.2 中国 ASN-206

无人机的诞生可以追溯到 1914 年。第一次世界大战期间，英国的卡德尔和皮切尔两位将军向英国军事航空学会提出了一项建议：研制一种不用人驾驶，而用无线电操纵的小型飞机，使它能够飞到敌方某一目标区上空，将事先装在小飞机上的炸弹投下去。1915 年，美国的斯佩里公司和德尔科公司就研制出第一架无人机，取名为“空中鱼雷”。该无人机不仅成功地进行了试飞，而且装有 136kg 炸药，成功地进行了攻击目标试验。在第二次世界大战中，美国陆军航空队曾大量使用无人靶机，并在太平洋战场上使用过携带重型炸弹的活塞式发动机无人机对日军目标进行轰炸。第二次世界大战结束后，随着航空技术的飞速发展，无人机家族也逐渐步入其鼎盛时期。时至今日，世界上研制生产的各类无人机已达近百种，还有一些新型号正在研制中。

1.2.2 无人地面车

无人地面车（图 1.3 和图 1.4）是集环境感知、动态决策与规划、智能控制与执行多功能于一体的综合系统。从构成上可分为四部分：用来提供机动性能的车辆底盘、集成有多种传感器和电子设备的硬件平台、具有人工智能的系统软件、适应不同需求的任务载荷等。目前，无人地面车辆主要参加或承担如爆炸物等危险品的探测与处理、战场侦察与监视、目标搜索与定位、后勤运输和物资装卸、工程作业、清除障碍物、危险区伤员救援后送等任务。

图 1.3 美国 Talon 无人地面车

图 1.4 以色列 MTGR 无人地面车

无人地面车早在第二次世界大战期间就已经出现。纳粹德国在东线战场上投入了几类无人战车用于爆破地雷。20 世纪 50 年代后期开始，苏联展开了大规模的无人地面车辆研究。20 世纪 80 年代初，在政府部门的支持下，美国斯坦福大学、麻省理工学院等研究机构开展了无人地面车辆的研究。21 世纪初，机器人技术、计算机技术和传感器技术取得长足进步，英国、法国、日本、韩国、以色列等国也都展开了无人地面车辆的研制，并取得了一定成果。目前，德国在无人地面车辆环境感知技术方面较突出，新加坡在视觉信息处理技术、自动驾驶控制技术方面具有一定优势，美国则在无人地面车辆的总体发展水平上领先于其他国家。无人地面车辆的进步和发展需要感知、导航、信息融合、规划、通信、控制、决策和机械制造等众多技术领域发展的推动，它是信息技术与工业技术高度复合发展的产物。

1.2.3 无人水面艇

无人水面艇（图 1.5 和图 1.6）是一种具有自主规划、自主航行能力，并可自主完成环境感知、目标探测等任务的无人操纵水面运动平台。主要用于执行危险以及不适于有人船只执行的任务。一旦配备先进的控制系统、传感器系统、通信系统和武器系统，无人水面艇就可以执行侦察、巡逻、排雷、反潜作战、反恐攻击等军事任务，还可进行搜救、导航、水文地理勘察等非军事任务。

图 1.5 美国“斯巴达侦察兵”USV

图 1.6 中国天象 1 号 USV

美国海军从 20 世纪 90 年代开始研究无人水面艇。2007 年，美国海军发布了《海军无人水面艇主计划》。该计划从满足美国海军战略计划、舰队发展以及国防部到 2020 年部队转型的需求等方面，详细介绍了美国海军未来无人水面艇的发展计划，赋予无人水面艇 7 项任务，同时还界定了无人水面艇的船型、尺寸和标准等要素，这标志着美国无人水面艇走上正规发展阶段。以色列在无人水面艇技术方面也一直处于领先地位。其研制的“保护者”型无人水面艇已经开始批量生产，并装备部队。新加坡海军是它的第一个海外用户，在一次演习中，他们利用登陆舰搭载两艘“保护者”无人水面艇进行海上保卫和封锁行动，据新加坡国防部称，“保护者”无人水面艇是“非常高效的”。目前，德国、法国、英国、中国、日本、意大利和葡萄牙等国也在积极投入无人水面艇的研究中，并已取得了一定的成果。

1.2.4 无人潜器

无人潜器（unmaned underwater vehicle，UUV）是将人工智能、自动控制、模式识别、信息融合和系统集成等技术应用于传统的载体上，在无人驾驶的情况下自主地完成复杂海洋环境中预定任务的水下航行器，如图 1.7 所示。按照航行控制方式的不同，UUV 可以分为两大类：一类是有缆 UUV，又称为水下遥控运载工具（remotely operated vehicle，ROV）；另一类是无缆 UUV，又称为水下自主式无人运载工具（autonomous underwater vehicle，AUV），AUV 代表了 UUV 的发展方向。按用途的不同，UUV 又可分为反潜型无人潜航器、侦察监视型无人潜航器、反水雷型无人潜航器、通信型无人潜航器和多用途无人潜航器等。

图 1.7 ECA 公司的 K-STER 无人潜艇

UUV 发展初期主要是用于深水勘探、沉船打捞、水下电缆铺设和维修等民用领域。近年来，随着平台、推进器、导航和控制系统的发展，以及传感器技术的进步，无人平台的军事应用得到高度重视，UUV 在水下侦察、水下通信和反潜、反水雷作战、信息作战等领域的应用得到了空前发展。目前，针对某种特殊需求，配置专用设备，完成特定任务的 UUV 仍是无人潜航器发展的主流。但是，专用 UUV 在续航能力、操控灵活性等方面难以兼顾，无法全面满足军事应用领域多层面的作战需求。随着传感器技术、智能控制技术和精密仪器技术的发展，多功能通用型 UUV 将成为新的热点。另外，利用传感器组合和配置技术，通过建立大范围的通信网络，UUV 相互间及 UUV 与其他平台之间的通信，可以实现综合任务管理、远程智能控制和态势协同等。通过群体作业共同完成复杂任务，将成为 UUV 的发展方向。

1.3 航路规划技术

航路规划是在一定的障碍物环境中给定初始位置 S 和目标位置 G，按照一定的寻优策略规划出从初始位置 S 无碰撞地到达目标位置 G 的路径。它属于人工智能的范畴，其实质是基于抽象环境模型搜索优化路径的过程。根据对环境的掌握情况，航路规划可分为全局规划和局部规划。全局规划又称离线规划，是根据先验知识（如地图等），按一定的优化准则规划出一条从起点到达目标点的无碰撞路径。局部规划又称为动态避碰规划，是以全局规划的结果为指导，利用传感器在线得到的局部环境信息，在尽可能短的时间内，避开出现的未知障碍物，从而产生可行路径的过程。航路规划算法借鉴了许多其他领域的方法，从本质上说与数学的许多分支密切相关，如传统几何、拓扑学、图论、代数几何和组合数学中的一些工具都被应用于航路规划。目前对航路规划问题的研究主要集中在机器人航路规划方面。图 1.8 记录了航路规划研究领域中先后出现的一些具有代表性的方法。

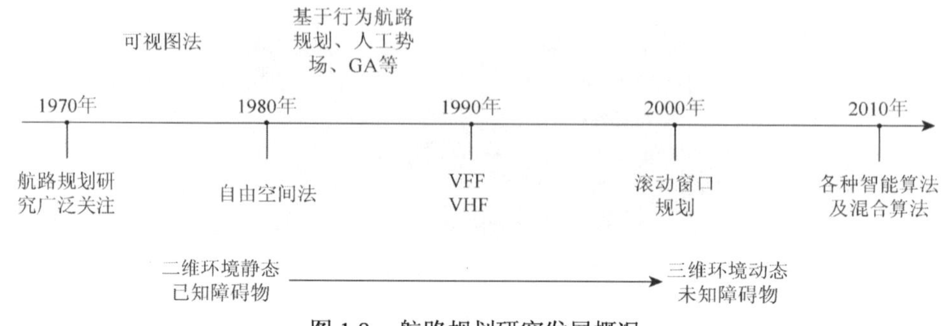

图 1.8 航路规划研究发展概况

1）栅格法

栅格法是将机器人的规划空间分解为相互连接且不重叠的空间栅格单元，每一个栅格单元都使用一个累积值表示此方格存在障碍物的可信度，累积值越高则表示存在障碍物的可能性越大。这些空间栅格会构成一个连通图，依据各栅格累积值大小，使用优化算法即可在该连通图上搜索一条从起始栅格到目标栅格无碰撞的最优路径。在栅格法中，栅格的大小会直接影响环境信息存储量的大小和规划时间的长短。栅格划分大了，环境信息存储量小，规划速度快，但分辨率下降，在密集环境下发现路径的能力减弱；栅格划分小了，环境分辨率高，在密集环境下发现路径的能力强，但环境信息存储量大，规划时间长。

2）可视图法

可视图法是由麻省理工学院的 Lozano-Perez 和 IBM 研究院的 Wesley 于 1979 年提出的。该方法先将障碍物依据机器人的尺寸放大，而机器人理论上被缩成一点，然后将所有障碍物的顶点和机器人起始点及目标点用直线相连，要求机器人和障碍物各顶点之间、目标点和障碍物各顶点之间以及各障碍物顶点与顶点之间的连线都不能穿越障碍物，即直线可视。这样搜索最短路径问题就转化为从起始点到目标点经过这些可视直线的最短距离问题。用 Dijkistra 法或 A*搜索算法等对可行路径图进行搜索，就可以找到一条最短路径。这类方法虽然实现简单，且能够求得最优路径，但搜索时间长而且会出现组合爆炸问题。

3）拓扑法

拓扑法是根据环境信息和运动物体的几何特点，将组成空间划分成若干具有拓扑特征的一致的自由空间。根据彼此间的连通性建立拓扑网，从该网中搜索一条拓扑路径，即完成了航路规划的任务。该方法的优点在于，利用拓扑特征而大大缩小了搜索空间，其算法复杂性只与障碍物的数目相关，在理论上是完备的。

但是，建立拓扑网的过程是相当复杂和费时的。特别是当增加或减少障碍物时，如何有效地修正已经存在的拓扑网格以及如何提高图形搜索速度是需要重点解决的问题。

4）人工势场法

人工势场法是由 Khatib 于 1986 年提出的一种虚拟力法。其基本思想是将移动机器人在环境空间中的运动视为在一种虚拟人造受力场中的运动。其中，障碍物对移动机器人产生斥力，目标点产生引力，引力和斥力周围由一定的算法产生相应的势，机器人在势场中受到抽象力作用，使机器人绕过障碍物。人工势场法具有计算简单、规划的路径光滑、实时性好等优点，但会因为局部最小值而导致目标点不能到达。

5）模板匹配法

模板匹配法利用航路规划所用到的或已产生的信息建立一个模板库，库中的任一模板包含每一次规划的环境信息和路径信息，这些模板可通过特定的索引取得。在执行具体规划任务时，可根据当前规划任务和环境信息与模板库中的模板进行匹配，以寻找出一个最优匹配模板，并通过对该模板修正，得到最终规划结果。模板匹配规划方法原理简单，但规划效果主要依赖机器人的过去经验，在匹配成功时效果较好，如果案例库中没有足够的路径模板就可能找不到与当前状态相匹配的路径。同时该方法主要针对静态环境的航路规划，一旦环境动态变化则较难找到匹配的路径模板。

6）智能规划法

智能规划法是将智能优化理论应用到机器人的航路规划中，如蚁群算法、粒子群算法、萤火虫算法、遗传算法、进化计算、自组织神经网络、模糊逻辑与信息融合等。这类方法具有较强的全局寻优能力，不必建立复杂的环境模型，可以方便地处理复杂环境和约束条件，增强了机器人的“智能”特性，克服了许多传统航路规划方法的不足。但若单纯使用某一种智能优化方法则往往会出现航路规划速度慢、效率低等缺点。因此，在实际应用时经常将智能优化方法与传统航路规划方法相结合。

1.4 本书结构

近年来，随着无人运载器的快速发展和广泛应用，无人运载器航路规划技术已经受到国内外学者和工程研究人员的普遍关注。本书作者结合近年来的研究成果，整理完成了全书的撰写工作。全书共分为 6 章：第 1 章概括无人运载器和航路规划技术的发展；第 2 章和第 4～6 章分别介绍基于蚁群优化、粒子群优化、协同进化和萤火虫算法的航路规划方法；第 3 章介绍了著者提出的空间弹性绳算法及其在航路规划中的应用方法和效果。

第 2 章　基于蚁群优化的航路规划方法

2.1　蚁 群 算 法

2.1.1　产生与发展

1991 年，Dorigo 等提出了第一个蚁群算法——蚂蚁系统（ant system，AS）。1996 年，Dorigo 等在《IEEE Transactions on Systems，Man，and Cybernetics-Part B》上发表了“Ant system：Optimization by a colony of cooperating agents”一文，系统地阐述了蚁群算法的基本原理和数学模型，就蚁群算法的运行参数对算法性能的影响作了初步探讨，还将该算法与遗传算法、禁忌搜索算法、模拟退火算法、爬山法等进行比较。这篇文章的发表使蚁群算法逐渐引起了国际学术界的关注，大量有价值的研究成果陆续发表。2000 年，Dorigo 和 Bonabeau 等在国际顶级学术刊物《Nature》上发表了蚁群算法的研究综述，从而把这一领域的研究推向了国际学术界的最前沿。进入 21 世纪后的最近几年，《Nature》曾多次对蚁群算法的研究成果进行报道，《Future Generation Computer Systems》（Vol.16，No.8）和《IEEE Transactions on Evolutionary Computation》（Vol.6，No.4）分别于 2000 年和 2002 年出版了蚁群算法特刊。如今，在国内外许多学术期刊和会议上，蚁群算法已经成为一个备受关注的研究热点和前沿性课题。

从 20 世纪末开始，我国学者也渐渐开展了对蚁群算法的研究工作。越来越多有关蚁群算法的最新研究成果公开发表在国内的各级期刊杂志上。2004 年 9 月，哈尔滨工业大学的李世勇出版了第一部关于蚁群优化算法的专著——《蚁群算法及其应用》；2005 年 12 月，北京航空航天大学的段海滨编著出版了《蚁群算法原理及其应用》一书，该书系统、全面地介绍了蚁群算法在理论与应用方面的研究成果；2007 年 1 月，中山大学的张军翻译并出版了 Dorigo 等编著的《Ant Colony Optimization》一书的中文版——《蚁群优化》。这些专著的出版为我国学者对蚁群算法的深入研究奠定了基础，并且提供了很好的教材。

回顾蚁群算法自创立以来 20 多年的发展历程，目前对蚁群算法的研究已由最初单一的 TSP 领域渗透到多个应用领域，由解决一维静态优化问题发展到解决多维动态组合优化问题，由离散域范围内研究逐渐拓展到连续域范围内研究，而且在蚁群算法的硬件实现上取得了突破性进展。同时在蚁群算法的模型改进及与其他仿生优化算法的融合方面也取得了相当丰富的研究成果。作为一个前沿性的热点研究领域，蚁群算法已引起越来越多国内外学者的关注，其应用范围几乎涉及各个优化领域。可见这种新兴的仿生优化算法已经显示出强大的生命力和广阔的发展前景。

2.1.2　生物学原理

蚂蚁的觅食行为是一个重要而有趣的行为。虽然大多种类蚂蚁的视觉感知系统是不健全的，甚至有些种类的蚂蚁是完全没有视觉的，但它们有能力在没有任何可见提示的情况下找出从蚁穴到食物源的最短路径，并且能够随环境的变化而变化地搜索新的路径，产生新的选择。

根据仿生学家的长期研究发现：不同于人类以及其他高级种群之间所使用的以视觉和听觉为主的感知方式，蚂蚁群体中的个体之间以及个体与环境之间的信息传递大部分是依赖于蚂蚁产生的化学物质进行的。人们把这种化学物质称为信息素（pheromone）。蚂蚁在运动过程中能够在它所经过的路径上留下信息素，而且能够感知信息素的强度。一条路径上的信息素浓度越高，则其他蚂蚁选择该路径的概率越大，从而该路径上的信息素量进一步增加。因此，由大量蚂蚁组成的蚁群的集体行为便表现出一种信息正反馈现象。蚂蚁个体之间就是通过这种间接的通信机制达到协同搜索蚁巢到食物源之间最短路径的目的。

下面引用 Dorigo 所举的例子来简单说明蚁群觅食的原理。

如图 2.1 所示，A 为蚁巢，E 为食物源，$ABCDE$ 和 $ABFDE$ 分别为蚁巢和食物源之间的两条通路，各点之间的距离如图 2.1（a）所示。假设每个单位时间各有 30 只蚂蚁离开蚁巢和食物源，每只蚂蚁均以单位时间走 1 个单元长度的速度往返于蚁巢和食物源之间。

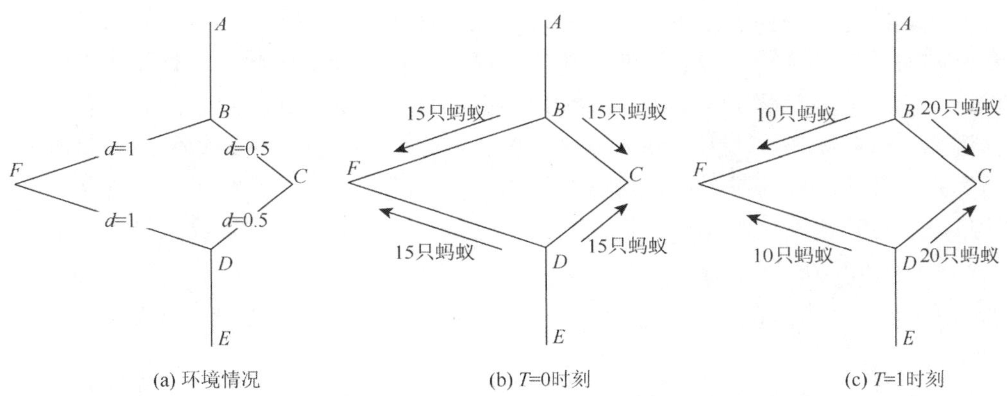

图 2.1　蚂蚁觅食行为示意图

如图 2.1（b）所示，假设 T=0 时有 30 只蚂蚁分别位于点 B 和点 D，由于此时路径上没有信息素，蚂蚁以相同的概率选择两条路径的任意一条，因而在 B、D 两点各有 15 只蚂蚁选择往 C，其余 15 只选择往 F。当 T=1 时，由于路径 BCD 为 1 个单位长度，所以有 30 只蚂蚁经过，而路径 BFD 是 2 个单位长度，因而只有 15 只蚂蚁经过。假设蚂蚁在每段路径上释放的信息素量相同，则 BCD 路径上信息素的浓度是 BFD 路径上的 2 倍。此时，又分别有 30 只蚂蚁离开 B 点和 D 点，于是根据连接上的信息素浓度，在 B、D 两点各有 20 只蚂蚁选择往 C，另外 10 只蚂蚁选择往 F，这样就会有更多的信息素留在路径 BCD 上。重复这一过程，短路径 BCD 上的信息素浓度以更快的速度增长，越来越多的蚂蚁会选择这条短路径。

由上例可知，蚂蚁觅食行为的本质是：路径越短，在上面释放的信息素就越多，即信息素更新机制；路径上的信息素浓度越大，被选中的概率就越大，即正反馈路径选择机制。这样，蚁群并不需要知道整个空间的全部知识，通过信息素这种局部的知识也可以搜索出最短路径，这就是蚁群利用信息素实现协同工作的机理。

以上介绍了蚁群算法拟生态学意义上的原理，蚁群算法正是受到这种生态学现象的启发而产生的。算法机理可以抽象为以下三个行为。

1. 人工蚂蚁的觅食行为

在蚁群算法中，人工蚂蚁的觅食行为可以描述如下：一群人工蚂蚁按照人工信息素和基于问题的启发式信息的指引在问题空间移动以构造问题的解。在此，人工信息素类似于一种分布式的长期记忆，这种记忆不是局部地存放在单个的人工蚂蚁中，而是全局地分布在整个问题空间。当人工蚂蚁在问题空间中移动时，它们在其经过的路径上留下信息素踪迹，这些踪迹反映了人工蚂蚁在问题空间觅食过程的经历。这样，信息素在蚁群各蚂蚁的协作和通信中起到一种间接媒介的作用。人工蚁群在解空间中一步一步地移动，从而构造问题的解。同时，它们根据解的质量在其路径上留下相应浓度的信息素，蚁群中的其他蚂蚁倾向于沿着信息素浓度高的路径前进，同样这些蚂蚁也将在这段路径上留下自己的信息素，这就形成了一种自催化强化学习机制，也就是正反馈机制。这种正反馈机制将指引蚁群找到高质量的问题解。

2. 信息素挥发行为

遗忘是一种高级的智能行为，作为遗忘的一种形式，路径上的信息素随着时间不断挥发，从而驱使人工蚂蚁探索解空间中新的领域，避免求解过程过早地收敛于局部最优解。

3. 后台行为

后台行为包括局部搜索过程和问题全局信息的收集。蚁群算法是一种基于种群的构造型自然启发式优化方法，这种构造型方法如果与改进型迭代方法（如邻域搜索）相结合，其效果将更好。此外，通过在解构造过程中动态地收集基于问题本身的启发式信息这种全局信息，将引导蚁群在高质量的问题空间中搜索。

2.1.3　蚁群优化元启发式算法

1. 元启发式算法

组合优化问题是一类广泛研究的优化问题，许多具有重要实际应用和理论研究价值的优化问题本身都具有组合性质，因此组合优化问题一直是人们研究的热点。解决组合优化问题的一种最直接有效的方法就是确定性算法（如穷举搜索），但由于大多数组合优化问题都属于 NP 难问题，无法在多项式的计算时间内获得问题的最优解，人们不得不采取近似的方法以求在一个相对较短的时间内获得近似最优解，以牺牲解的最优性为代价换取效率的提高，从而在一个较短的时间内找到一个较好解。在非严格定义下，人们把这类近似算法称为启发式算法（heuristics）。

近年来，一种称为元启发式算法（metaheuristic）的新型算法开始逐渐引起研究者的注意。但由于该算法所采用技术和概念的多样性，一直没有一个统一的概念。Dorigo 认为元启发式算法是一类算法概念的集合，用来定义应用于一个大范围内不同问题的各种启发式方法。换句话说，一个元启发式算法可以看成一个可用于不同优化问题的通用算法框架，它用来指导潜在与问题有关的启发式方法朝着可能含有高质量解的搜索空间进行搜索。目前广泛使用的元启发式算法包括模拟退火（simulated annealing，SA）、禁忌搜索（tabu search，TS）、导向性局部搜索（guided local search，GLS）、迭代局部搜索（iterated local search，ILS）、进化计算（evolutionary computation，EC）、分散搜索（scatter search，SS）、粒子群优化（particle swarm optimization，PSO）和蚁群算法等。目前，在与实际应用相关的难解组合优化问题上，元启发式算法的使用已经在合理的时间内明显提高了找到高质量解的能力。对于大规模的或了解很少的问题来说，元启发式算法的作用更为显著。越来越多的研究人员开始关注元启发式算法。

2. 蚁群优化元启发式算法框架

蚁群优化（ant colony optimization，ACO）是一种基于群体的，用于求解复杂优化问题的元启发式算法。与真实蚂蚁通过外激素的留存、跟随行为进行间接通信类似，ACO 中一群简单的人工蚂蚁之间通过媒介质（stigmergy）——信息素进行间接通信，并利用该信息和与问题相关的启发式信息逐步构造问题的解，实现对问题的优化。

蚁群优化元启发式算法可以描述为构造解（construct solutions）、更新信息素（update pheromones）和后台操作（daemon actions）三个过程的相互作用。

1）构造解过程

在求解优化问题过程中，首先要将优化问题的解分解成一系列组成部分，然后将这些组成部分映射为一个由节点和连接组成的解构造图。节点与连接所形成的网络拓扑结构中可以组合出庞大的路径集合，从而描述优化问题的解空间。蚂蚁根据构造图中人工信息素的分布和基于问题的启发式信息，采用一个随机局部决策方法，以逐个选择节点和连接从而形成不同路径的方式来完成对解空间的搜索，并最终完成对解的评估。

2）更新信息素过程

在蚁群优化元启发式算法框架中，信息素的浓度会因蚂蚁在节点（或连接的边）上释放信息素而增加，蚁群中的后续蚂蚁倾向于选择信息素浓度高的节点（或连接），同时自身也在该节点（或连接）上释放信息素，从而形成一种自催化强化学习机制，指引蚂蚁搜索高质量的解。同时，算法还通过遗忘的形式，使节点（或连接的边）上的信息素随着时间不断挥发，从而驱使蚂蚁探索搜索空间中的新区域，避免求解过程过早收敛于局部最优解。

3）后台操作过程

后台操作过程就是执行单一蚂蚁不能完成的集中行动，如邻域（局部）搜索过程和全局信息的收集等。

蚁群优化元启发式算法框架的伪代码如下。

算法 2.1

```
procedure ACOMetaheuristic
    scheduleActivities
        ContructSolution ( );  //构造解
        PheromoneUpdate ( );   //更新信息素
        DaemonActions ( );     //后台操作{可选}
    end scheduleActivities
end procedure
```

算法的主体由上面讨论的三个主要过程组成，但并不规定这三个过程是如何安排和同步的，算法的设计者在求解具体问题时可根据所选用的具体算法模型和问题的特征，自由指定这三个过程的结合方式。

3. 经典蚁群算法模型

当前存在着大量满足蚁群优化元启发式算法框架的蚁群算法实例模型，这些算法实例模型已经应用于求解很多不同的组合优化问题，并得到了较好的效果。由于这些算法首先应用于求解旅行商问题，所以本节将通过求解旅行商问题给出几种具有代表性的蚁群算法实例模型。

1）旅行商问题

由于旅行商问题（traveling salesman problem，TSP）是典型的组合优化 NP 难问题，常常用来验证某一算法的有效性，并且易于理解，而且本书在后续内容中要多次使用蚁群算法求解该问题，所以先给出 TSP 问题的描述。

定义 2.1　有向图　给定一个有向图 G 的三元组为（V, E, f），其中 V 是一个非空集合，其元素称为有向图的节点；E 是一个集合，其元素称为有向图的弧段（边）；f 是从 E 到 $V\times V$ 上的一个映射（函数）。

由定义可知，E 中的元素总是和 V 中的序偶有对应关系，因此，可用 V 中的序偶代替 E 中的元素。一个有向图 G 可简记为（V, E）。

定义 2.2　TSP　设 $C=\{c_1,c_2,\cdots,c_n\}$ 是 n 个城市的集合，$L=\{l_{ij}\,|\,c_i,c_j\in C\}$ 是集合 C 中元素（城市）两两连接的集合，$d_{ij}(i,j=1,2,\cdots,n)$ 是 l_{ij} 的 Euclidean 距离，即

$$d_{ij}=\sqrt{(x_i-x_j)^2+(y_i-y_j)^2} \tag{2.1}$$

$G=(C,L)$ 构成一个有向图，TSP 的目的是从有向图 G 中寻找长度最短的 Hamilton 圈，即一条对 $C=\{c_1,c_2,\cdots,c_n\}$ 中 n 个元素（城市）访问且只访问一次的最短封闭曲线。

直观地说，TSP 问题就是给定 n 个城市和两两城市之间的距离，要求确定一条经过各城市一次且仅有一次后再回到原出发城市的最短路线。需要说明的是 TSP 问题的解是没有单位的。TSP 问题可以分为对称 TSP（symmetric traveling salesman problem，STSP）和非对称 TSP（asymmetric traveling salesman problem，ATSP）两大类。若两城市往返的距离相同，则为对称 TSP，否则为非对称 TSP。本书中所使用的均为对称 TSP。

2）蚂蚁系统

蚂蚁系统（AS）是第一个满足蚁群优化元启发式算法框架的算法，它主要包含构建问题的解和信息素更新两个步骤，其算法的伪代码如下。

算法 2.2

```
procedure AS
    InitializePheromone ( );         //初始化信息素
    while (不满足停止条件)
        ContructSolution ( );        //对每一个蚂蚁均构造解
        PheromoneUpdate ( );         //信息素更新
    end while
end procedure
```

根据信息素的更新方式不同，AS 算法又可以分为蚁量模型、蚁密模型和蚁周模型三种。由于采用蚁周模型的 AS 算法的性能要优于采用其他两种模型的 AS 算法的性能，并且大部分改进蚁群算法都是在采用蚁周模型 AS 算法的基础上发展起来的，所以这里只给出采用蚁周模型的 AS 算法。

（1）构建问题的解。

在 AS 算法中，m 只蚂蚁并行地构建 TSP 的路径。初始时刻，蚂蚁分别放置在随机选择出来的城市上，各条路径上的信息素量相等（初始化为常数）。在路径构建的每一步中，蚂蚁 $k(k=1,2,\cdots,m)$ 按照一个称为随机比例规则的概率行为来决定下一步将要访问的城市。依据该规则，蚂蚁 k 从当前城市 i 选择下一个要访问的城市 j 的概率如式（2.2）所示。

$$p_{ij}^{k}=\begin{cases}\tau_{ij}^{\alpha}\cdot\eta_{ij}^{\beta}\Big/\sum\limits_{s\in N_i^k}\tau_{is}^{\alpha}\cdot\eta_{is}^{\beta} & \left(j\in N_i^k\right)\\ 0 & \left(j\notin N_i^k\right)\end{cases} \tag{2.2}$$

式中，τ_{ij} 为连接 (i,j) 上的信息素强度；η_{ij} 为连接 (i,j) 上的能见度，取为 $1/d_{ij}$，代表一个预先给定的启发式信息；α 为参数，反映蚂蚁在运动过程中所积累的信息素在蚂蚁选择路径中的相对重要性；β 为参数，反映蚂蚁在运动过程中启发式信息在蚂蚁选择路径中的相对重要性；N_i^k 为位于城市 i 的蚂蚁 k 可以直接到达的相邻城市的集合，与真实蚂蚁不同，人工蚂蚁具有记忆功能，每一只蚂蚁 k 都维护一个记忆体 M^k，它按照访问的先后顺序记录所有已经访问过城市的序号。

（2）信息素更新。

当经过 n 个时刻，所有蚂蚁都构建好路径后，各边上的信息素强度根据式（2.3）进行更新。

$$\tau_{ij} = (1-\rho)\cdot\tau_{ij} + \Delta\tau_{ij}$$
$$\Delta\tau_{ij} = \sum_{k=1}^{m}\Delta\tau_{ij}^{k} \tag{2.3}$$
$$\Delta\tau_{ij}^{k} = \begin{cases} Q/L_k & (\text{蚂蚁}k\text{在循环中经过路径}(i,j)) \\ 0 & (\text{蚂蚁}k\text{在循环中不经过路径}(i,j)) \end{cases}$$

式中，ρ 为信息素的挥发因子，满足 $0<\rho<1$；$\Delta\tau_{ij}^{k}$ 为第 k 只蚂蚁在它所经过的边 (i,j) 上释放的信息素量；Q 为蚂蚁一次循环释放信息素的总量；L_k 为蚂蚁 k 所构建路径的长度。

随着对 AS 算法进行测试的实例的规模不断扩大，研究人员发现与其他元启发式算法相比，AS 算法的性能下降得十分严重。因此，在 AS 算法的基础上，通过改进信息素更新规则，Dorigo、Bullnheimer、Stützle 等又分别设计了精华策略蚂蚁系统（elitist strategy for ant system，EAS）、基于排列的蚂蚁系统（rank-based version of ant system，AS_{rank}）和最大最小蚂蚁系统（max-min ant system，MMAS），均获得了较好的效果。

3）蚁群系统

蚁群系统算法 ACS 是由 Dorigo 和 Gambardella 提出的，用于改善 AS 算法的性能。与 AS 算法的不同之处主要体现在 3 个方面。

第一，它采用了一种更积极的选择规则，能比 AS 算法更好地开发和利用蚂蚁所积累的搜索经验；

第二，信息素挥发和信息素释放动作只对至今最优蚂蚁（global-best ant）所走过路径的边执行；

第三，蚂蚁每一次使用边（i，j）从城市 i 移动到城市 j 后，算法就会通过局部信息素更新方式去掉该边上一定量的信息素，以增加探索其余路径的可能性。

ACS 算法主要包含构建问题的解、局部信息素更新和全局信息素更新 3 个步骤，其算法的伪代码表示如下。

算法 2.3

```
procedure ACS
    InitializePheromone ( );                  //初始化信息素
    while (不满足停止条件)
        while (没有构造完解)
            StepContructSolution ( );         //对每只蚂蚁单步构造解
            LocalPheromoneUpdate ( );         //局部信息素更新
        end while
        GlobalPheromoneUpdate ( );            //全局信息素更新
    end while
end procedure
```

下面给出 ACS 算法的详细过程。

（1）构建问题的解。

在 AS 算法中，蚂蚁完全依赖概率进行路径选择，使用的是随机比例规则，有倾向性地对新路径进行探索。而在 ACS 算法中，蚂蚁采用的是一种称为伪随机比例规则的策略。依据该规则，一只位于城市 i 的蚂蚁 k 通过式（2.4）选择下一个要访问的城市 j 。

$$j=\begin{cases}\arg\max\limits_{s\in N_i^k}\{\tau_{is}^{\alpha}\cdot\eta_{is}^{\beta}\} & (q\leqslant q_0)\\ J & (q>q_0)\end{cases} \tag{2.4}$$

式中，q 为[0, 1]区间均匀分布的随机数；q_0 为一个参数，$0\leqslant q_0\leqslant 1$；$J$ 为根据式（2.2）给出的概率分布产生出来的一个随机变量。

采用这种伪随机比例规则的决策方式，蚂蚁既可以利用关于问题的先验知识以概率 q_0 选择当前可能的最优移动方式（开发当前可能最优解），又可以以概率 $(1-q_0)$ 有倾向性地探索各条边（探索新区域）。通过调整参数 q_0，可以调节算法对新路径的探索度，从而寻求算法在探索和搜索之间的平衡。

（2）局部信息素更新。

在构建解的过程中，蚂蚁每经过一条边 (i,j)，都将通过式（2.5）对该边上的信息素进行局部更新。

$$\tau_{ij}=(1-\xi)\cdot\tau_{ij}+\xi\cdot\tau_0 \tag{2.5}$$

式中，ξ 为一个参数，满足 $0<\xi<1$；τ_0 为信息素量的初始值。

经过试验发现，τ_0 取值为 $1/(n\cdot L_{nn})$ 时算法有较好的性能。其中，n 为 TSP 问题的城市数目，L_{nn} 为由最近邻域启发方法得到的路径长度。局部更新规则的应用使蚂蚁所经过边的信息素减少，从而使其他蚂蚁选中该边的概率相对减小，增加蚂蚁探索未使用过的边的机会，从而避免算法陷入停滞状态。

（3）全局信息素更新。

在 ACS 算法中，只有全局最优蚂蚁才允许释放信息素。这种选择和伪随机比例规则一起使用，其目的是使搜索更有指导性，即蚂蚁在算法当前所找到的最优路径的邻域内进行搜索。

全局更新在所有蚂蚁都完成路径构建后执行，其信息素更新由式（2.6）给出。

$$\tau_{ij}=(1-\rho)\cdot\tau_{ij}+\rho\cdot\Delta\tau_{ij}\quad (i,j)\in\text{全局最优路径} \tag{2.6}$$

式中，ρ 为信息素挥发因子，$0<\rho<1$；$\Delta\tau_{ij}$ 为信息素增量，取为 $1/L_{\text{gb}}$，L_{gb} 是到目前为止算法找到的全局最优（短）路径的长度。

全局更新规则的应用使得全局最优路径所对应边上的信息素增强，增加了蚂蚁搜索的确定性，提高了算法的收敛速度。它与局部信息素更新一起使用，增强了 ACS 算法的寻优能力和收敛速度。

4）最大最小蚂蚁系统

最大最小蚂蚁系统 MMAS 由 Stützle 等提出。该算法的整体流程与 AS 算法基本一致，在 AS 算法的基础上引入了 4 项主要改进。

第一，与 ACS 算法类似，MMAS 算法强调了对最优路径的开发，只有迭代最优蚂蚁（iteration-best ant）或者至今最优蚂蚁才允许释放信息素。试验结果表明，对于小规模的 TSP 问题来说，最好是仅使用当前迭代最优更新规则；然而，对于城市数目多达几百个的大规模 TSP 问题来说，则使用至今最优更新规则将会获得更好的寻优性能。

第二，信息素大小的取值范围限制在一个区间$[\tau_{\min},\tau_{\max}]$内，从而避免某些边上信息素增长过快导致停滞现象发生。在具体算法中$\tau_{\max}$取为$1/(\rho\cdot L_{\mathrm{gb}})$；$\tau_{\min}$取为$\tau_{\max}/a$，$a$为一个参数。

第三，信息素的初始值设定为信息素上界的一个估计值，并与一个较小的信息素蒸发速率相结合，从而使不同边上的信息素之间的差异只能够缓慢地增加，使算法在最初的搜索过程中探索更多可能的路径。

第四，每当系统接近停滞状态（通过对各条边的信息素大小的统计来测定），或者在一定数量的迭代过程中不再有更优的路径出现，则所有的信息素都重新初始化。

2.1.4　蚁群算法与其他仿生优化算法的比较

蚁群算法和目前流行的遗传算法、粒子群优化算法、人工鱼群算法等都属于仿生优化算法。它们都属于一类模拟自然界生物系统、完全依赖生物体自身、通过无意识寻优行为来优化其生存状态以适应环境需要的最优化智能算法。因此，这些仿生优化算法有许多相同点。它们都是一类基于多个智能体的概率型全局优化算法，不依赖于优化问题本身的严格数学性质，具有自组织性、进化性和本质并行性。但从算法机理、实现形式等方面，这些算法还有许多不同之处。

遗传算法、粒子群优化算法和人工鱼群算法都属于基于实体（instance-based）的方法，其算法种群中每一个个体（染色体、粒子或人工鱼个体）即代表所求解问题的一个解。算法通过直接对种群（候选解）进行某些操作（如遗传算子操作或粒子跟踪迭代最优和全局最优操作等），使算法种群不断向全局最优区域逼近，最终找到全局最优解。在这些基于实体的算法中，优化问题的解空间是隐式表达的，没有相对应的存储方式，算法通过对种群的操作而实现对解空间的搜索。这种方法所需要的存储空间较小，对解空间的搜索经验都保存在种群的各个体中。但是，这种方法不能有效利用问题的启发式信息，并且处理约束条件的能力较弱，只有新的种群生成之后才能判断其中各个体所对应的解是否可行解。当问题的约束条件较强，可行解占解空间的比例较小时，算法很难找到可行解。

蚁群算法属于基于模型的搜索（model-based search，MBS）方法，它通过一个解空间的参数化概率分布模型（即信息素分布模型）来产生候选解，此模型的参数（即信息素）用以前产生的解来进行更新，使得在新模型上的搜索能集中在高质量的解搜索空间内。蚁群算法所求解优化问题的解空间是显示表达的，必须将优化问题的解分解成一系列解构造块，并将解构造块映射为一个有向图中的节点，解构造块间的相互连接映射为有向图中的有向连接。蚂蚁在该有向图上逐个选择节点以生成一条路径（优化问题的解），从而实现对解空间的搜索。所以该有向图是对优化问题解空间的一种显示表达，称为解构造图。

与遗传算法等基于实体的方法不同，蚁群算法需要一定的存储空间来存储解构造图（即优化问题的解空间）和蚂蚁移动所得到的位置序列。算法所求解问题的最终解由蚂蚁移动所得到的位置序列组成。蚁群算法学习的知识并不存储在蚁群中的蚂蚁个体上，而是分布在解构成元素上，或者说学习的是解构成元素与这些元素装配在一起后形成的解的质量之间存在的相关关系。此外，在蚁群算法中，由于解是在解构造过程中一步步用解构成元素组合而成的，在这个过程中可以方便地利用基于问题本身的启发式信息，有效地改进算法的性能。蚁群算法的解构造机制还有一个非常好的优点，就是能够方便地处理约束条件，即可以在解构造过程中动态地调整蚂蚁下一步可访问的节点，从而保证解的可行性。但由于蚁群算法所采用的寻优方式，也不可避免地存在几个主要缺点：蚁群算法每次解构造过程的计算量较大；算法对复杂问题的描述能力不强，解构造图模型实际上是一种序列决策模型，很多问题难以描述为解构造图；算法的信息素分布模型必须与由此模型产生的解的质量间具有很强的相关性。

2.2　水下运载器三维空间航路规划问题描述

水下运载器三维空间航路规划问题可以分为静态环境下的航路规划和动态环境下的航路规划。静态环境下的航路规划就是依据某些优化准则寻找一条由起点（当前点）到目标点的最优路径；动态环境下的航路规划是指在水下运载器沿静态航路规划得到的航线航行过程中发现了突发的静态障碍物或动态障碍物，需要对当前点到目标点之间的航线进行重新规划，实施有效的避障。一般来说，动态环境下的航路规划问题可以转化为静态环境下的航路规划问题，从而应用静态航路规划算法加以解决。因此，本节将主要研究静态环境下的航路规划问题。

1. 安全航行因素

安全性是水下运载器航路规划需要考虑的最基本问题。针对静态规划问题，安全性主要是使规划出的航路能够避开已知的障碍物。针对水下运载器在水下三维环境的静态规划问题，已知障碍物是指海底的地形环境，其相关数据可以通过电子海图获得；针对动态规划问题，安全性是指对于突发的静态和动态障碍物如何对全局规划航路进行局部调整，实施有效的避障。突发的静态和动态障碍物信息一般可以通过传感器（如声呐）探测得到。

2. 隐蔽航行因素

隐蔽航行是水下运载器航路规划中需要着重考虑的因素。水下运载器的隐蔽航行可以通过提高水下运载器自身隐蔽性和利用外部环境信息实施隐蔽两个途径实现，对于水下运载器航路规划具有一定意义的是外部环境信息，主要包括透明度信息、海底地形信息、海洋环境信息（将在后面展开讨论）等。透明度是指不同区域海水的能见度，它随着区域不同和季节不同而变化。目前已有卫星遥感的不同海区、不同季节的透明度数据。利用海底地形实现隐蔽航行主要是研究如何利用海底地形躲避声呐探测，本书不对其进行讨论。

3. 快速航行因素

水下运载器从起始点到达目标点的航行时间主要是由航行路径的长短、航行路径的曲折程度和航行区域的海流情况决定的。由于海流的情况较为复杂，所以在后面航路规划问题研究中将只考虑路径长短和曲折程度的影响。

4. 海洋环境信息对航路规划的影响

目前，国内外已经有学者就海洋环境信息对水下运载器的影响进行研究，本章将在航路规划问题研究中考虑海洋环境中的跃层和内波信息的影响。下面就声速跃层、密度跃层和内波与水下运载器的关系进行分析。

1）声速跃层对水下运载器的影响

声速跃层对水下通信和水下运载器隐蔽具有积极的作用。水声设备在深声道中使用效果最好，可以探测到距离很远的目标。在声速跃层之上发射的声呐信号不易探测到跃层之下的目标，潜入跃层以下的水下运载器被发现的可能性大为减小。

2）密度跃层对水下运载器的影响

密度跃层对水下运载器的操纵具有很大的意义。海水密度跃层通常较为稳定，能有效地阻止海水的水下对流。在上层密度小、下层密度大的正密度梯度跃变层中，海水的浮力增大，俗称“液体海底”。较为稳定的正海水密度跃层可以使水下运载器相对静止地悬浮在跃层中，水下运载器可以通过调节自身的浮力，在“液体海底”中慢速“静音”巡航，而不易被发现，实现隐蔽航行。在上层密度大、下层密度小的负密度梯度跃变层中，海水浮力减小，俗称“海中断崖”，水下运载器在该跃层中航行将是不利的。

3）内波对水下运载器的影响

海洋内波是在海洋内部密度不均匀水层间发生的一种波动。内波像海面波浪一样常在。只要海水密度稳定分层，再有扰动源存在，内波就会产生。

内波是海洋中的一大隐患，对水下运载器有较大的影响，它会使潜航的水下运载器颠簸晃动，也能把水下运载器托出水面或拽下海底。在黄海和南沙海域，曾有过我国深潜的水下运载器被内波托出水面而暴露的例子。而内波将水下运载器拽下海底，使其承受不了超过其设计能力的压力而破碎的事故也发生过。

根据上面对声速跃层、密度跃层和内波与水下运载器关系的讨论，在航路规划时要尽量使水下运载器在声速跃层下、正密度跃层中航行；尽量避免在负密度跃层或存在内波的区域航行。

5. 水下运载器自身操纵性能对航路规划的影响

在水下运载器航路规划过程中除了要考虑安全性、隐蔽性和快速性等因素，还需考虑水下运载器自身的操纵性能，否则，很可能规划出来的路径对于水下运载器是无法实际完成的。真实水下运载器的运动是复杂的，在进行水下运载器航路规划研究时只考虑一般航渡过程中的水下运载器航行状态，将水下运载器的运动简化为前进、左移、右移、上浮、下潜五个操作，并规定在水下运载器向前移动单位长度 1 的情况下，允许最大左移或右移 L_y 长，最大上浮或下潜 L_z 长。其中，L_y、L_z 根据水下运载器在一般航渡过程中的实际航行状况确定。

2.3　环境建模

环境建模是将真实的三维空间环境信息用抽象的方式表达，其表示方法与优化算法紧密结合，直接影响航路规划的效率。在本章讨论的航路规划问题中，环境信息包括两类：第一类是直接影响水下运载器航行安全的真实存在的障碍（即海底地形）；第二类是对水下运载器安全航行和隐蔽航行起到一定作用的海洋环境信息。其中，第一类信息在环境建模过程中直接采用抽象环境模型表达，第二类信息可以使用蚁群算法中的信息素加以区分。下面将对航路规划中海底地形的环境建模方法进行讨论。

2.3.1　三维海底地形的构造

在对三维空间环境信息进行抽象建模前首先要构造出三维海底地形。本书采用田峰敏在“基于先验地形数据处理的水下潜器地形辅助导航方法研究”一文中给出的快速自然邻点插值（fast nature neighbor interpolation，FNNI）算法，通过对真实电子海图数据中的水深数据进行插值处理，从而以等分网格上的海深数据的形式构造出对应该真实电子海图的三维海底地形。

图 2.2 是使用 c17100 号电子海图进行三维海底地形构造得到的结果。图 2.2（a）是 c17100 号电子海图图形，该海图所表示的范围为东经 110.85°、北纬 15.7°～东经 113.122°、北纬 17.2425°；图 2.2（b）是对该海图水深数据插值处理后得到的 200×200 的等分网格上的海深数据的俯视图；图 2.2（c）是一定视角的三维视图。

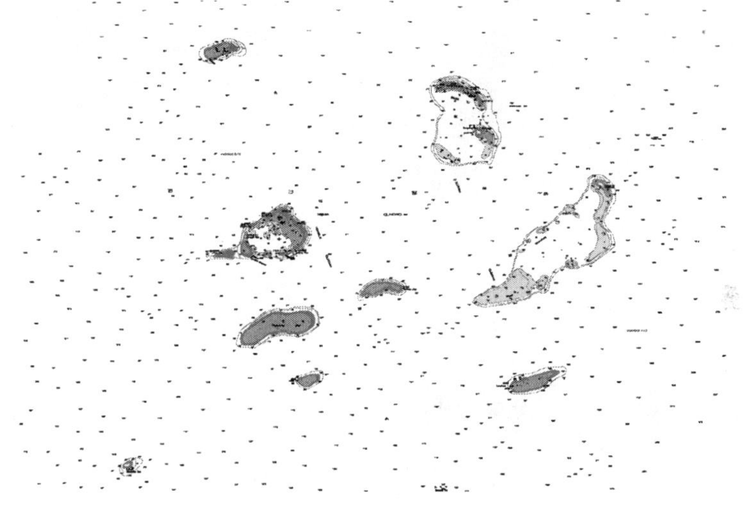

(a) 电子海图图形

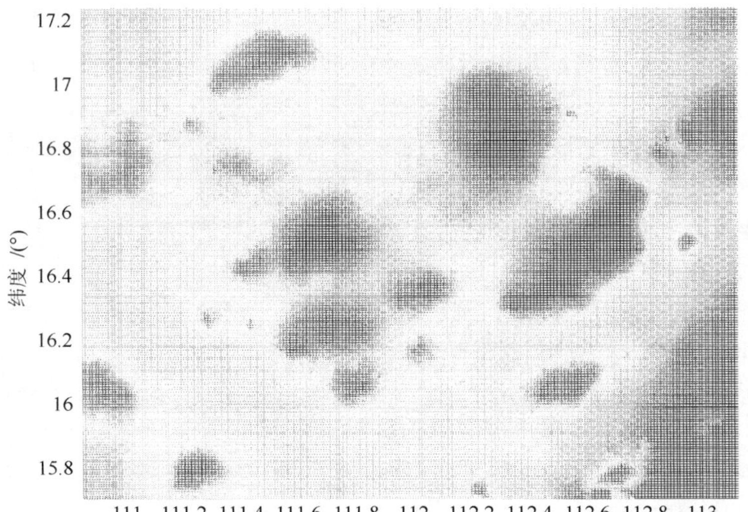

(b) 插值处理得到的海深数据俯视图

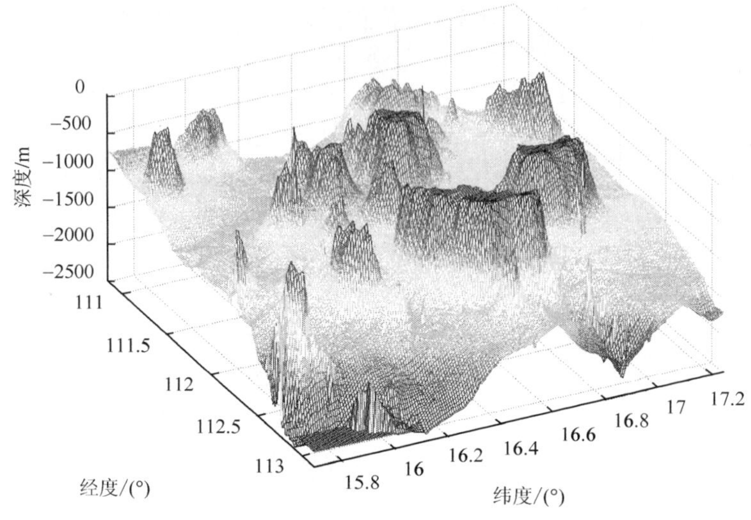

(c) 插值处理得到的海深数据一定视角的三维视图

图 2.2　海底地形的构造

2.3.2　三维环境空间的抽象建模

三维环境空间的抽象建模在三维海底地形数据的基础上进行。首先，建立航路规划环境空间。

如图 2.3 所示，在三维海底地形数据中将海平面（海深为 0）对应电子海图上最小经度和纬度点作为坐标原点 O（也记为点 A），海平面过点 O 沿纬度增加的方向为 OX 轴，海平面过点 O 沿经度增加的方向为 OY 轴，过点 O 垂直海平面向下的方向为 OZ 轴。根据航路规划中起点和终点的位置，在该坐标系 $O\text{-}XYZ$ 中以点 A 为一个顶点，在 OX 轴方向取长度$|AE|$（$|AE|$小于等于对应海图中纬度变化的总长度），在 OY 轴方向取长度$|AD|$（$|AD|$小于等于对应海图中经度变化的总长度），在 OZ 轴方向取长度$|AB|$，从而构造出一个立方体区域 $ABCD\text{-}EFGH$，该立方体区域称为航路规划环境空间。

得到航路规划环境空间后，需要对该空间进一步划分，以得到抽象环境模型。如图 2.4 所示，首先对航路规划环境空间 $ABCD\text{-}EFGH$ 沿边 AE 进行 n 等分，得到 n+1 个平面 $\Pi_i\,(i=0, 1, 2, \cdots, n)$。然后，对于任意平面 Π_i 沿边 $A'D'$进行 m 等分，沿边 $A'B'$进行 l 等分。航路规划环境空间划分过程中的 n 和 m 根据海底地形数据的实际情况进行选取，以使划分后在 $ADHE$ 平面上得到的交叉点与海底地形数据中等分网格的交叉点相对应。

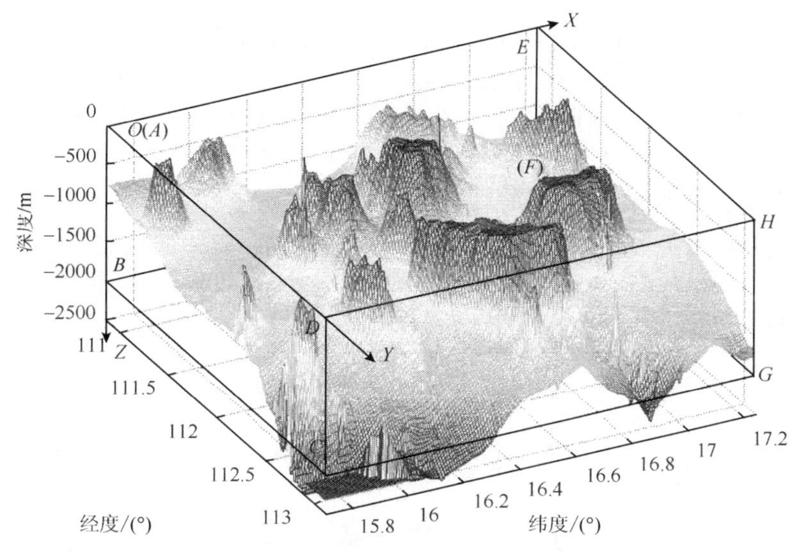

图 2.3　航路规划环境空间建模

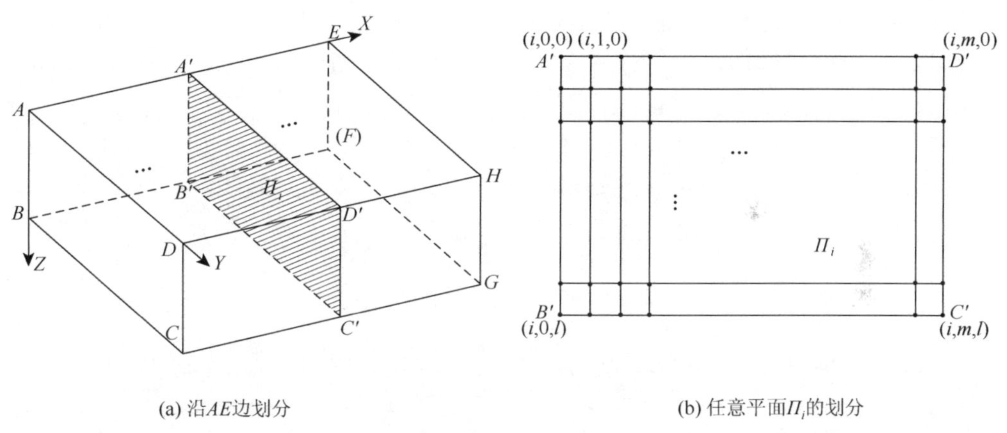

(a) 沿AE边划分　　(b) 任意平面Π_i的划分

图 2.4　抽象环境模型建模

对于后面仿真试验中使用的c17100号电子海图所表示的区域，使用200×200×100的空间等分网格对其进行划分。即沿经度和纬度变化方向均进行 200 等分（与该海图水深数据插值处理的划分方法一致），深度变化方向从水平面开始每深 10m 划分为一层，共划分 100 层。则该空间等分网格构成的抽象环境空间可以表示东经 110.85°、北纬 15.7°～东经 113.122°、北纬 17.2425°，海深 0～1000m 的空间区域。

这样，航路规划环境空间 $ABCD\text{-}EFGH$ 就离散为一些点。使用 S^*表示这些点的集合，集合中的任一点 p 对应两个坐标——序号坐标 $p^1(I, j, k)$和位置坐标 $p^2(x_i, y_j, z_k)(i=\{0, 1, 2, \cdots, n\}, j=\{0, 1, 2, \cdots, m\}, k=\{0, 1, 2, \cdots, l\})$。

点 p 的序号坐标 $p^1(i, j, k)$是航路规划环境空间划分过程中，该点所在位置对应的 3 个方向的划分序号。如图 2.4 所示，i、j、k 分别为当前点 p 沿 AE 边、AD 边、AB 边的划分序号。航路规划环境空间顶点 A 的序号坐标为 $p^1(0, 0, 0)$。如不作说明，本章后面给出的点均以序号坐标的形式给出。

点 p 的位置坐标 $p^2(x_i, y_j, z_k)$是该点所在位置相对于点 A 的纬度偏移距离、经度偏移距离和深度偏移距离（单位为 m），航路规划环境空间顶点 A 的位置坐标为 $p^2(0, 0, 0)$。假设$|AE|=\Delta\phi$，$|AD|=\Delta\lambda$，$|AB|=h$，点 p 的序号坐标为 $p^1(i, j, k)$，则点 p 的位置坐标 $p^2(x_i, y_j, z_k)$的坐标值如式（2.7）所示。

$$\begin{cases} x_i = 111\,111.111 \times (i \cdot \Delta\phi)/n \\ y_j = 111\,111.111 \times (j \cdot \Delta\lambda)/m \\ z_k = (k \cdot h)/l \end{cases} \tag{2.7}$$

对于航路规划环境空间离散化后得到的点集合 S^*中的任意一点，使用一个二元组＜p, state＞来存储其信息，其中 p 代表该点的位置，state 代表该点的状态（自由或障碍）。若点 p 所在位置为障碍区域，令 state 为 0，代表其为障碍点；否则，令 state 为 1，代表其为自由点。在实际判断 S^*中某一点 p 为障碍点还是自由点时，首先计算该点所对应的经纬度位置在三维海底地形数据中的深度。若其坐标值 z_k 小于该深度，则点 p 为自由点。否则，点 p 为障碍点。

至此，三维环境空间的抽象建模过程结束，整个环境空间抽象为 $(n+1)\times(m+1)\times(l+1)$ 个二元组＜p, state＞。这种表示方法将环境空间离散为不同层面上的点的集合，一方面可以比较容易地通过电子海图数据得到，另一方面可以方便地与蚁群算法相结合。

2.4 基于离散域蚁群算法的三维空间航路规划方法

基于离散域蚁群算法的三维空间航路规划算法以刘利强等提出的空间收缩蚁群优化算法作为基础算法进行设计，求解三维空间航路规划问题。下面分别给出具体算法设计内容和算法仿真结果及分析。

2.4.1 算法设计

下面将从信息素表示方法、路径点选取原则、启发式函数设计和信息素更新规则 4 个方面给出基于离散域蚁群算法的三维空间航路规划算法。

1. 信息素表示方法

在离散域蚁群算法中，信息素通常残留在解构造图的连接上，蚂蚁在构造解时对与当前点相连的所有连接上的信息素量敏感，采用概率选择的方法确定下一移动点，最终构造出问题的解。这种使用连接存储信息素的方法与问题解的真正表示方法是完全对应的，但这种表示方法只适用于求解规模不是很大的问题。在不考虑其他约束并且认为节点的次序颠倒对应相同连接的情况下，n 个节点将可以表示 $n\times(n-1)/2$ 个连接。随着 n 的增大，连接数将呈指数上升。

在 2.3 节中已经知道，本章研究的三维空间航路规划问题的环境模型是采用离散点集合 S^*的方式表示的，这些离散点即对应蚁群算法的解构造图中的节点。若将集合 S^*中各个离散点间的连接作为信息素的存储载体，算法的空间复杂度将是无法承受的。因此，采用节点表示法，将信息素存储在环境模型的离散点上，抽象环境模型中的任意二元组＜p, state＞将对应一个信息素值，信息素值的大小代表该离散点对蚂蚁的吸引程度。这种表示方法一方面降低了算法的空间复杂度，另一方面可以通过对不同可行点上信息素值大小的设置，对不同的区域加以区别。

本章航路规划算法中考虑的环境信息包括两类。其中，直接影响航行安全的海底地形已经在 2.3 节中通过抽象环境模型的方法进行表示；而对于水下运载器安全航行和隐蔽航行起到一定作用的声速跃层下区域、正密度跃层区域、负密度跃层区域和内波区域信息，将通过设置其对应离散点的信息素值初值的大小加以区别。负密度跃层区域和内波区域对水下运载器的航行安全有一定的影响，因此，将环境模型中对应这些区域的可行点的信息素值初值设置得相对较小。声速跃层下区域、正密度跃层区域对水下运载器的隐蔽航行起到一定的积极作用，因此，将环境模型中对应这些区域的可行点的信息素值初值设置得相对较大。

2. 路径点选取原则

在给出路径点选取原则前，首先给出蚂蚁移动的主方向。设 $S(\varphi_S, \lambda_S, h_S)$和 $G(\varphi_G, \lambda_G, h_G)$分别为航路规划的起点和目标点位置。首先在抽象环境模型离散点集合 S^*中搜索得到分别与 S、G 最近的两个点 p_S、p_G。因为在三维空间抽象建模过程中可以对三维空间进行较细的划分，所以可以使用点 p_S、p_G 的位置代替 S、G 的位置进行航路规划。然后计算点 p_S、p_G 对应的序号坐标 $p_S^1(i_S, j_S, k_S)$ 和 $p_G^1(i_G, j_G, k_G)$ 在纬度和经度变化方向上的差值大小，若满足$|i_S - i_G| \geqslant |j_S - j_G|$，则选取纬度变化方向为蚂蚁移动的主方向。否则，选取经度变化方向为蚂蚁移动的主方向。

假设蚂蚁移动的主方向为纬度变化方向，航路规划的起点 p_S 和终点 p_G 分别在图 2.4 中对应的平面 Π_0 和 Π_n 上。如图 2.5 所示，在使用蚁群算法构建路径过程中，蚂蚁从起点 p_S 出发，首先到达矩形平面 Π_1 上的某一可行点 $p_1^1(i_1, j_1, k_1)$。然后，蚂蚁再由点 p_1^1 出发选定矩形平面 Π_2 上的某一可行点 $p_2^1(i_2, j_2, k_2)$。依据这种方法依次在各平面上选取路径点，最后到达目标点 p_G，如此蚂蚁就搜索到一条路径。

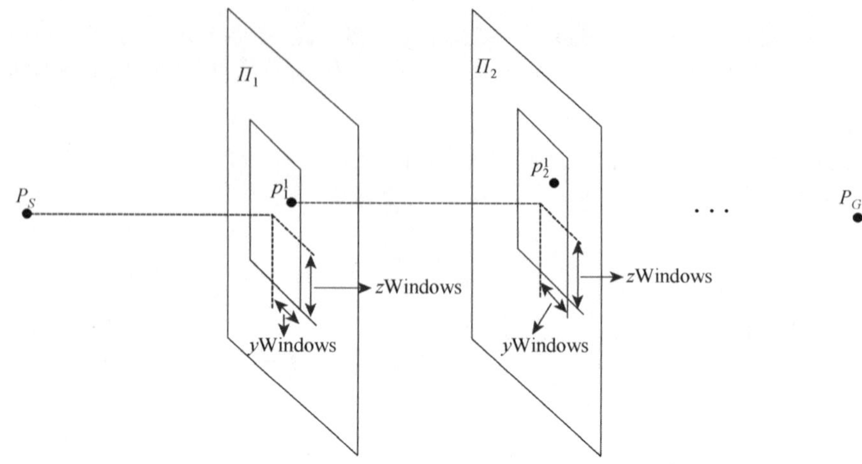

图 2.5　路径点选取方法

考虑一般航渡过程中水下运载器的航行状态，在 2.2 节中将水下运载器的运动简化为前进、左移、右移、上浮、下潜五个操作。并规定在水下运载器向前移动单位长度 1 的情况下，允许最大左移或右移 L_y 长，最大上浮或下潜 L_z 长。

在航路规划算法中，蚂蚁的移动遵循该原则。蚂蚁在主方向上的移动对应水下运载器的前进操作，在深度变化方向上的移动对应水下运载器的上浮和下潜操作，另一方向上的移动对应水下运载器的左移和右移操作。

对应这种简化的水下运载器运动方式，令蚂蚁在从平面 Π_a 移动到平面 Π_{a+1} 这一前进过程中允许左移或右移 $y\text{Windows}$ ($y\text{Windows} \in \{1, 2, \cdots, m/2\}$)，允许上浮或下潜 $z\text{Windows}$ ($z\text{Windows} \in \{1, 2, \cdots, l/2\}$)。

蚂蚁在 Π_a 平面上的当前点 $p_a^1(i_a, j_a, k_a)$选取 Π_{a+1} 平面上的下一路径点 p_{a+1}^1 $(i_{a+1}, j_{a+1}, k_{a+1})$的过程如下：

（1）依据抽象环境模型确定 Π_{a+1} 平面上选择区域 $\Xi[\{j_a - y\text{Windows}, \cdots, j_a, \cdots, j_a + y\text{Windows}\}, \{k_a - z\text{Windows}, \cdots, k_a, \cdots, k_a + z\text{Windows}\}]$中哪些点为可行路径点；

（2）计算 Π_{a+1} 平面上选择区域 Ξ 中任意点 $(a+1,u,v)$ 的启发式信息值 $H(a+1,u,v)$；

（3）依据式（2.8）计算 Π_{a+1} 平面上选择区域 Ξ 中任意点 $(a+1,u,v)$ 的选择概率 $P(a+1,u,v)$；

$$P(a+1,u,v)=\begin{cases}\dfrac{\tau(a+1,u,v)\cdot H(a+1,u,v)}{\sum\tau(a+1,u,v)\cdot H(a+1,u,v)} & (\text{点}(a+1,u,v)\text{为可行点})\\ 0 & (\text{点}(a+1,u,v)\text{为不可行点})\end{cases} \tag{2.8}$$

式中，$\tau(a+1,u,v)$ 为 Π_{a+1} 平面上点 $(a+1,u,v)$ 上存储的信息素量。

（4）依据式（2.9）的伪随机比例规则选取下一路径点 p_{a+1}^{1}。

$$p_{a+1}^{1}=\begin{cases}\arg\max\limits_{(a+1,u,v)\in\Xi}[\tau(a+1,u,v)\cdot H(a+1,u,v)] & (q\leqslant q_0)\\ S & (q>q_0)\end{cases}\tag{2.9}$$

式中，S 为根据式（2.8）给出的概率分布产生的一个随机变量；q_0 为[0,1]区间的一个常数；q 为[0,1]区间均匀分布的随机数。

3. *启发式函数设计*

启发式函数是三维空间航路规划算法中的重要组成部分，对于算法快速、高效、优质地规划出一条可行路径起着重要的作用。本书算法设计的环境抽象模型中任意点 (i,j,k) 的启发式函数 $H(i,j,k)$ 如式（2.10）所示。

$$\begin{aligned}H(i,j,k)=&[S(i,j,k)]^{w_1}\times[F(i,j,k)]^{w_2}\times[D(i,j,k)]^{w_3}\\&\times[M(i,j,k)]^{w_4}\times[C(i,j,k)]^{w_5}\end{aligned}\tag{2.10}$$

式中，$S(i,j,k)$ 为考虑环境障碍时的安全性因素；$F(i,j,k)$ 为考虑负密度跃层区域和内波区域时的安全性因素；$D(i,j,k)$ 为快速航行因素；$M(i,j,k)$ 为同一深度面航行因素；$C(i,j,k)$ 为隐蔽性因素；w_1、w_2、w_3、w_4、w_5 为系数，代表上述各种因素的重要程度。

下面将分别就上述五种因素进行详细讨论。

1）考虑环境障碍时的安全性因素

考虑环境障碍时的安全性因素 $S(i,j,k)$ 是使规划出的航线尽可能远离环境障碍。首先给出蚂蚁的可视域空间的定义。

定义 2.3　可视域　给定 $x\text{Scale}$ ($x\text{Scale}\in\{1, 2, \cdots, n\}$)、$y\text{Scale}$ ($y\text{Scale}\in\{1, 2, \cdots, m/2\}$)、$z\text{Scale}$ ($z\text{Scale}\in\{1, 2, \cdots, l/2\}$)。如图 2.6 所示，假设 Ξ 为蚂蚁下一路径点所在矩形平面 Π_i 上的选择区域，(i,j,k) 为区域 Ξ 中的任意可行点，则立方体点集 $\Gamma(x, y, z \mid x\in\{i+1, i+2, \cdots, \min(n,i+x\text{Scale})\}, y\in\{\max(j-y\text{Scale}, 0), \cdots, j, \cdots, \min(j+y\text{Scale}, m)\}, z\in\{\max(k-z\text{Scale}, 0), \cdots, k, \cdots, \min(k+z\text{Scale}, l)\})$ 称为蚂蚁在点 (i,j,k) 的可视域空间。

用 $S(i,j,k)$ 的函数值表示考虑环境障碍时的可行点 (i,j,k) 的安全程度，其计算公式如式（2.11）所示。

$$\begin{aligned}S(i,j,k)&=\frac{1}{\mathrm{e}^{f_s(i,j,k)}}\\f_s(i,j,k)&=\text{Num}_{ijk}-\min_{(i,j,k)\in\Xi}(\text{Num}_{ijk})\end{aligned}\tag{2.11}$$

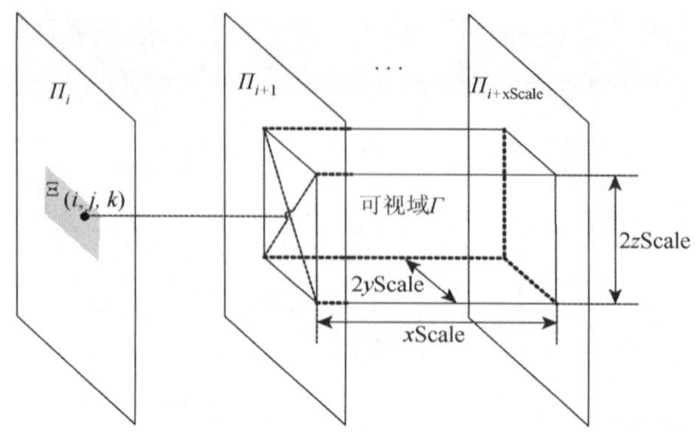

图 2.6　点 (i,j,k) 的可视域

式中，Num_{ijk} 为点 (i,j,k) 的可视域空间在环境模型中的不可行点个数；$\min\limits_{(i,j,k)\in\Xi}(\text{Num}_{ijk})$ 为 Ξ 中所有可行点的可视域中不可行点数的最小值。

2）考虑负密度跃层区域和内波区域时的安全性因素

负密度跃层区域和内波区域对水下运载器的航行安全是有一定影响的，因此在航路规划过程中要考虑避开这些区域。将负密度跃层区域和内波区域均看成排斥区域，借鉴势场法的思想使规划出的航线远离这些排斥区域。

用 R^* 表示航路规划环境空间中所有属于排斥区域的离散点的集合，$p_r(r\in R^*)$ 表示排斥区域中的任意点，其位置坐标为 (x_r,y_r,z_r)。(i,j,k) 为蚂蚁下一路径点所在矩形平面 Π_i 上的选择区域 Ξ 中的任意可行点，其位置坐标为 (x_i,y_j,z_k)。函数 $F(i,j,k)$ 值的大小表示考虑负密度跃层区域和内波区域时的点 (i,j,k) 安全性因素的大小，其函数值越大代表该点越安全。$F(i,j,k)$ 的计算方法如式（2.12）所示。

$$F(i,j,k)=\begin{cases}\dfrac{1}{\mathrm{e}^{(d_{\text{scale}}-d_{\min})}} & (d_{\min}<d_{\text{scale}})\\ 1 & (d_{\min}\geqslant d_{\text{scale}})\end{cases}$$
$$d_{\min}=\min_{r\in R^*}\sqrt{(x_r-x_i)^2+(y_r-y_j)^2+(z_r-z_k)^2} \tag{2.12}$$

式中，$d_{\min}$ 为点 (i,j,k) 到 R^* 中任意点 p_r 的距离的最小值；d_{scale} 为排斥区域 R^* 的有效作用范围。

3）快速航行因素

快速航行因素 $D(i,j,k)$ 使规划的航线尽可能短。用 $D(i,j,k)$ 的函数值表示下一路径点所在矩形平面 Π_i 上的选择区域 Ξ 中的任意点 (i,j,k) 到目标点 p_G 的期望路径长度，其值越大代表选择该点得到的最终航线的总长度可能越短。$D(i,j,k)$ 的计算方法如式（2.13）所示。

$$D(i,j,k)=\frac{1}{d(i,j,k)-\min\limits_{(i,p,q)\in\Xi}(d(i,p,q))+1}$$
$$d(i,p,q)=\sqrt{(x_i-x_G)^2+(y_p-y_G)^2+(z_q-z_G)^2} \tag{2.13}$$

式中，x_i、y_p、z_q 为平面 Π_i 上的可行点 (i,p,q) 的位置坐标值；x_G、y_G、z_G 为目标点 p_G 的位置坐标值。

4）同一深度面航行因素

真实水下运载器在航渡过程中不可能频繁地上浮或下潜，也不可能在某一较长航线上缓慢上浮或下潜，而是期望尽可能地在同一深度面航行，在某一点附近时进行上浮或下潜操作，然后在另一个深度面继续航行。因此，设计了启发函数 $M(i,j,k)$，使规划出的航线尽可能在同一深度面内。$M(i,j,k)$ 的值越大，代表选择点 (i,j,k) 得到的航线在同一深度面的可能越大。$M(i,j,k)$ 计算公式为

$$M(i,j,k)=\frac{1}{|z^*-z_k|+1} \tag{2.14}$$

式中，z^* 为蚂蚁当前所在点在深度变化方向上的位置坐标值；z_k 为下一目标点 (i,j,k) 在深度变化方向上的位置坐标值。

5）隐蔽性因素

正密度跃层区域和声速跃层下区域对水下运载器的隐蔽航行具有积极的作用，因此在航路规划过程中要尽量使规划出的航线经过正密度跃层区域或声速跃层下区域，从而实现水下运载器的隐蔽航行。

将正密度跃层区域和声速跃层下区域均看成吸引区域，使用 A^* 表示航路规划环境空间中所有属于吸引区域的离散点的集合，$p_a(a\in A^*)$ 表示吸引区域中的任意点，(x_a,y_a,z_a) 为该点的位置坐标。(i,j,k) 为蚂蚁下一路径点所在矩形平面 Π_i 上的选择区域 Ξ 中的任意可行点，(x_i,y_j,z_k) 为其位置坐标。函数 $C(i,j,k)$ 值的大小表示选择点 (i,j,k) 为下一路径点所得航线的隐蔽性因素的大小，其函数值越大代表越隐蔽。$C(i,j,k)$ 的计算方法如式（2.15）所示：

$$C(i,j,k)=\begin{cases}\dfrac{1}{d_{\min}^*+1} & (d_{\min}^*<d_{\text{scale}}^*)\\ 1 & (d_{\min}^*\geqslant d_{\text{scale}}^*)\end{cases}$$
$$d_{\min}^*=\begin{cases}\min\limits_{a\in A^*}\sqrt{(x_a-x_i)^2+(y_a-y_j)^2+(z_a-z_k)^2} & (\text{蚂蚁经过}a\text{点})\\ d_{\text{scale}}^* & (\text{蚂蚁不经过}a\text{点})\end{cases} \tag{2.15}$$

式中，$d_{\min}^*$ 为点 (i,j,k) 到 A^* 中任意点 p_a 的距离的最小值；d_{scale}^* 为吸引区域 A^* 的

有效作用范围。

4. 信息素更新规则

1）局部信息素更新

局部信息素更新在蚂蚁构建路径的过程中进行，蚂蚁每选定一个路径点(i,j,k)，都将立刻调用该规则更新该路径点上的信息素，其更新方法为

$$\tau_{ijk}=(1-\xi)\cdot\tau_{ijk}+\xi\cdot\tau_0 \tag{2.16}$$

式中，ξ为一参数，$0<\xi<1$；τ_0为各可行点信息素量的初始值，为一较小常数。

局部信息素更新的作用在于，蚂蚁每一次经过可行点，该点上的信息素量将会减少，使其他蚂蚁选中该点的概率相对减少，增加探索未使用过点的机会，使算法不会陷入停滞状态。

2）全局信息素更新

全局信息素更新在所有蚂蚁均构建完一条路径后进行。算法使用评价函数对每只蚂蚁找到的路径进行评价，对应评价函数值最大的精英蚂蚁所找到的路径上的可行点将进行全局信息素更新。评价函数和全局信息素更新方法分别如式（2.17）和式（2.18）所示。

$$f_{\text{eval}}(m)=\sum_{i=1}^{n+1}L_{\text{m}}(i) \tag{2.17}$$

式中，$f_{\text{eval}}(m)$为第m只蚂蚁所走路径的评价函数值；$L_{\text{m}}(i)$为第m只蚂蚁所走路径中第i段路径段的长度。

$$\begin{aligned}\tau_{ijk}&=(1-\rho)\cdot\tau_{ijk}+\rho\cdot\Delta\tau_{ijk}\\ \Delta\tau_{ijk}&=\frac{1}{f_{\text{eval}}^*}\end{aligned} \tag{2.18}$$

式中，ρ为信息素挥发因子，$0<\rho<1$；f_{eval}^*为精英蚂蚁所走路径的评价函数值。

2.4.2 算法仿真与分析

为验证设计的航路规划算法的正确性和有效性，使用VC++6.0和MATLAB工具对算法进行仿真试验。基于图2.2所示的真实海底地形数据进行仿真试验，分别对起点、终点经度相同和起点、终点经度不同两种情况进行仿真试验。具体试验过程及试验结果如下。

1. 起点、终点经度相同时的仿真

根据试验方法不同，在起点、终点经度相同情况下分别进行三组试验。在试

验中，起点位置为东经 111.759°、北纬 15.715°、深度 500m，终点位置为东经 111.759°、北纬 17.189°、深度 600m。

1）实验 1

在实验 1 中，只使用 2.4.1 节中给出的启发式信息进行航路规划。首先对只考虑环境障碍和快速航行因素时的情况进行仿真实验，然后增加同一深度面航行因素启发式信息再次进行实验。每一步路径点选取过程中选择对应启发式函数的函数值大的点作为下一路径点。此时算法属于确定性搜索，只需运行一次。

算法仿真实验过程中的参数设置如表 2.1 所示。

表 2.1　实验 1 参数设置

w_1	w_3	w_4	*x*Scale	*y*Scale	*z*Scale	*y*Windows	*z*Windows
3.0	0.1	5.0	5	5	10	2	10

图 2.7 给出了只考虑环境障碍和快速航行因素时的仿真实验结果。由该仿真结果可以看到，规划出的最终航线接近于起点和终点的直接连线。在遇到环境障碍时，航线采用沿障碍边界上升或下降的方式实现避障；当遇到无法逾越的障碍时，航线采用绕行的方式实现避障。整条航线在深度方向上起伏较大。

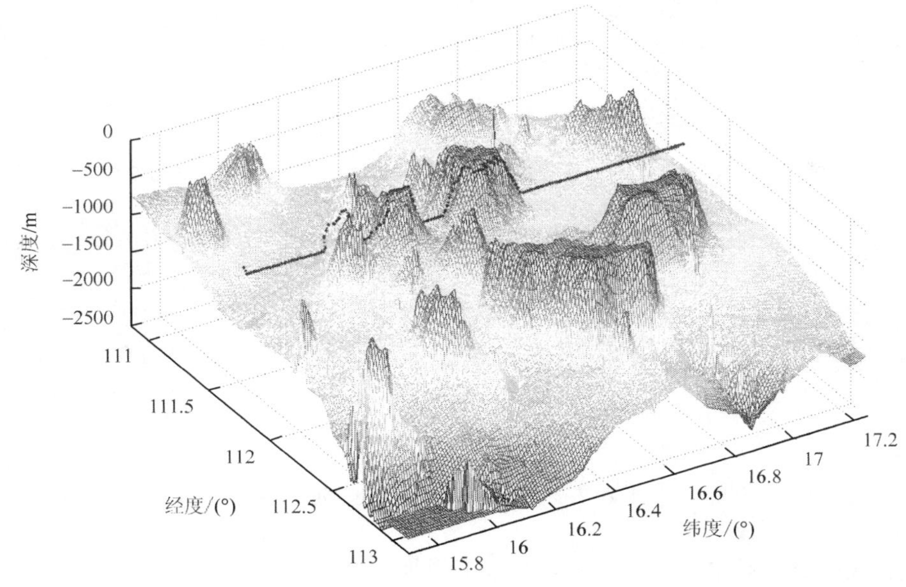

(a) 一定视角的三维视图

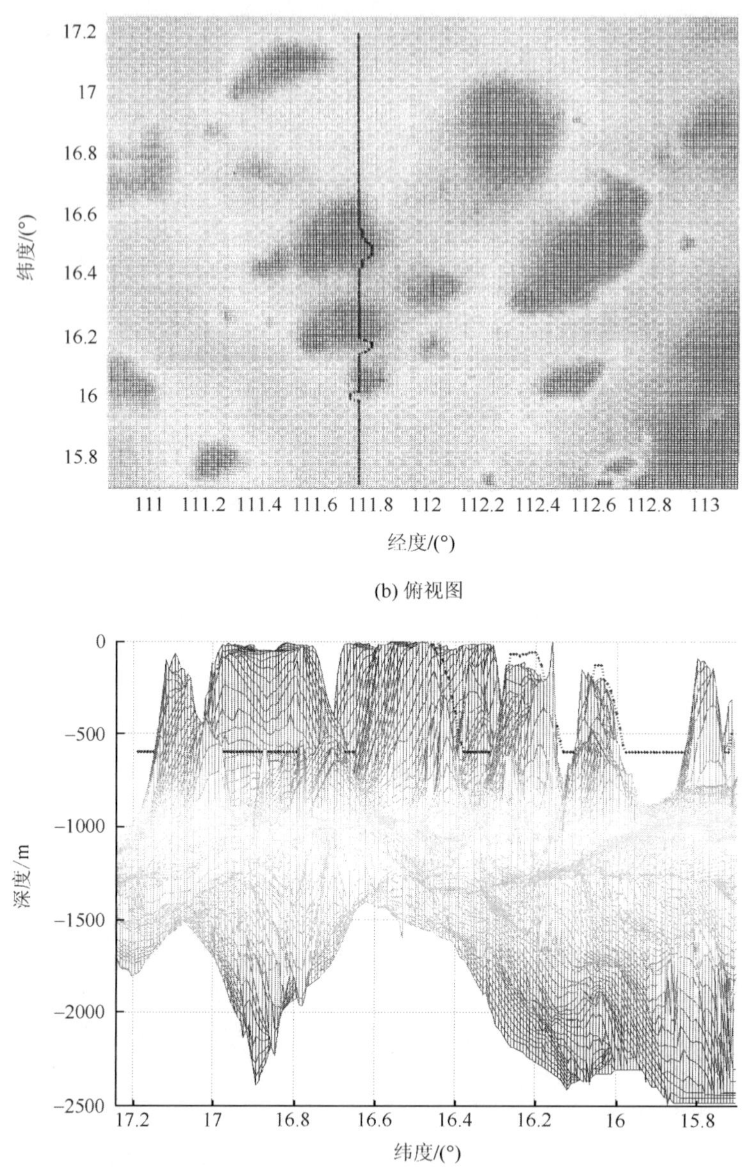

(b) 俯视图

(c) 侧视图

图 2.7　只考虑环境障碍和路径长度因素时的仿真结果

图 2.8 给出了在上一仿真实验基础上增加等深度航行因素时的仿真结果。由该仿真结果可以看到，在等深度航行启发式信息的作用下，规划出的航线在深度上没有较大的振荡，在个别点处航线有上升或下降，然后又变为等深度；在遇到环境障碍时，航线主要通过等深度绕行的方式实现避障。

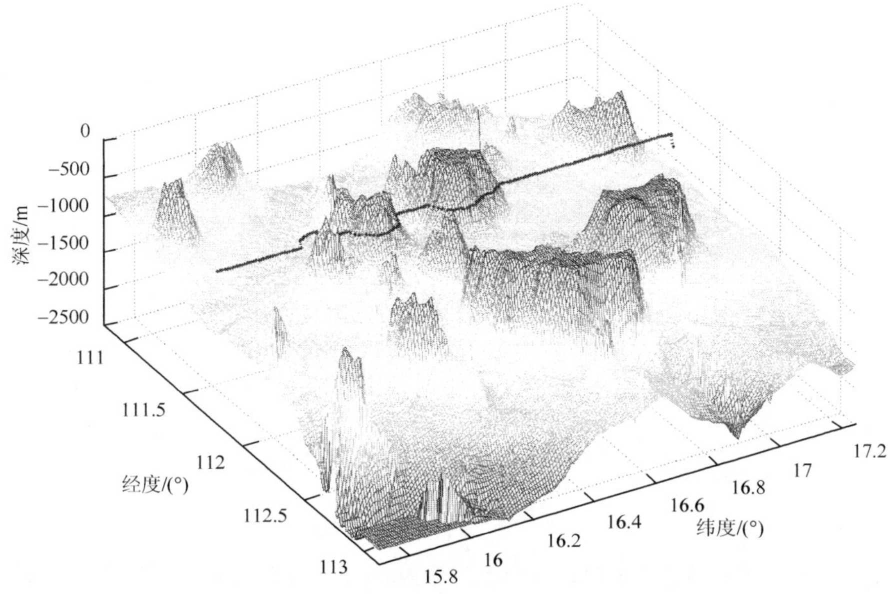

(a) 一定视角的三维视图

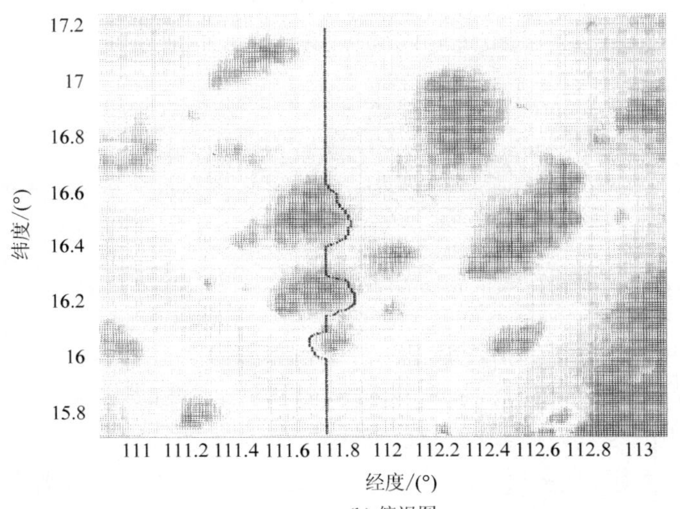

(b) 俯视图

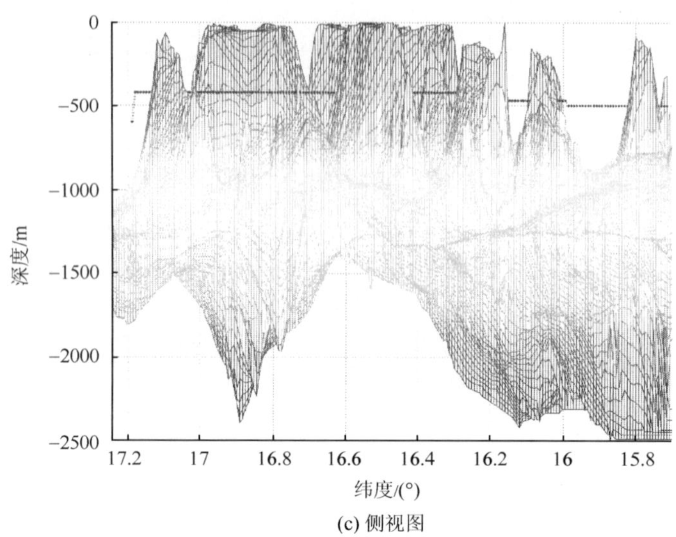

(c) 侧视图

图 2.8　增加等深度航行因素时的仿真结果

2）实验 2

实验 2 对 2.4.1 节中给出的算法进行仿真，但在启发式函数中不考虑负密度跃层区域、内波区域、正密度跃层区域和声速跃层下区域的影响。

算法每 100 代进行一次空间收缩变换，迭代运行 1000 代后停止，输出最优结果。算法运行参数除表 2.1 中给出的参数取值外，其余参数取值如表 2.2 所示。表 2.2 中的参数 τ_0 取为起点和终点直线距离（单位为 m）倒数的 1/2，$\tau_{\max}^*$ 为算法当前所有点上信息素的最大值。

表 2.2　实验 2 增加的参数设置

蚂蚁个数	τ_0	q_0	ξ	ρ	权阈值 w^*
20	3.05×10^{-6}	0.7	0.1	0.1	$0.95\tau_{\max}^*$

图 2.9 给出了实验 2 的仿真结果。从该仿真结果可以看到，同实验 1 相比，采用了蚁群优化策略的实验 2 得到了更加可行的规划航线。但从仿真结果图也能看到，算法给出的规划航线并不是真正的全局最优航线。这是由于为了加快算法的搜索速度，增大了启发式信息在算法中的比重，增加了算法的确定性，牺牲了算法的全局寻优能力。

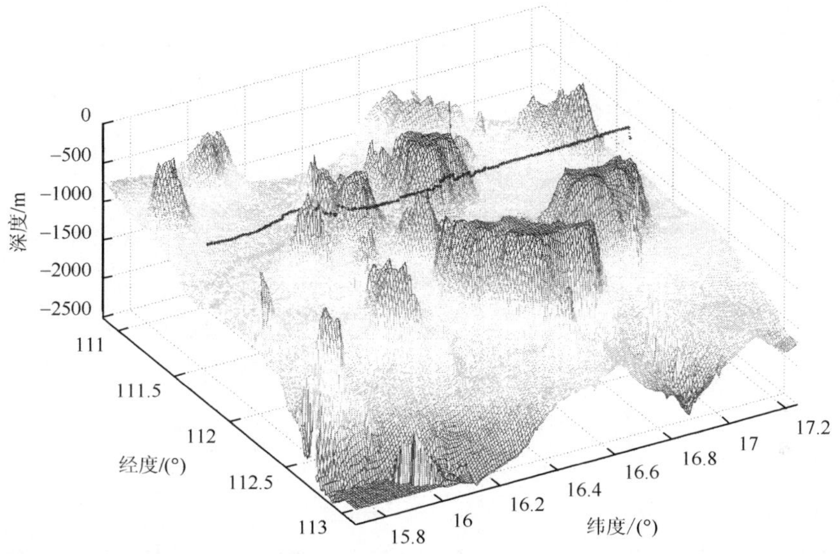

(a) 一定视角的三维视图

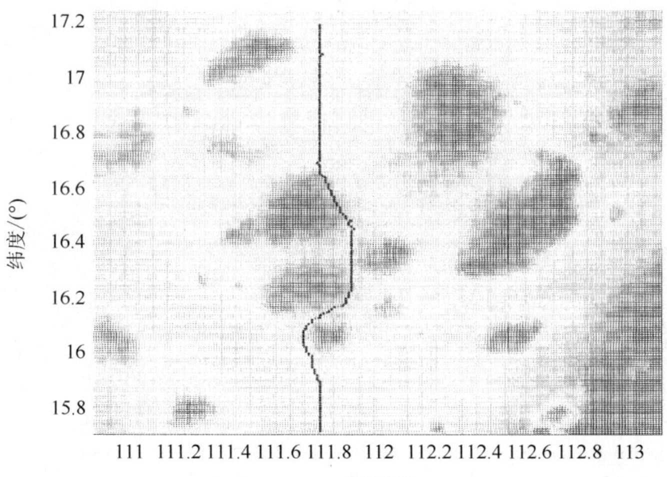

(b) 俯视图

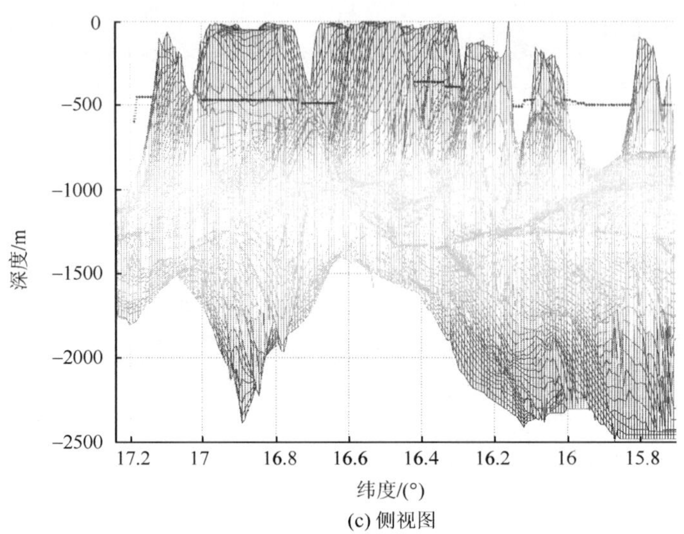

(c) 侧视图

图 2.9　不考虑海洋环境信息时的仿真结果

3）实验 3

实验 3 在实验 2 的基础上增加正密度跃层区域、声速跃层下区域和负密度跃层区域、内波区域的影响。在算法中，正密度跃层区域和声速跃层下区域均为吸引区域，负密度跃层区域和内波区域均为排斥区域。仿真实验中，排斥区域的最大作用距离取为 d_{scale} =5′，其在启发式函数中的权重取为 w_2 =5，环境抽象模型中位于该区域中的点的信息素初值为 0.1 τ_0；吸引区域的最大作用距离取为 d^*_{scale} =5′，其在启发式函数中的权重取为 w_5 =5，环境抽象模型中位于该区域中的点的信息素初值为 10 τ_0。其余参数采用表 2.1 和表 2.2 中给出的取值。

为了方便实验，将吸引区域和排斥区域均视为立方体区域，并在仿真实验中分别设定两个吸引区域和两个排斥区域。其中，各区域的覆盖范围如表 2.3 所示。

表 2.3　吸引区与排斥区覆盖范围

区域	顶点 1 位置			顶点 2 位置		
	经度/（°）	纬度/（°）	深度/m	经度/（°）	纬度/（°）	深度/m
吸引区 1	E 111.78	N 15.8	400	E 111.88	N 15.9	500
吸引区 2	E 111.85	N 16.5	400	E 111.95	N 16.6	500
排斥区 1	E 111.75	N 16.8	300	E 111.85	N 16.9	500
排斥区 2	E 111.6	N 16.86	200	E 111.7	N 16.96	400

图 2.10 给出了实验 3 的仿真结果。该仿真实验得出的规划航线分别在下边界（海深 500m）和上边界（海深 400m）穿过两个吸引区域，并从两个排斥区域中间通过。整条航线在深度上没有太大变化，并且相对较短，满足了在算法设计中对航路规划的要求。

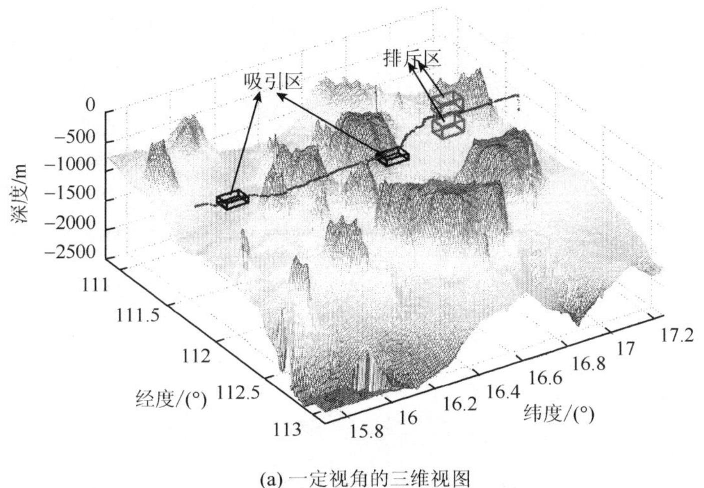

(a) 一定视角的三维视图

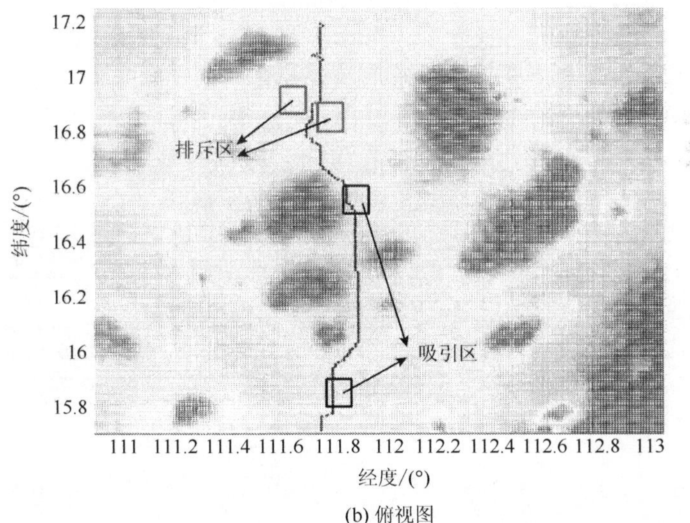

(b) 俯视图

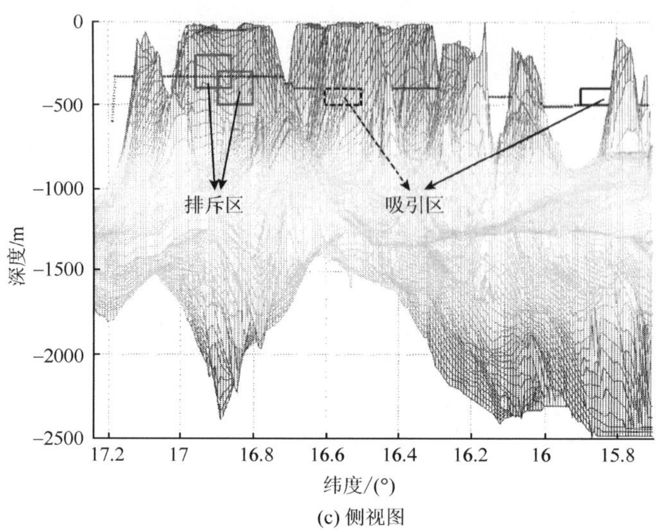

(c) 侧视图

图 2.10　考虑全部影响时的仿真结果

2. 起点、终点经纬度均不同时的仿真

下面针对起点、终点经纬度均不同的情况对算法进行仿真实验。仿真实验中，起点位置为东经 111.077°、北纬 15.847°、深度 500m，终点位置为东经 112.713°、北纬 17.011°、深度 600m。设置一个吸引区域和一个排斥区域，各区域的覆盖范围如表 2.4 所示。算法仿真中的参数取值和试验条件与起点、终点经度相同的仿真实验中的参数和条件相同。

表 2.4　吸引区与排斥区覆盖范围

区域	顶点 1 位置			顶点 2 位置		
	经度/（°）	纬度/（°）	深度/m	经度/（°）	纬度/（°）	深度/m
吸引区	E 111.3	N 15.9	400	E 111.5	N 16.1	500
排斥区	E 112.18	N 16.35	300	E 112.28	N 16.6	600

图 2.11 给出了起点、终点经纬度均不相同时的仿真结果。由仿真结果可以看到，最终航线满足了算法对航路规划的要求，验证了算法的正确性。但所求得的路径较为曲折，并不是最优路径。

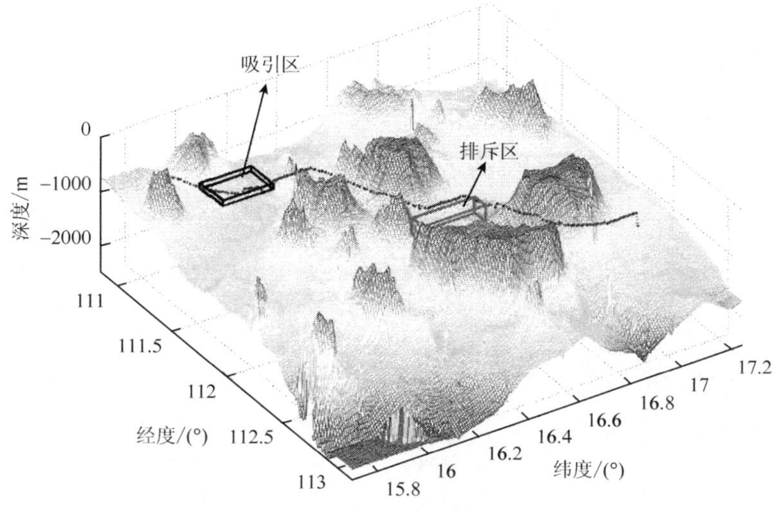

(a) 一定视角的三维视图

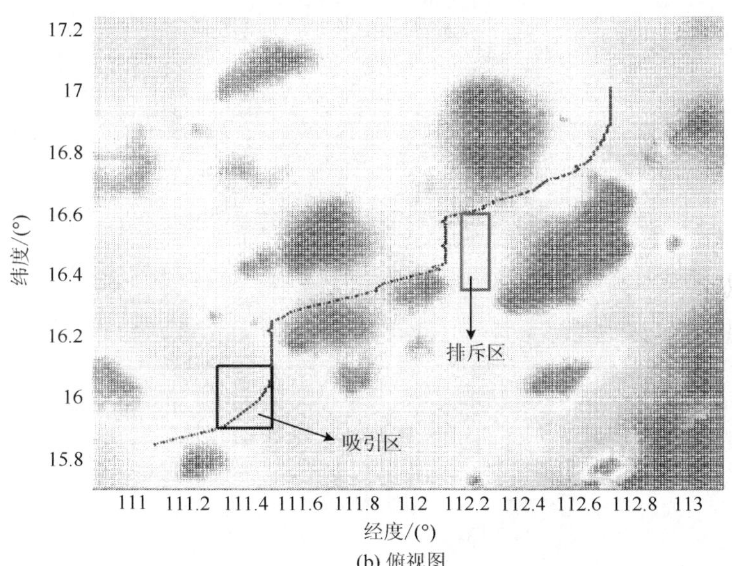

(b) 俯视图

图 2.11　起点、终点经度不同时的仿真结果

2.5　基于连续域蚁群算法的三维空间航路规划方法

基于连续域蚁群算法的三维空间航路规划算法以刘利强等提出的基于蚁群觅食行为的改进连续域优化算法作为基础算法进行设计，求解三维空间航路规划问题。下面分别给出具体算法设计内容、算法仿真结果和分析。

2.5.1 算法设计

1. 解的表示方法

与基于离散域蚁群算法的三维空间航路规划算法一样，基于连续域蚁群算法的三维空间航路规划算法在 2.3 节中给出的抽象环境模型中进行航路规划。在这两种算法中，三维空间路径均是由抽象环境模型中起点和终点之间的各个层面上的离散点的连接组成。但在不同的算法中，三维空间路径的具体表示方法和形成过程是不一样的。

在基于离散域蚁群算法的三维空间航路规划算法中，蚁群中的每只蚂蚁通过不断地在抽象环境模型中起点和终点之间的各个层面上选取可行路径点进行移动，最终构建出三维空间路径；而在基于连续域蚁群算法的三维空间航路规划算法中，算法维护 m_1 组蚁群，每组蚁群由 n_1 只蚂蚁组成，代表一条三维空间路径（图 2.12）。n_1 为在抽象环境模型中起点和终点之间的层面数（即对于任意一组蚁群，在抽象环境模型中起点和终点之间的各层面上有且只有一只蚂蚁），其中第 j 只蚂蚁位于 Π_j 层面上。

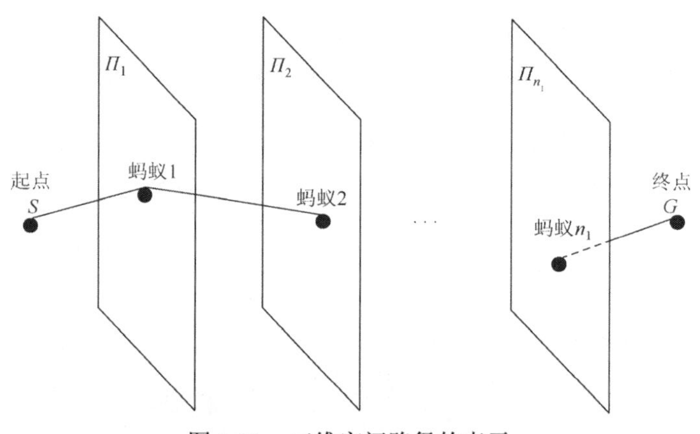

图 2.12　三维空间路径的表示

蚁群 i 中的第 j 只蚂蚁的位置使用(y_{ij}, z_{ij})表示。其中，y_{ij} 为该蚂蚁在抽象环境模型中的第 Π_j 层面上的水平方向的位置，z_{ij} 为其在深度方向上的位置。对于 2.3 节中给出的 c17100 号电子海图所表示区域的抽象环境空间划分方法，y_{ij} 的取值范围为[0, 200]，z_{ij} 的取值范围为[0, 100]。

2. 信息素分布模型

由 2.5.1 节中解的表示方法已经知道，蚁群 i 中的第 j 只蚂蚁位于一个二维的层面上，对应一个二维位置坐标。因此，其信息素分布也应该是一个在二维空间上的分布，使用两个独立的一维的信息素分布来近似表示二维的信息素分布。这两个独立的一维的信息素分布模型均采用高斯密度函数，其中一个表示信息素在水平方向上的分布，记为$\tau_{ij}(y)$；另一个表示信息素在深度方向上的分布，记为$\tau_{ij}(z)$。其计算方法为

$$\begin{aligned}\tau_{ij}(y)&=\frac{1}{\sqrt{2\pi}\sigma_{jy}}\mathrm{e}^{-\frac{(y-y_{ij})^2}{2\sigma_{jy}{}^2}}\\ \tau_{ij}(z)&=\frac{1}{\sqrt{2\pi}\sigma_{jz}}\mathrm{e}^{-\frac{(z-z_{ij})^2}{2\sigma_{jz}{}^2}}\end{aligned}\tag{2.19}$$

式中，y_{ij}为蚁群i中蚂蚁j在水平方向的位置；z_{ij}为蚁群i中蚂蚁j在深度方向的位置；σ_{jy}为水平方向的信息素强度的分布情况；σ_{jz}为深度方向的信息素强度的分布情况。

3. 种子蚁群选择方法

种子蚁群的选择方法与基于蚁群觅食行为的改进连续域优化算法中给出的方法基本一致，但适应值函数的计算方法不同。下面仅针对适应值函数的计算方法进行讨论。

基于连续域蚁群算法的航路规划算法中的适应值函数与基于离散域蚁群算法的航路规划算法中的启发式函数的作用一样，隐含了航路规划的优化准则。其适应值函数$\text{fitness}(L_i)$为

$$\begin{aligned}\text{fitness}(L_i)=&[S_1(L_i)]^{w_1^*}\times[F_1(L_i)]^{w_2^*}\times[C_1(L_i)]^{w_3^*}\\ &\times[M_1(L_i)]^{w_4^*}\times[D_1(L_i)]^{w_5^*}\end{aligned}\tag{2.20}$$

式中，$\text{fitness}(L_i)$为第i组蚁群对应三维空间路径L_i的适应值；$S_1(L_i)$为考虑环境障碍时的安全性因素；$F_1(L_i)$为考虑负密度跃层区域和内波区域时的安全性因素；$C_1(L_i)$为隐蔽性因素；$M_1(L_i)$为同一深度面航行因素；$D_1(L_i)$为快速航行因素；w_1^*、w_2^*、w_3^*、w_4^*、w_5^*为系数，代表上述各种因素的重要程度。

下面将分别就上述五种因素进行详细讨论。

$S_1(L_i)$主要是评估在只考虑环境障碍的情况下，蚁群i所对应的三维空间路径L_i的安全程度。使用在抽象环境模型中以三维空间路径L_i为中心线的空间立体区域Λ中所包含的障碍点的个数对该项性能进行评估。

给定空间立体区域Λ在水平方向和深度方向上的半径Δy、Δz。计算在抽象环境模型中以蚁群i中的任意一只蚂蚁j为几何中心所得到的平面区域($y_{ij}-\Delta y$,

$z_{ij}-\Delta z$)～($y_{ij}+\Delta y$, $z_{ij}+\Delta z$) 内所包含的障碍点个数，记为 num_{ij} ，则 $S_1(L_i)$ 的计算方法为

$$S_1(L_i)=\frac{1}{\mathrm{Num}_{1i}+1}$$
$$\mathrm{Num}_{1i}=\sum_{j=1}^{n}\mathrm{num}_{ij} \tag{2.21}$$

式中，n 为蚁群 i 中蚂蚁的个数；Num_{1i} 为以 L_i 为中心线的空间立体区域 Λ 中包含的障碍点个数。

$F_1(L_i)$ 是评估在只考虑负密度跃层区域、内波区域（统称排斥区域）的情况下，路径 L_i 的安全程度；$C_1(L_i)$ 是评估在只考虑正密度跃层区域和声速跃层下区域（统称吸引区域）的情况下，路径 L_i 的隐蔽性程度。它们的评估方法与 $S_1(L_i)$ 的评估方法类似，分别是通过在抽象环境模型中以三维空间路径 L_i 为中心线的空间立体区域内所包含的属于排斥区域的点的个数 Num_{2i} 和属于吸引区域的点的个数 Num_{3i} ，以及三维空间路径 L_i 上所包含的属于排斥区域的点的个数 Num'_{2i} 和属于吸引区域的点的个数 Num'_{3i} 对其性能进行评估。$F_1(L_i)$ 和 $C_1(L_i)$ 的计算方法分别为

$$F_1(L_i)=\frac{1}{\left(\mathrm{Num}_{2i}+1\right)\times\left(\mathrm{Num}'_{2i}+1\right)} \tag{2.22}$$

$$C_1(L_i)=\frac{\left(\mathrm{Num}_{3i}+1\right)\times\left(\mathrm{Num}'_{3i}+1\right)}{\left(\max\limits_i\left(\mathrm{Num}_{3i}\right)+1\right)\times\left(\max\limits_i\left(\mathrm{Num}'_{3i}\right)+1\right)} \tag{2.23}$$

虽然在计算 $F_1(L_i)$ 、$C_1(L_i)$ 和 $S_1(L_i)$ 时都使用到了以三维空间路径 L_i 为中心线的空间立体区域，但这 3 个空间立体区域并不相同。在算法中可以根据实际情况分别确定每个空间区域在水平方向和深度方向上的半径。

$M_1(L_i)$ 是同一深度面航行因素，使用三维空间路径 L_i 中从起点到终点的连续两个离散点在深度方向上的位置的变化次数和幅度对该项性能进行评价。假设包括起点和终点，路径 L_i 共由 $n+2$ 个离散点组成，则连续两个离散点在深度方向上的位置值的变化次数 $\mathrm{Num}_i\in\{0, 1, 2, \cdots, n+1\}$，变化幅度用 B_j ($B_j=\left|z_{ij}-z_{ij+1}\right|$, $j=\{0, 1, 2, \cdots, n+1\}$) 表示。$M_1(L_i)$ 的计算方法为

$$M_1(L_i)=\frac{1}{\mathrm{e}^{\mathrm{Num}_i-\min\limits_i(\mathrm{Num}_i)}}\times\frac{10}{\sum\limits_{j=0}^{n+1}B_j} \tag{2.24}$$

$D_1(L_i)$ 是快速航行因素，使用三维空间路径 L_i 的长度的倒数对该项性能进行评估。三维空间路径 L_i 的长度的具体计算方法在 2.4 节中已经给出，这里不再重复。

4. 蚂蚁位置更新规则

首先根据种子蚁群 c 中各蚂蚁的信息素密度分布函数进行采样，得到 k 组子代蚁群。然后依据各组蚁群对应的适应值大小，在 $(m+k)$ 组蚁群中选择 m 组适应值大的蚁群保留。

根据 2.5.1 节中给出的信息素分布模型，种子蚁群中各蚂蚁的信息素密度分布函数的采样通过分别对两个独立的信息素分布模型 $\tau_{ij}(y)$ 和 $\tau_{ij}(z)$ 的采样实现。在采样过程中，使用两个独立的信息素分布模型对应的随机数生成器，共采样 k 组。由于抽象环境模型是一个离散点集，所有的环境信息都存储在离散点上，所以，要使子代蚁群中的蚂蚁的位置也对应到抽象环境模型的离散点上。因此，需要对由随机数生成器产生的浮点数进行取整操作，从而得到在抽象环境模型中 k 组子代蚁群在水平方向上的位置 y^* ($y^* \in \{0, 1, 2, \cdots, 200\}$)和在深度方向上的位置 z^* ($z^* \in \{0, 1, 2, \cdots, 100\}$)。具体计算方法为

$$\begin{cases} y^* = y_{cj} + \sigma_{jy} \cdot (\sum_{l=1}^{12} \text{rand}_l - 6) \\ y^* = \text{Int}\left[y^* + 0.5 \right] \end{cases}$$
$$\begin{cases} z^* = z_{cj} + \sigma_{jz} \cdot (\sum_{l=1}^{12} \text{rand}_l - 6) \\ z^* = \text{Int}\left[z^* + 0.5 \right] \end{cases} \tag{2.25}$$

5. 约束条件的处理

在基于连续域蚁群算法的三维空间航路规划算法中，约束条件为三维空间路径 L_i 不经过任何障碍区域。定义一个路径 L_i 违反约束条件程度的度量 viol(i)，该度量值为路径 L_i 上所包含的属于障碍区域的点的个数 Num'_i。若 Num'_i 等于 0，则代表路径 L_i 可行；若 Num'_i 大于 0，则代表路径 L_i 不可行，并且越大代表路径的不可行度越强。

2.5.2　算法仿真与分析

算法仿真实验基于图 2.2 所示的真实海底地形数据进行，使用 VC++6.0 和 MATLAB 工具编程实现。共进行两组仿真实验。仿真实验 1 中只给出起点和终点，不考虑任何环境因素，即抽象环境模型中的任意点都是可行点；仿真实验 2 考虑所有因素的影响。

1. 仿真实验 1

在使用基于蚁群觅食行为的改进连续域优化算法求解基准函数极值时，对于同一个基准测试函数，当增加变量维数时，在同样的迭代次数下算法的求解精度明显降低；当变量维数增加到一定值时，算法将很难在许可的迭代次数内得到令人满意的结果。

对于 2.4.2 节中给出的实验条件，在抽象环境模型中起点和终点之间共有 190 个层面。若使用本节设计的连续域蚁群算法，则每组蚁群中将含有 190 只蚂蚁。由于每一只蚂蚁的位置是由水平方向上的位置和深度方向上的位置两个变量组成的，所以可以认为这是一个维数为 380 的优化问题。这么多的变量个数对于算法的求解将是极其困难的。

因此，设计了仿真实验 1，讨论蚁群初始化方法对算法性能的影响。通过设计采用合理的蚁群初始化方法，解决使用连续域蚁群算法求解三维空间航路规划问题时所面临的维数过高和影响算法求解性能的问题。

仿真实验 1 不考虑任何环境因素，抽象环境模型中的任意点都是可行点。此时的理论最优路径即为起点和终点之间的连线。将起点位置取为东经 111.759°、北纬 15.715°、深度 500m，终点位置取为东经 111.759°、北纬 17.189°、深度 500m。将抽象环境模型中起点和终点之间的层面数分别取为 5、10、15、20，一直到 190（每次加 5），在不同层面数的情况下运行本节设计的算法，比较算法实际求得的路径长度与理论最优路径长度的比值。

算法的运行参数与 2.4.2 节中给出的一致，w_1^*、w_2^*、w_3^*、w_4^* 均取为 0，w_5^* 取为 1。算法的最大迭代次数为 10 000 次，当连续 200 次算法得不到更优的结果时，算法停止。

首先采用随机初始化蚁群位置的方式进行仿真实验 1，图 2.13 给出了该方式下仿真实验 1 的结果。

由图 2.13 可以看到，当层面数小于 20，即维数小于 40 时，算法可以找到最优解，但随着层面数继续增大，算法的寻优性能迅速降低。这种算法性能随所求解问题维数的增加而降低，这是因为随着维数的增加，算法的解空间按几何级数迅速增长。采用随机初始化各组蚁群的初始位置的方式缺乏指导性，使得算法很难在规模巨大的解空间中，在允许的时间内找到满足要求的较优解。

上面的实验是在不考虑环境因素的航路规划空间中进行的。如果考虑环境因素，即增加约束条件，此时可行解空间只是整个解空间的一部分。如果约束条件较强，则即使使用算法搜索到一条可行解也是很困难的。

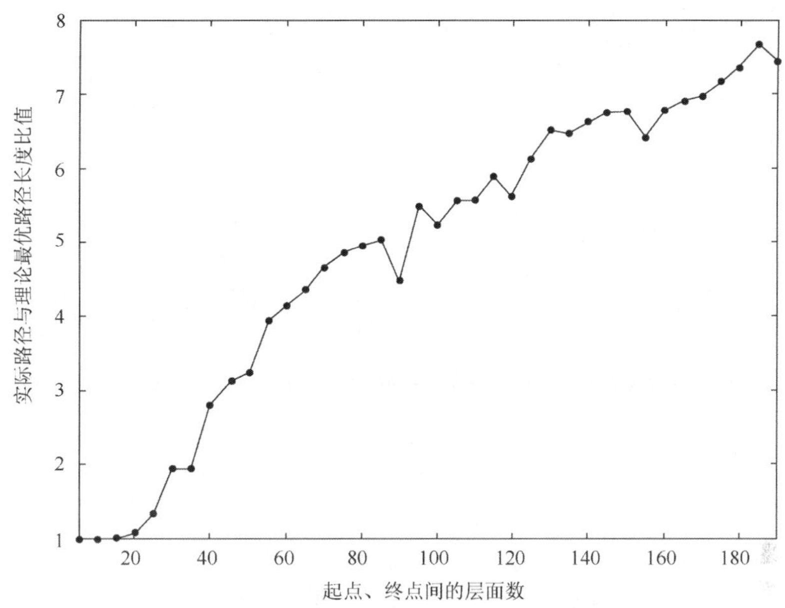

图 2.13　随机初始化蚁群位置的仿真实验 1 曲线

因此，设想采用一种具有确定性和指导性的方法来初始化本节算法中各组蚁群的初始位置，使这些蚁群在初始状态就对应相对较优的可行解，从而使算法在一个较好的起点（初始解离最优解位置相对较近）上进行搜索，提高算法的寻优性能。2.4 节中设计的离散域算法能够保证其得到的结果为可行解，并且在启发式信息的作用下，其得到的结果相对较优。因此，设计采用 2.4 节中算法的搜索结果初始化本节算法中的蚁群初始位置，从而提高本节算法的寻优性能。

下面使用 2.4 节中算法的搜索结果初始化本节算法蚁群初始位置的方式再次进行仿真试验 1。其中，2.4 节中算法的蚂蚁个数为 100（与本节算法中的蚁群个数一致），使用算法迭代 5 次后的结果初始化本节算法中的蚁群初始位置。本节算法的运行参数和运行条件同上。

图 2.14 给出了仿真实验结果。在图 2.14 中，上面的一条虚线是对应起点、终点间取不同层面数时，使用 2.4 节中算法求起点和终点间最短路径，算法迭代 5 次后得到的最优结果与理论最优结果的比值。下面的一条实线是对应起点和终点间取不同层面数时，本节算法使用 2.4 节算法迭代 5 次后的结果初始化蚁群位置，然后继续求解起点和终点间的最短路径所得到的最优结果与理论最优结果的比值。

从该仿真实验结果图可以看到，采用 2.4 节算法的搜索结果初始化蚁群初始位置的方式确实有利于提高本节算法的寻优性能。

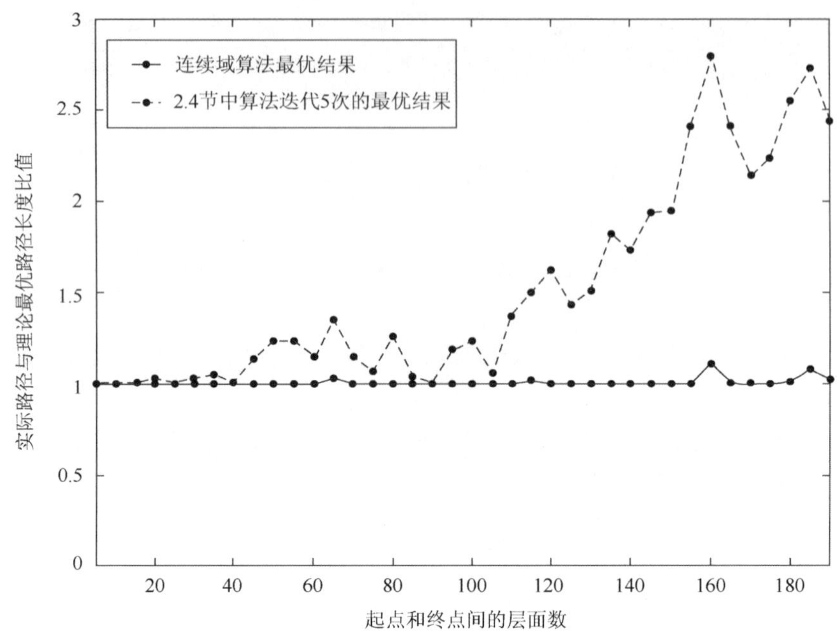

图 2.14　使用 2.4 节中算法初始化蚁群位置的仿真实验 1 曲线

2. 仿真实验 2

仿真实验 2 使用本节设计的基于连续域蚁群算法的三维空间航路规划算法分别求解 2.4.2 节中的起点、终点经度相同时的航路规划问题和起点、终点经度不同时的航路规划问题。

算法的运行参数与第 5 章中给出的一致。适应值函数中各因素的权值分别取为 $w_1^*=1$、$w_2^*=1$、$w_3^*=0.5$、$w_4^*=0.3$、$w_5^*=1$。在计算适应值函数中的 $F_1(L_i)$、$C_1(L_i)$ 和 $S_1(L_i)$ 时所分别建立的三个空间立体区域相同。空间立体区域在水平方向上的半径取为抽象环境模型中沿水平方向的 5 个划分的长度，在深度方向上的半径取为抽象环境模型中沿深度方向的 10 个划分的长度。算法中 100 个蚁群的初始位置使用 2.4 节中的算法迭代 10 次后的结果给出。整个算法的最大迭代次数为 10 000 次，当连续 200 次得不到更优的结果时，算法停止。

图 2.15 和图 2.16 分别给出了使用基于连续域蚁群算法的三维空间航路规划算法求解 2.4.2 节中航路规划问题的仿真结果图。

从图 2.15 和图 2.16 中的仿真实验结果可以明显看到，与 2.4.2 节的仿真实验结果相比，使用本节算法求解航路规划问题所得到的路径更加平滑，更符合水下运载器真实航行的要求。

由仿真实验 1 和仿真实验 2 的结果可以看到，对于本节设计的基于连续域蚁群算法的三维空间航路规划算法，当采用随机方式初始化蚁群位置时，算法的寻优性能较差。但若采用 2.4 节中算法的结果初始化蚁群位置，则算法具有较强的寻优能力。这种采用离散域蚁群算法结果初始化连续域蚁群算法初始值的方法实质上是一种混合算法。首先利用离散域蚁群算法进行粗搜索，得到较优的、确定可行的解；然后利用连续域蚁群算法进行精细搜索，从而最终获得比单纯利用离散域算法或连续域算法更优的寻优性能。

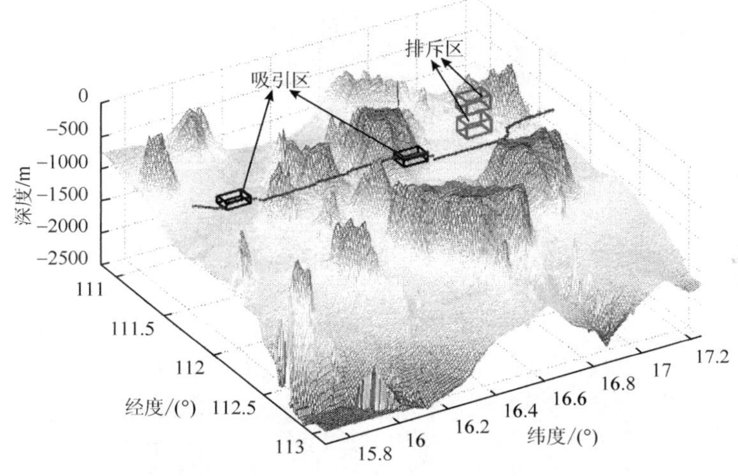

(a) 一定视角的三维视图

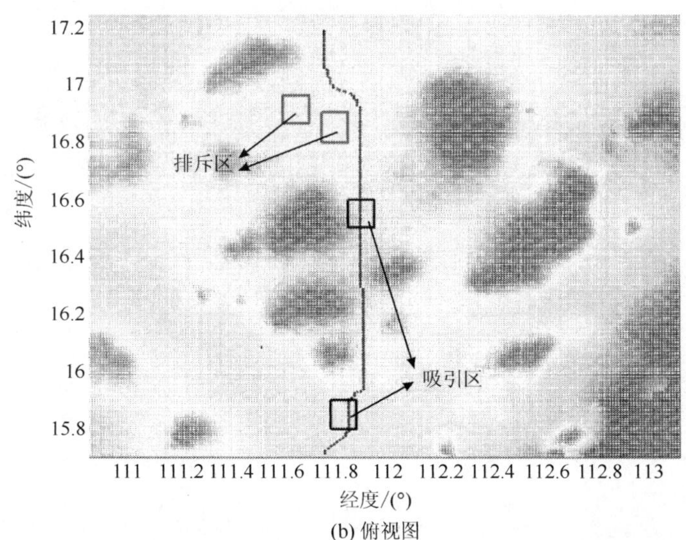

(b) 俯视图

图 2.15　求解 2.4.2 节中起点和终点经度相同时航路规划问题的结果图

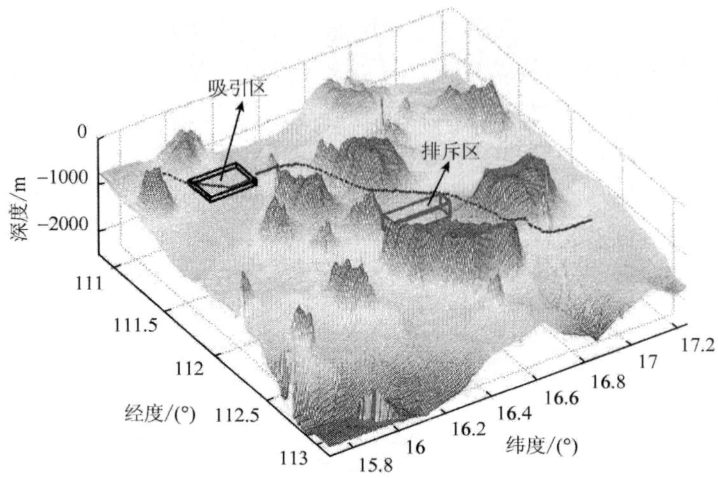

(a) 一定视角的三维视图

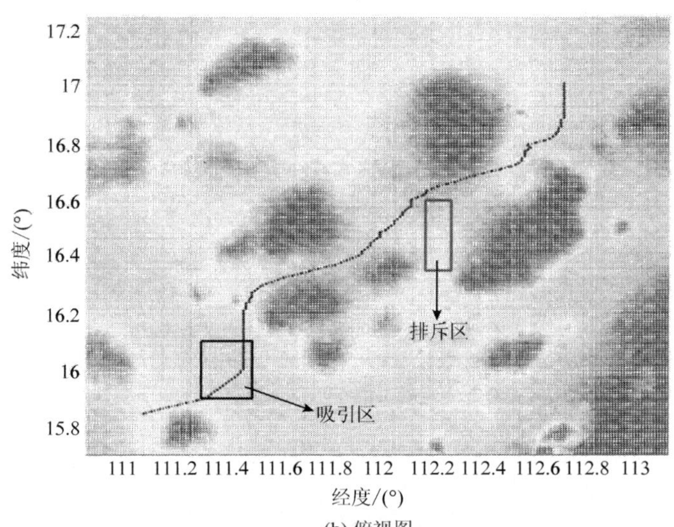

(b) 俯视图

图 2.16　求解 2.4.2 节中起点和终点经纬度均不相同时航路规划问题的结果图

第 3 章　基于空间弹性绳算法的航路规划方法

3.1　空间弹性绳算法建模

通过观察现实世界中弹性绳的运动过程可以发现，当弹性绳的两端点固定时，任意给定一个初始位置，在空气阻力、障碍物支持力和自身拉力作用下，弹性绳总是会稳定到使自身长度最短的空间位置上，即弹性绳具有寻找两端点之间的最短路径的能力。本章将通过模拟现实世界中弹性绳的运动，设计一种弹性绳算法，并将该算法应用于求解三维空间的航路规划问题。

3.1.1　弹性绳的定义

现实世界中的弹性绳可以看做是由无数个连续的点组成的，并且相邻点之间存在引力的作用，在本章设计的弹性绳算法中，弹性绳定义如下。

定义 3.1　弹性绳　存在三维空间点集 $M=\{A_1,A_2,\cdots,A_n\}(n\geqslant 3)$，若点集 M 中相邻两点总是相互吸引的，吸引作用的大小与两点间的距离成正比，方向在两点间连线上，则称点集 M 为弹性绳，如图 3.1 所示。

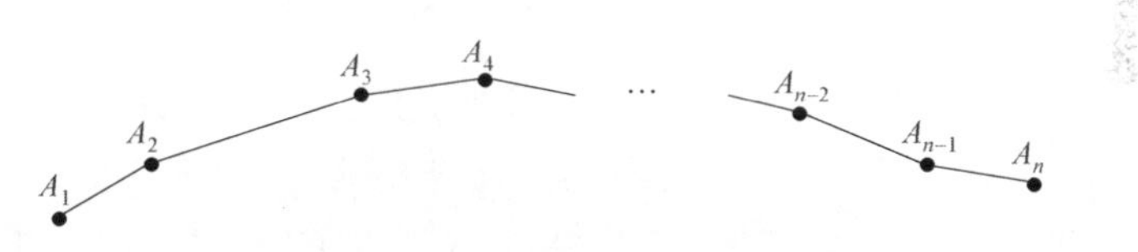

图 3.1　弹性绳示意图

根据弹性绳上的点是否与障碍物接触，可将二者的位置关系分为两种：若弹性绳上的点不与障碍物接触，则称点在障碍外；若弹性绳上点与障碍物接触，则称点在障碍表面，如图 3.2 所示，其中点 A 为弹性绳上一点，H 为点 A 到障碍物表面的最小距离，$\xi\geqslant 0$ 为障碍边界阈值，OUT、B、IN 分别表示障碍外部、表面和内部。由此可知，弹性绳上的点与障碍物的两种位置关系如下：

（1）在障碍外，当 $H>\xi$ 时，称点 A 在障碍外（OUT）；

（2）在障碍表面，当 $0\leqslant H\leqslant\xi$ 时，称点 A 在障碍表面（B）。

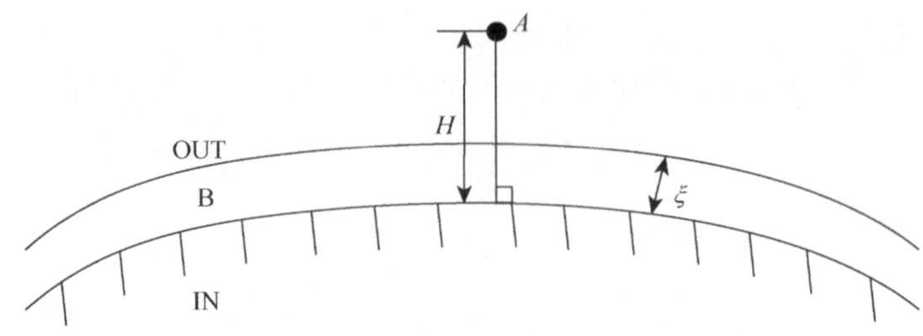

图 3.2 障碍物与空间中点的位置关系剖面图

3.1.2 运动性质建模

通过对弹性绳的运动过程进行分析，可以得到弹性绳的 4 种运动状态。

（1）收缩：弹性绳在自身弹性作用下的运动状态。

（2）碰撞：弹性绳由不与障碍物接触到与障碍物接触的瞬间状态。

（3）滑动：弹性绳沿障碍物表面运动的状态。

（4）平衡：弹性绳静止且势能最小的状态。

其中，收缩、碰撞和滑动为弹性绳发生运动时的状态，平衡为弹性绳最终稳定时的状态。当处于平衡状态时，弹性绳上的点不再发生运动，任意点的运动都会导致势能的增加。

通过对上述 4 种状态进行数学建模，可实现对弹性绳运动的模拟。下面对不同状态的建模过程进行描述。

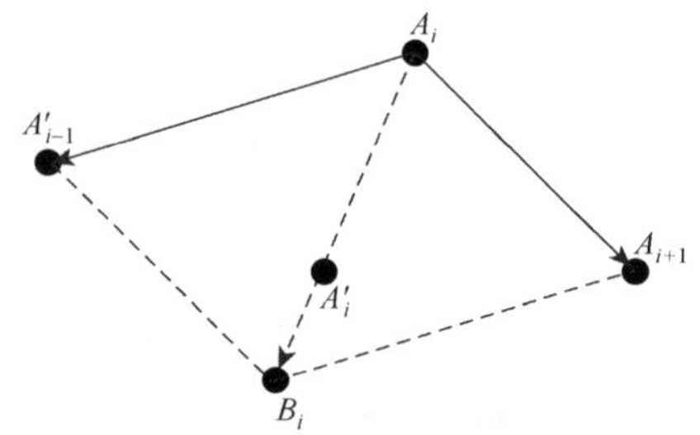

图 3.3 弹性绳任意点运动分析

1. 收缩

令弹性绳 $M=\{A_1,A_2,\cdots,A_n\}(n\geqslant 3)$ 在自身吸引作用下逐点依次运动，所有点经过一次运动后变为 $M'=\{A'_1,A'_2,\cdots,A'_n\}(n\geqslant 3)$，由于弹性绳的两端点固定，则 $A'_1=A_1$，$A'_n=A_n$。对于弹性绳上任意点 A_i，$(i=2,3,\cdots,n-1)$，其运动分析如图 3.3 所示。

假设 A_i 的相邻点 A'_{i-1} 和 A_{i+1} 固定，根据胡克定律 A_i 点相邻点的弹性拉力，其合力方向为 $\boldsymbol{A_iA'_{i-1}}+\boldsymbol{A_iA_{i+1}}$，$A_i$ 点的理论最远到达点为 B_i，但由于受空气阻力的影响，A_i 点的实际最远到达点为 A'_i，由此可得

$$\begin{cases}A'_i=A_i+\boldsymbol{S}_{A_i}\\ \boldsymbol{S}_{A_i}=k(\boldsymbol{A_iA'_{i-1}}+\boldsymbol{A_iA_{i+1}})\end{cases}\quad(i=2,3,\cdots,n-1)\tag{3.1}$$

式中，$\boldsymbol{S}_{A_i}$ 为点 A_i 的位移矢量；$k\in(0,1)$ 为阻力系数。

2. 碰撞

设弹性绳上某点 A_i $(i=2,3,\cdots,n-1)$ 在障碍物外，单纯在弹性绳的收缩作用下点 A_i 可移动到点 C_i，若线段 A_iC_i 与障碍物表面相交，则弹性绳上的点 A_i 将与障碍物发生碰撞（如图3.4所示，图中 O 为线段 A_iC_i 与障碍物表面的交点，$\boldsymbol{S}_{A_i}=\boldsymbol{A_iC_i}$ 为点 A_i 单纯的在弹性绳收缩作用下的期望位移）。

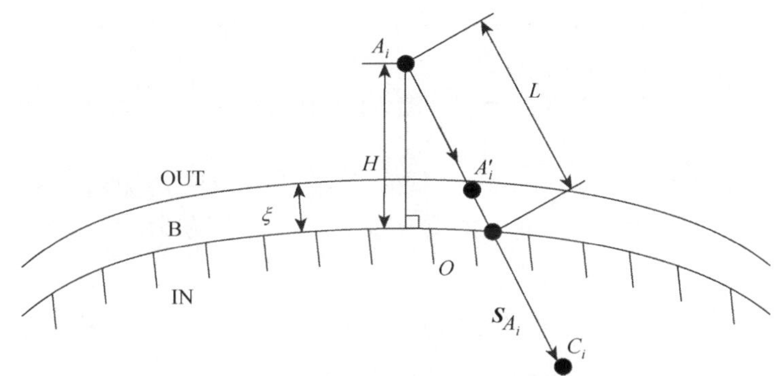

图3.4　碰撞运动分析剖面示意图

在现实世界中，弹性绳在与障碍物碰撞的瞬间，会停止在障碍物表面，因此当碰撞发生时，弹性绳上的碰撞点 A_i，在收缩和碰撞的双重作用下，移动后的位置 A_i' 可表示为

$$\begin{cases} A_i' = A_i + \boldsymbol{A_iA_i'} \\ \boldsymbol{A_iA_i'} = (L-\xi)\dfrac{\boldsymbol{S}_{A_i}}{\left|\boldsymbol{S}_{A_i}\right|} \end{cases} \tag{3.2}$$

式中，$\boldsymbol{S}_{A_i}$ 为点 A_i 单纯在弹性绳收缩作用下的期望位移；L 为点 A_i 到线段 A_iC_i 与障碍物表面的交点 O 的距离，易知 $L>\xi$。

3. 滑动

设弹性绳上某点 A_i $(i=2,3,\cdots,n-1)$ 在障碍物表面，单纯在弹性绳的收缩作用下点 A_i 可移动到点 C_i，若线段 A_iC_i 与障碍物表面相交，则弹性绳上的点 A_i 将在障碍物表面发生滑动（如图3.5所示，图中 O 为线段 A_iC_i 与障碍物表面的交点，$\boldsymbol{S}_{A_i}=\boldsymbol{A_iC_i}$ 为点 A_i 在单纯在弹性绳收缩作用下的期望位移）。

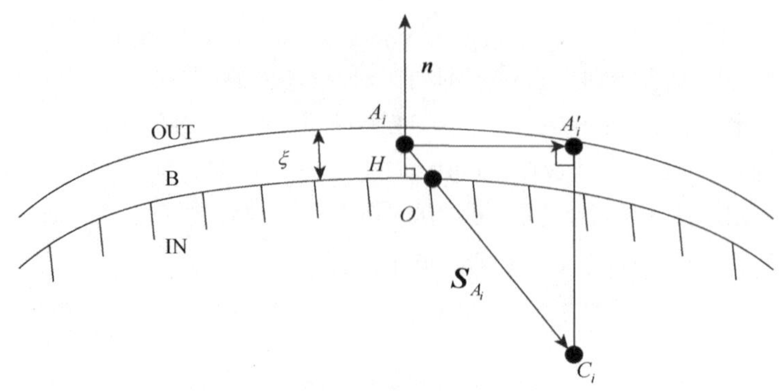

图 3.5　滑动运动分析剖面示意图

在现实世界中，弹性绳在障碍物表面滑动时，会沿障碍物表面的切线方向运动，因此当滑动发生时，弹性绳上的滑动点 A_i，在收缩和滑动的双重作用下，移动后的位置 A_i' 可表示为

$$\begin{cases} A_i' = A_i + \boldsymbol{A_i A_i'} \\ \boldsymbol{A_i A_i'} = -\left(\boldsymbol{S}_{A_i} \cdot \boldsymbol{n}\right)\boldsymbol{n} + \boldsymbol{S}_{A_i} \end{cases} \tag{3.3}$$

式中，$\boldsymbol{S}_{A_i}$ 为点 A_i 单纯在弹性绳收缩作用下的期望位移；$\boldsymbol{n}$ 为点 A_i 处障碍物表面的单位法向量，方向指向障碍物外。

4. 平衡

弹性绳 $M = \{A_1, A_2, \cdots, A_n\} (n \geqslant 3)$ 中任意点 A_i $(i = 1, 3, \cdots, n)$，设其移动后的位置为 A_i'，若对于 $\forall \zeta > 0$，均满足

$$\left|\boldsymbol{A_i A_i'}\right| < \zeta \tag{3.4}$$

则弹性绳达到平衡状态，简称弹性绳平衡，弹性绳平衡时所处的位置为平衡位置。

3.1.3　弹性绳算法流程

弹性绳算法的流程图如图 3.6 所示，基本计算步骤包括以下 4 步。

步骤 1：初始化算法各参数和弹性绳上各点的位置，令 A_1 为路径起始点 S，A_n 为路径目标点 D。

步骤 2：根据式（3.1）、式（3.2）和式（3.3），从弹性绳 A_2 点开始依次移动，直至 A_{n-1} 点。

步骤 3：判断弹性绳上各点位移是否均小于阈值 $\zeta > 0$，若是则进入步骤 4，否则返回步骤 2。

步骤 4：弹性绳已收缩至平衡状态，运算结束。

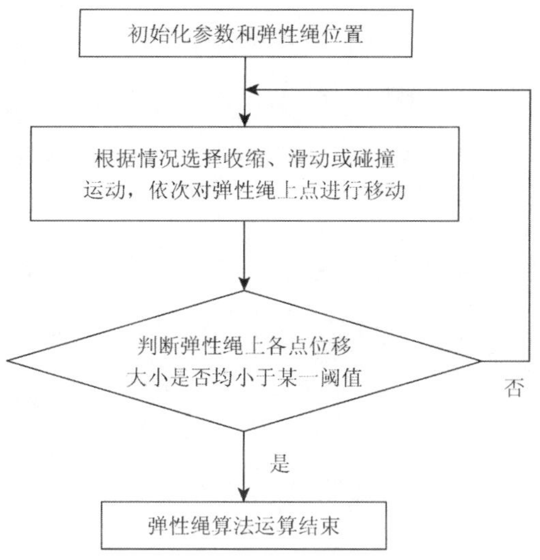

图 3.6　弹性绳算法流程图

3.1.4　收敛性分析

设现实世界中一橡皮筋的原长为 l，伸长后为 l'，弹性系数为 K，于是此橡皮筋的能量为

$$E=\int_l^{l'}F\cdot \mathrm{d}x=\int_l^{l'}K(x-l)\cdot \mathrm{d}x=\frac{1}{2}Kl'^2-Kl'l+\frac{1}{2}Kl^2 \tag{3.5}$$

假设橡皮筋原长 l 为零，则式（3.5）可化为

$$E=\frac{1}{2}Kl'^2 \tag{3.6}$$

本章定义的弹性绳可以看做由 n–1 段长度为零的橡皮筋连接而成（n 为弹性绳上点的个数），由式（3.6）可知，每段橡皮筋的能量与伸长量的平方成正比。据此定义弹性绳的能量。

定义 3.2　本章设计的弹性绳的能量 E 为

$$E=\sum_{i=1}^{n-1}\left|\boldsymbol{A}_i\boldsymbol{A}_{i+1}\right|^2 \tag{3.7}$$

式中，A_i $(i=1,2,\cdots,n)$ 为弹性绳上第 i 个点的位置；n 为弹性绳上点的个数。

定理 3.1　能量收敛定理

弹性绳的能量 E^t 为

$$E^t=\left|\boldsymbol{A}_1^t\boldsymbol{A}_2^t\right|^2+\left|\boldsymbol{A}_2^t\boldsymbol{A}_3^t\right|^2+\cdots+\left|\boldsymbol{A}_{n-1}^t\boldsymbol{A}_n^t\right|^2 \tag{3.8}$$

E^t 是关于迭代次数单调递减的（其中 $t=1,2,3,\cdots$，表示迭代次数；A_i^t $(i=1,2,\cdots,n)$ 表示弹性绳上第 i 个点，第 t 次迭代后的位置），并且存在极限

$$\lim_{t\to+\infty} E^t = E^* \tag{3.9}$$

证明：根据中线公式 $2\left(|\boldsymbol{AB}|^2+|\boldsymbol{AC}|^2\right)=|\boldsymbol{AB}+\boldsymbol{AC}|^2+|\boldsymbol{AB}-\boldsymbol{AC}|^2$（其中 A,B,C 是空间中任意不共线三点），可得弹性绳上点在发生收缩，碰撞或滑动运动时，均有式（3.10）成立。

$$\left|\boldsymbol{A}_{i-1}^t\boldsymbol{A}_i^t\right|^2+\left|\boldsymbol{A}_i^t\boldsymbol{A}_{i+1}^{t-1}\right|^2 \leqslant \left|\boldsymbol{A}_{i-1}^t\boldsymbol{A}_i^{t-1}\right|^2+\left|\boldsymbol{A}_i^{t-1}\boldsymbol{A}_{i+1}^{t-1}\right|^2 \tag{3.10}$$

式中，$i=2,3,\cdots,n-1$；并且当 $\overrightarrow{A_i^{t-1}A_i^t}=0$ 时等号成立。下面证明

$$E^t \leqslant E^{t-1} \quad (t>1)$$

由式（3.10）有

$$\begin{cases}\left|\boldsymbol{A}_1^t\boldsymbol{A}_2^t\right|^2+\left|\boldsymbol{A}_2^t\boldsymbol{A}_3^{t-1}\right|^2 \leqslant \left|\boldsymbol{A}_1^t\boldsymbol{A}_2^{t-1}\right|^2+\left|\boldsymbol{A}_2^{t-1}\boldsymbol{A}_3^{t-1}\right|^2 \\ \left|\boldsymbol{A}_2^t\boldsymbol{A}_3^t\right|^2+\left|\boldsymbol{A}_3^t\boldsymbol{A}_4^{t-1}\right|^2 \leqslant \left|\boldsymbol{A}_2^t\boldsymbol{A}_3^{t-1}\right|^2+\left|\boldsymbol{A}_3^{t-1}\boldsymbol{A}_4^{t-1}\right|^2 \\ \qquad\vdots \\ \left|\boldsymbol{A}_{n-2}^t\boldsymbol{A}_{n-1}^t\right|^2+\left|\boldsymbol{A}_{n-1}^t\boldsymbol{A}_n^{t-1}\right|^2 \leqslant \left|\boldsymbol{A}_{n-2}^t\boldsymbol{A}_{n-1}^{t-1}\right|^2+\left|\boldsymbol{A}_{n-1}^{t-1}\boldsymbol{A}_n^{t-1}\right|^2\end{cases} \tag{3.11}$$

由于端点固定，所以 $A_1^t=A_1^{t-1}=A_1^{t-2}=\cdots=A_1^1$；$A_n^t=A_n^{t-1}=A_n^{t-2}=\cdots=A_n^1$，将不等式列（3.11）左右两边相加，消去相同项得到不等式如下。

$$\begin{aligned}&\left|\boldsymbol{A}_1^t\boldsymbol{A}_2^t\right|^2+\left|\boldsymbol{A}_2^t\boldsymbol{A}_3^t\right|^2+\cdots+\left|\boldsymbol{A}_{n-1}^t\boldsymbol{A}_n^t\right|^2\\ \leqslant &\left|\boldsymbol{A}_1^{t-1}\boldsymbol{A}_2^{t-1}\right|^2+\left|\boldsymbol{A}_2^{t-1}\boldsymbol{A}_3^{t-1}\right|^2+\cdots+\left|\boldsymbol{A}_{n-1}^{t-1}\boldsymbol{A}_n^{t-1}\right|^2\end{aligned}$$

即

$$E^t \leqslant E^{t-1} \quad (t>1) \tag{3.12}$$

可见能量数列 $\{E^t\}$ 是单调递减的，又由 E^t 的定义知 $\{E^t\}\geqslant 0$，即数列 $\{E^t\}$ 有下界，根据数列单调递减有下界必有极限可知，存在极限 E^* 满足 $\lim\limits_{t\to+\infty}E^t=E^*$，证毕。

定理 3.2　运动收敛定理

随着迭代次数的增加，弹性绳收敛于平衡位置。设弹性绳 $M^t=\left\{A_1^t,A_2^t,\cdots,A_n^t\right\}$，则存在平衡位置 $M^*=\left\{A_1^*,A_2^*,\cdots,A_n^*\right\}$ 满足 $\lim\limits_{t\to+\infty}\left|A_i^t\right|=A_i^*$，$(i=1,2,\cdots,n)$，其中 $n\geqslant 3$ 为弹性绳上点的个数；$t=1,2,3,\cdots,$ 表示迭代次数。

证明：设弹性绳上点 A_i 移动一次的能量变化 $\Delta E_i^{(t)}$ 为

$$\Delta E_i^t=\left(\left|\boldsymbol{A}_{i-1}^t\boldsymbol{A}_i^{t-1}\right|^2+\left|\boldsymbol{A}_i^{t-1}\boldsymbol{A}_{i+1}^{t-1}\right|^2\right)-\left(\left|\boldsymbol{A}_{i-1}^t\boldsymbol{A}_i^t\right|^2+\left|\boldsymbol{A}_i^t\boldsymbol{A}_{i+1}^{t-1}\right|^2\right)$$

式中，$i=2,3,\cdots,n-1$；$t\geqslant 2$；由式（3-10）可知$\Delta E_i^t\geqslant 0$。下面计算分别计算在发生收缩、滑动、碰撞运动时，点A_i^{t-1}的位移大小$\left|\boldsymbol{A}_i^{t-1}\boldsymbol{A}_i^t\right|$与$\Delta E_i^t$的关系。

1. 点A_i^{t-1}仅发生收缩运动时

当阻力系数$0<k<\dfrac{1}{2}$时，如图 3.7 所示，其中$A_{i-1}^tA_{i+1}^{t-1}$，$A_i^{t-1}D$是矩形$A_{i-1}^tA_i^{t-1}A_{i+1}^{t-1}D$的对角线，$O$为对角线的交点。

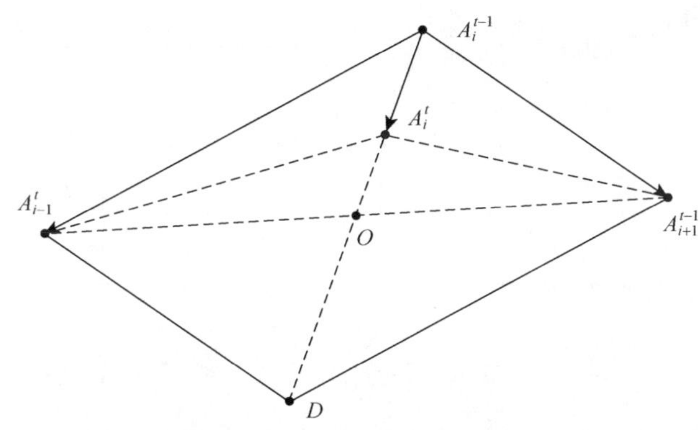

图 3.7　弹性绳收缩示意图

于是有

$$\begin{aligned}2\Delta E_i^t&=2\left(\left|\boldsymbol{A}_{i-1}^t\boldsymbol{A}_i^{t-1}\right|^2+\left|\boldsymbol{A}_i^{t-1}\boldsymbol{A}_{i+1}^{t-1}\right|^2\right)-2\left(\left|\boldsymbol{A}_{i-1}^t\boldsymbol{A}_i^t\right|^2+\left|\boldsymbol{A}_i^t\boldsymbol{A}_{i+1}^{t-1}\right|^2\right)\\&=\left(2\left|\boldsymbol{A}_i^{t-1}\boldsymbol{O}\right|\right)^2+\left|\boldsymbol{A}_{i-1}^t\boldsymbol{A}_{i+1}^{t-1}\right|^2-\left(2\left|\boldsymbol{A}_i^t\boldsymbol{O}\right|\right)^2-\left|\boldsymbol{A}_{i-1}^t\boldsymbol{A}_{i+1}^{t-1}\right|^2\\&=4\left(\left|\boldsymbol{A}_i^{t-1}\boldsymbol{O}\right|^2-\left|\boldsymbol{A}_i^t\boldsymbol{O}\right|^2\right)\end{aligned}\tag{3.13}$$

$$\begin{cases}\left|\boldsymbol{A}_i^{t-1}\boldsymbol{O}\right|=\dfrac{1}{2}\left|\boldsymbol{A}_i^{t-1}\boldsymbol{D}\right|\\\left|\boldsymbol{A}_i^t\boldsymbol{O}\right|=\left(\dfrac{1}{2}-k\right)\left|\boldsymbol{A}_i^{t-1}\boldsymbol{D}\right|\\\left|\boldsymbol{A}_i^{t-1}\boldsymbol{D}\right|=\dfrac{\left|\boldsymbol{A}_i^{t-1}\boldsymbol{A}_i^t\right|}{k}\end{cases}\tag{3.14}$$

将式（3.14）代入式（3.13）有

$$
\begin{aligned}
\frac{\Delta E_i^t}{2} &= \left|\boldsymbol{A}_i^{t-1}\boldsymbol{O}\right|^2 - \left|\boldsymbol{A}_i^t\boldsymbol{O}\right|^2 \\
&= \left(\frac{1}{2}\left|\boldsymbol{A}_i^{t-1}\boldsymbol{D}\right|\right)^2 - \left[\left(\frac{1}{2}-k\right)\left|\boldsymbol{A}_i^{t-1}\boldsymbol{D}\right|\right]^2 \\
&= \left(-k^2+k\right)\left|\boldsymbol{A}_i^{t-1}\boldsymbol{D}\right|^2 \\
&= \left(-k^2+k\right)\frac{\left|\boldsymbol{A}_i^{t-1}\boldsymbol{A}_i^t\right|^2}{k^2}
\end{aligned} \tag{3.15}
$$

由式（3.15）可得

$$
\left|\boldsymbol{A}_i^{t-1}\boldsymbol{A}_i^t\right| = \sqrt{\frac{\Delta E_i^t}{2}\cdot\frac{k}{1-k}} \tag{3.16}
$$

同理可得，当$\frac{1}{2}\leqslant k<1$时，等式$\left|\boldsymbol{A}_i^{t-1}\boldsymbol{A}_i^t\right| = \sqrt{\frac{\Delta E_i^t}{2}\cdot\frac{k}{1-k}}$仍然成立。

2. 点A_i^{t-1}发生滑动运动时

当阻力系数$0<k<\frac{1}{2}$时，如图 3.8 所示，其中$\left|\boldsymbol{A}_i^{t-1}\boldsymbol{B}\right| = \left|k(\boldsymbol{A}_i^{t-1}\boldsymbol{A}_{i-1}^t + \boldsymbol{A}_i^{t-1}\boldsymbol{A}_{i+1}^{t-1})\right|$为收缩运动的期望位移；$\boldsymbol{A}_i^{t-1}\boldsymbol{A}_i^t$为滑动位移，由滑动运动的定义可知，$\boldsymbol{A}_i^t\boldsymbol{B} \perp \boldsymbol{A}_i^{t-1}\boldsymbol{A}_i^t$；点$O$为线段$A_{i-1}^tA_{i+1}^{t-1}$的中点，过中点$O$作平行于$\boldsymbol{A}_i^t\boldsymbol{B}$的线段，交$\boldsymbol{A}_i^{t-1}\boldsymbol{A}_i^t$的延长线于$H$，则$\boldsymbol{OH} \perp \boldsymbol{A}_i^{t-1}\boldsymbol{H}$。

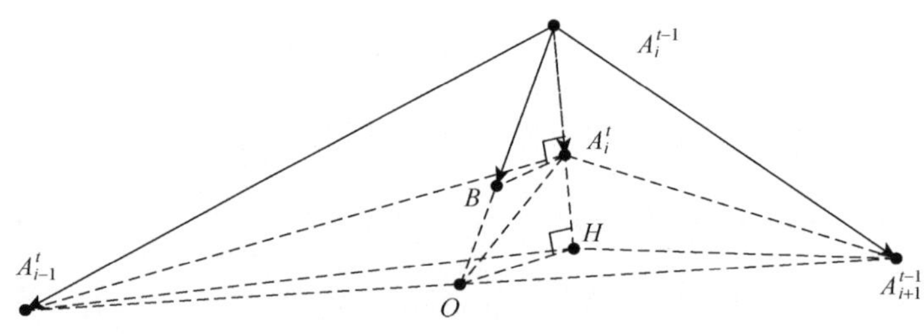

图 3.8　弹性绳滑动示意图

于是有

$$
\begin{cases}
\left|\boldsymbol{A}_i^{t-1}\boldsymbol{H}\right|^2 = \left|\boldsymbol{A}_i^{t-1}\boldsymbol{O}\right|^2 - \left|\boldsymbol{OH}\right|^2 \\
\left|\boldsymbol{A}_i^t\boldsymbol{H}\right|^2 = \left|\boldsymbol{A}_i^t\boldsymbol{O}\right|^2 - \left|\boldsymbol{OH}\right|^2
\end{cases} \tag{3.17}
$$

由式（3.17）可得

$$
\begin{aligned}
&4\left(\left|\boldsymbol{A}_i^{t-1}\boldsymbol{H}\right|^2-\left|\boldsymbol{A}_i^t\boldsymbol{H}\right|^2\right)\\
&=4\left(\left|\boldsymbol{A}_i^{t-1}\boldsymbol{O}\right|^2-\left|\boldsymbol{A}_i^t\boldsymbol{O}\right|^2\right)\\
&=\left(4\left|\boldsymbol{A}_i^{t-1}\boldsymbol{O}\right|^2+\left|\boldsymbol{A}_{i-1}^t\boldsymbol{A}_{i+1}^{t-1}\right|^2\right)-\left(4\left|\boldsymbol{A}_i^t\boldsymbol{O}\right|^2+\left|\boldsymbol{A}_{i-1}^t\boldsymbol{A}_{i+1}^{t-1}\right|^2\right)\\
&=2\left(\left|\boldsymbol{A}_{i-1}^t\boldsymbol{A}_i^{t-1}\right|^2+\left|\boldsymbol{A}_i^{t-1}\boldsymbol{A}_{i+1}^{t-1}\right|^2\right)-2\left(\left|\boldsymbol{A}_{i-1}^t\boldsymbol{A}_i^t\right|^2+\left|\boldsymbol{A}_i^t\boldsymbol{A}_{i+1}^{t-1}\right|^2\right)\\
&=2\Delta E_i^t
\end{aligned}
\tag{3.18}
$$

又有

$$
\begin{cases}
\left|\boldsymbol{A}_i^{t-1}\boldsymbol{H}\right|=\dfrac{1}{2k}\left|\boldsymbol{A}_i^{t-1}\boldsymbol{A}_i^t\right|\\
\left|\boldsymbol{A}_i^t\boldsymbol{H}\right|=\dfrac{1-2k}{2k}\left|\boldsymbol{A}_i^{t-1}\boldsymbol{A}_i^t\right|
\end{cases}
\tag{3.19}
$$

将式（3.19）代入式（3.18）有

$$
\left|\boldsymbol{A}_i^{t-1}\boldsymbol{A}_i^t\right|=\sqrt{\frac{\Delta E_i^t}{2}\cdot\frac{k}{1-k}}
\tag{3.20}
$$

同理可得，当$\dfrac{1}{2}\leqslant k<1$时，等式$\left|\boldsymbol{A}_i^{t-1}\boldsymbol{A}_i^t\right|=\sqrt{\dfrac{\Delta E_i^t}{2}\cdot\dfrac{k}{1-k}}$仍然成立。

可见当点A_i^{t-1}发生收缩或滑动运动时，式（3.21）均成立。

$$
\left|\boldsymbol{A}_i^{t-1}\boldsymbol{A}_i^t\right|=\sqrt{\frac{\Delta E_i^t}{2}\cdot\frac{k}{1-k}}\qquad (k\in(0,1))
\tag{3.21}
$$

3. 点A_i^{t-1}发生碰撞运动时

根据式（3.21）和碰撞运动定义可得，式（3.22）成立。

$$
\left|\boldsymbol{A}_i^{t-1}\boldsymbol{A}_i^t\right|<
\begin{cases}
\sqrt{\dfrac{\Delta E_i^t}{2}\cdot\dfrac{k}{1-k}} & \left(\left|\boldsymbol{A}_i^{t-1}\boldsymbol{A}_i^t\right|\geqslant\dfrac{1}{2}\left|\boldsymbol{A}_i^{t-1}\boldsymbol{A}_{i-1}^t+\boldsymbol{A}_i^{t-1}\boldsymbol{A}_{i+1}^{t-1}\right|\right)\\
\sqrt{\dfrac{\Delta E_i^t}{2}} & \left(\left|\boldsymbol{A}_i^{t-1}\boldsymbol{A}_i^t\right|<\dfrac{1}{2}\left|\boldsymbol{A}_i^{t-1}\boldsymbol{A}_{i-1}^t+\boldsymbol{A}_i^{t-1}\boldsymbol{A}_{i+1}^{t-1}\right|\right)
\end{cases}
\tag{3.22}
$$

综合考虑式（3.21）和式（3.22），当阻力系数k确定时，在发生收缩、滑动、碰撞运动时，点A_i^{t-1}的位移大小$\left|\boldsymbol{A}_i^{t-1}\boldsymbol{A}_i^t\right|$与能量变化$\Delta E_i^t$有式（3.23）成立。

$$
\left|\boldsymbol{A}_i^{t-1}\boldsymbol{A}_i^t\right|\leqslant\sqrt{\frac{\Delta E_i^t}{2}}C\qquad (C\geqslant 1)
\tag{3.23}
$$

式中，C为常数。

由于端点固定，所以$A_1^t=A_1^{t-1}=A_1^{t-2}=\cdots=A_1^1$；$A_n^t=A_n^{t-1}=A_n^{t-2}=\cdots=A_n^1$，将等

式列

$$\begin{cases} \left(\left|\boldsymbol{A}_1^t\boldsymbol{A}_2^{t-1}\right|^2+\left|\boldsymbol{A}_2^{t-1}\boldsymbol{A}_3^{t-1}\right|^2\right)-\left(\left|\boldsymbol{A}_1^t\boldsymbol{A}_2^t\right|^2+\left|\boldsymbol{A}_2^t\boldsymbol{A}_3^{t-1}\right|^2\right)=\Delta E_2^t \\ \left(\left|\boldsymbol{A}_2^t\boldsymbol{A}_3^{t-1}\right|^2+\left|\boldsymbol{A}_3^{t-1}\boldsymbol{A}_4^{t-1}\right|^2\right)-\left(\left|\boldsymbol{A}_2^t\boldsymbol{A}_3^t\right|^2+\left|\boldsymbol{A}_3^t\boldsymbol{A}_4^{t-1}\right|^2\right)=\Delta E_3^t \\ \vdots \\ \left(\left|\boldsymbol{A}_{n-2}^t\boldsymbol{A}_{n-1}^{t-1}\right|^2+\left|\boldsymbol{A}_{n-1}^{t-1}\boldsymbol{A}_n^{t-1}\right|^2\right)-\left(\left|\boldsymbol{A}_{n-2}^t\boldsymbol{A}_{n-1}^t\right|^2+\left|\boldsymbol{A}_{n-1}^t\boldsymbol{A}_n^{t-1}\right|^2\right)=\Delta E_{n-1}^t \end{cases}$$

左右两端相加，消去相同的项，有

$$\left(\left|\boldsymbol{A}_1^{t-1}\boldsymbol{A}_2^{t-1}\right|^2+\left|\boldsymbol{A}_2^{t-1}\boldsymbol{A}_3^{t-1}\right|^2+\cdots+\left|\boldsymbol{A}_{n-1}^{t-1}\boldsymbol{A}_n^{t-1}\right|^2\right)-\left(\left|\boldsymbol{A}_1^t\boldsymbol{A}_2^t\right|^2+\left|\boldsymbol{A}_2^t\boldsymbol{A}_3^t\right|^2+\cdots+\left|\boldsymbol{A}_{n-1}^t\boldsymbol{A}_n^t\right|^2\right)=\sum_{i=2}^{n-1}\Delta E_i^t$$

即

$$E^{t-1}-E^t=\sum_{i=2}^{n-1}\Delta E_i^t \tag{3.24}$$

因为 $\lim\limits_{t\to+\infty}E^t=E^*$，所以有 $\lim\limits_{t\to+\infty}\left(E^{t-1}-E^t\right)=0$，即 $\lim\limits_{t\to+\infty}\sum\limits_{i=2}^{n-1}\Delta E_i^t=0$，所以对于 $\forall\xi>0$，$\exists T>0$，当 $t>T$ 时，有 $\sum\limits_{i=2}^{n-1}\Delta E_i^t<\xi$，由于 $\Delta E_i^t\geqslant 0$，所以式（3.25）成立。

$$\Delta E_i^t<\xi \quad (i=2,\cdots,n-1) \tag{3.25}$$

将式（3.25）代入式（3.23），有

$$\left|\boldsymbol{A}_i^{t-1}\boldsymbol{A}_i^t\right|<\sqrt{\frac{\xi}{2}}C \qquad (C\geqslant 1;\ i=2,\cdots,n-1) \tag{3.26}$$

由于 $C\geqslant 1$ 是常数，ξ 是任意的正数，所以 $\sqrt{\frac{\xi}{2}}C$ 也是任意的正数，于是有

$$\lim_{t\to+\infty}\left|A_i^t-A_i^{t-1}\right|=\lim_{t\to+\infty}\left|\boldsymbol{A}_i^{t-1}\boldsymbol{A}_i^t\right|=0 \qquad (i=2,\cdots,n-1) \tag{3.27}$$

可见弹性绳上任意一点 $A_i^t\ (i=1,2,\cdots,n)$ 是关于迭代次数的收敛序列，设点列 $\left\{A_i^t\right\}$ 的极限值为 A_i^*，则

$$\lim_{t\to+\infty}\left|A_i^t\right|=A_i^* \qquad (i=1,2,\cdots,n) \tag{3.28}$$

可见随着迭代次数 t 的增加，弹性绳 $M^t=\left\{A_1^t,A_2^t,\cdots,A_n^t\right\}$ 会收敛于极限位置 $M^*=\left\{A_1^*,A_2^*,\cdots,A_n^*\right\}$，所以弹性绳算法是收敛的；又根据式（3.27）可知，对于任意 $\zeta>0$，$\exists T>0$，当 $t>T$ 时，$\left|\boldsymbol{A}_i^{t-1}\boldsymbol{A}_i^t\right|<\zeta\ (i=2,\cdots,n-1)$，符合弹性绳平衡的规定，所以极限位置 M^* 是平衡位置，证毕。

定理 3.3　长度收敛定理

设弹性绳 $M^t=\left\{A_1^t,A_2^t,\cdots,A_n^t\right\}$ ($n\geqslant 3$)，弹性绳的长度为 $L_t=\sum_{i=1}^{n-1}\left|\boldsymbol{A}_i^t\boldsymbol{A}_{i+1}^t\right|$，弹性绳能量为 $E^t=\sum_{i=1}^{n-1}\left|\boldsymbol{A}_i^t\boldsymbol{A}_{i+1}^t\right|^2$，则弹性绳的长度 L_t 满足 $L_t\leqslant\sqrt{(n-1)E^t}$，当且仅当 $\left|\boldsymbol{A}_1^t\boldsymbol{A}_2^t\right|=\left|\boldsymbol{A}_2^t\boldsymbol{A}_3^t\right|=\cdots=\left|\boldsymbol{A}_{n-1}^t\boldsymbol{A}_n^t\right|$ 时等号成立。弹性绳仅在收缩作用下运动时，$\lim\limits_{t\to+\infty}\left[\sqrt{(n-1)E^t}-L_t\right]=0$ 成立。

证明：根据

$$
\begin{aligned}
L_t^2&=\left(\sum_{i=1}^{n-1}\left|\boldsymbol{A}_i^t\boldsymbol{A}_{i+1}^t\right|\right)^2\\
&=\sum_{i=1}^{n-1}\left|\boldsymbol{A}_i^t\boldsymbol{A}_{i+1}^t\right|^2+2\sum_{j=1}^{n-1}\sum_{i=j+1}^{n-1}\left|\boldsymbol{A}_i^t\boldsymbol{A}_{i+1}^t\right|\left|\boldsymbol{A}_j^t\boldsymbol{A}_{j+1}^t\right|\\
&\leqslant\sum_{i=1}^{n-1}\left|\boldsymbol{A}_i^t\boldsymbol{A}_{i+1}^t\right|^2+\sum_{j=1}^{n-1}\sum_{i=j+1}^{n-1}\left(\left|\boldsymbol{A}_i^t\boldsymbol{A}_{i+1}^t\right|^2+\left|\boldsymbol{A}_j^t\boldsymbol{A}_{j+1}^t\right|^2\right)\\
&=(n-1)\sum_{i=1}^{n-1}\left|\boldsymbol{A}_i^t\boldsymbol{A}_{i+1}^t\right|^2\\
&=(n-1)E^t
\end{aligned}
$$

和 $L_t\geqslant 0$，$E^t\geqslant 0$ 可得

$$L_t\leqslant\sqrt{(n-1)E^t}\tag{3.29}$$

当且仅当 $\left|\boldsymbol{A}_1^t\boldsymbol{A}_2^t\right|=\left|\boldsymbol{A}_2^t\boldsymbol{A}_3^t\right|=\cdots=\left|\boldsymbol{A}_{n-1}^t\boldsymbol{A}_n^t\right|$ 时，式（3.29）中等号成立；

对于弹性绳上任意一点 A_i^t ($i=2,3,\cdots,n-1$)，当点 A_i^t 仅在收缩作用下运动时，有

$$\left|\boldsymbol{A}_{i-1}^t\boldsymbol{A}_i^{t-1}+\boldsymbol{A}_i^{t-1}\boldsymbol{A}_{i+1}^{t-1}\right|=\left|\boldsymbol{A}_i^{t-1}\boldsymbol{A}_i^t\right|\tag{3.30}$$

根据式（3.27），可知

$$\lim_{t\to+\infty}\left|\boldsymbol{A}_{i-1}^t\boldsymbol{A}_i^{t-1}+\boldsymbol{A}_i^{t-1}\boldsymbol{A}_{i+1}^{t-1}\right|=\lim_{t\to+\infty}\left|\boldsymbol{A}_i^{t-1}\boldsymbol{A}_i^t\right|=0\tag{3.31}$$

根据定理 3.2，设弹性绳收敛到的极限位置为 $M^*=\left\{A_1^*,A_2^*,\cdots,A_n^*\right\}$，则

$$\lim_{t\to+\infty}\left|\boldsymbol{A}_{i-1}^t\boldsymbol{A}_i^{t-1}+\boldsymbol{A}_i^{t-1}\boldsymbol{A}_{i+1}^{t-1}\right|=\left|\boldsymbol{A}_{i-1}^*\boldsymbol{A}_i^*+\boldsymbol{A}_i^*\boldsymbol{A}_{i+1}^*\right|=0\tag{3.32}$$

根据式（3.32）可知向量 $\boldsymbol{A}_{i-1}^*\boldsymbol{A}_i^*$ 和 $\boldsymbol{A}_i^*\boldsymbol{A}_{i+1}^*$ 大小相等，方向相反，由于点 A_i^t 任意，所以式（3.33）成立。

$$\left|\boldsymbol{A}_1^*\boldsymbol{A}_2^*\right|=\left|\boldsymbol{A}_2^*\boldsymbol{A}_3^*\right|=\cdots=\left|\boldsymbol{A}_{n-1}^*\boldsymbol{A}_n^*\right|\tag{3.33}$$

且点 $A_1^*,A_2^*,\cdots,A_n^*$ 在同一直线上。可见在仅有收缩作用的情况下，弹性绳上点会等

间距的收敛于起点到终点的连线上。由于

$$\begin{aligned}&(n-1)E^t-L_t^2\\&=(n-1)\sum_{i=1}^{n-1}\left|\boldsymbol{A}_i^t\boldsymbol{A}_{i+1}^t\right|^2-\left(\sum_{i=1}^{n-1}\left|\boldsymbol{A}_i^t\boldsymbol{A}_{i+1}^t\right|\right)^2\\&=(n-2)\sum_{i=1}^{n-1}\left|\boldsymbol{A}_i^t\boldsymbol{A}_{i+1}^t\right|^2-2\sum_{j=1}^{n-1}\sum_{i=j+1}^{n-1}\left|\boldsymbol{A}_i^t\boldsymbol{A}_{i+1}^t\right|\left|\boldsymbol{A}_j^t\boldsymbol{A}_{j+1}^t\right|\\&=\sum_{j=1}^{n-1}\sum_{i=j+1}^{n-1}\left(\left|\boldsymbol{A}_i^t\boldsymbol{A}_{i+1}^t\right|-\left|\boldsymbol{A}_j^t\boldsymbol{A}_{j+1}^t\right|\right)^2\end{aligned}$$

则弹性绳仅在收缩作用下运动时，有

$$\begin{aligned}&\lim_{t\to+\infty}\left[(n-1)E^t-L_t^2\right]\\&=\lim_{t\to+\infty}\left[\sum_{j=1}^{n-1}\sum_{i=j+1}^{n-1}\left(\left|\boldsymbol{A}_i^t\boldsymbol{A}_{i+1}^t\right|-\left|\boldsymbol{A}_j^t\boldsymbol{A}_{j+1}^t\right|\right)^2\right]\\&=\sum_{j=1}^{n-1}\sum_{i=j+1}^{n-1}\left(\left|\boldsymbol{A}_i^*\boldsymbol{A}_{i+1}^*\right|-\left|\boldsymbol{A}_j^*\boldsymbol{A}_{j+1}^*\right|\right)^2\\&=0\end{aligned}$$

由 $L_t\geqslant 0$， $E^t\geqslant 0$ 可得

$$\lim_{t\to+\infty}\left[\sqrt{(n-1)E^t}-L_t\right]=0 \tag{3.34}$$

证毕。

根据定理 3.3 可知，随着迭代次数的增加，收缩作用使弹性绳的长度 L_t 趋近于 $\sqrt{(n-1)E^t}$ ，且总有 $L_t\leqslant\sqrt{(n-1)E^t}$ 成立，另外根据定理 3.1 可知，因为弹性绳的能量 E^t 是单调递减的，所以弹性绳的长度一般随能量的减小而减小。

3.1.5　收敛速度分析

考虑到不同的环境下（障碍物的分布不同）弹性绳的收敛速度各不相同，并且事物的性质总是由内因起决定性作用的，所以本节在没有障碍物的情况下对收敛速度进行分析，以排除障碍物的不同对收敛速度的影响。

定理 3.4　收敛速度定理

弹性绳上点数 $n\geqslant 3$ 确定时，存在 $k_*\in(0,1)$，当阻力系数 $k\in(0,k_*)$ 时，k 越大，收敛速度越快；当阻力系数 $k\in(k_*,1)$ 时， k 越大，收敛速度越慢；当 $k=k_*$ 时，收敛速度最快；在无穷范数导出度量意义下，根据 Banach 压缩映像原理误差估计公式解得， k_* 满足 $n=\dfrac{\ln\left[-k_*^3(-2+k_*)/(1+k_*)\right]}{\ln(k_*)}$。阻力系数 k 确定时， n 越大，收敛

速度越慢。

证明：弹性绳上第一个点和最后一个点分别位于路径的起点和终点，并且不发生移动，所以为便于分析，令弹性绳上除了起点和终点的点依次为$\{A_1,A_2,\cdots,A_{n-3},A_{n-2}\}$，发生一次移动后的点依次为$\{A_1',A_2',\cdots,A_{n-3}',A_{n-2}'\}$，其中$n\geqslant 3$为弹性绳上点的个数，起点和终点分别为$S$、$D$，于是根据收缩位移公式（3.1）有

$$\begin{pmatrix} A_1' \\ A_2' \\ \vdots \\ A_{n-3}' \\ A_{n-2}' \end{pmatrix} = \begin{pmatrix} A_1 \\ A_2 \\ \vdots \\ A_{n-3} \\ A_{n-2} \end{pmatrix} + k\begin{pmatrix} \boldsymbol{A}_1\boldsymbol{S}+\boldsymbol{A}_1\boldsymbol{A}_2 \\ \boldsymbol{A}_2\boldsymbol{A}_1'+\boldsymbol{A}_2\boldsymbol{A}_3 \\ \vdots \\ \boldsymbol{A}_{n-3}\boldsymbol{A}_{n-4}'+\boldsymbol{A}_{n-3}\boldsymbol{A}_{n-2} \\ \boldsymbol{A}_{n-2}\boldsymbol{A}_{n-3}'+\boldsymbol{A}_{n-2}\boldsymbol{D} \end{pmatrix} = \begin{pmatrix} A_1 \\ A_2 \\ \vdots \\ A_{n-3} \\ A_{n-2} \end{pmatrix} + k\begin{pmatrix} S-A_1+A_2-A_1 \\ A_1'-A_2+A_3-A_2 \\ \vdots \\ A_{n-4}'-A_{n-3}+A_{n-2}-A_{n-3} \\ A_{n-3}'-A_{n-2}+D-A_{n-2} \end{pmatrix}$$

$$\Rightarrow \begin{pmatrix} A_1' \\ A_2' \\ \vdots \\ A_{n-3}' \\ A_{n-2}' \end{pmatrix} = \begin{pmatrix} A_1 \\ A_2 \\ \vdots \\ A_{n-3} \\ A_{n-2} \end{pmatrix} + k\begin{pmatrix} 0 \\ A_1' \\ \vdots \\ A_{n-4}' \\ A_{n-3}' \end{pmatrix} + k\begin{pmatrix} A_2-2A_1 \\ A_3-2A_2 \\ \vdots \\ A_{n-2}-2A_{n-3} \\ -2A_{n-2} \end{pmatrix} + k\begin{pmatrix} S \\ 0 \\ \vdots \\ 0 \\ D \end{pmatrix}$$

$$\Rightarrow \begin{pmatrix} A_1' \\ A_2'-kA_1' \\ \vdots \\ A_{n-3}'-kA_{n-4}' \\ A_{n-2}'-kA_{n-3}' \end{pmatrix} = \begin{pmatrix} kA_2+(1-2k)A_1 \\ kA_3+(1-2k)A_2 \\ \vdots \\ kA_{n-2}+(1-2k)A_{n-3} \\ (1-2k)A_{n-2} \end{pmatrix} + k\begin{pmatrix} S \\ 0 \\ \vdots \\ 0 \\ D \end{pmatrix}$$

$$\Rightarrow \begin{pmatrix} 1 & 0 & \cdots & 0 & 0 \\ -k & 1 & \cdots & 0 & 0 \\ \vdots & \vdots & & \vdots & \vdots \\ 0 & 0 & \cdots & 1 & 0 \\ 0 & 0 & \cdots & -k & 1 \end{pmatrix}\begin{pmatrix} A_1' \\ A_2' \\ \vdots \\ A_{n-3}' \\ A_{n-2}' \end{pmatrix} = \begin{pmatrix} 1-2k & k & \cdots & 0 & 0 \\ 0 & 1-2k & \cdots & 0 & 0 \\ \vdots & \vdots & & \vdots & \vdots \\ 0 & 0 & \cdots & 1-2k & k \\ 0 & 0 & \cdots & 0 & 1-2k \end{pmatrix}\begin{pmatrix} A_1 \\ A_2 \\ \vdots \\ A_{n-3} \\ A_{n-2} \end{pmatrix} + k\begin{pmatrix} S \\ 0 \\ \vdots \\ 0 \\ D \end{pmatrix} \tag{3.35}$$

令 $\boldsymbol{A}=\begin{pmatrix} 1 & 0 & \cdots & 0 & 0 \\ -k & 1 & \cdots & 0 & 0 \\ \vdots & \vdots & & \vdots & \vdots \\ 0 & 0 & \cdots & 1 & 0 \\ 0 & 0 & \cdots & -k & 1 \end{pmatrix}$；$\boldsymbol{B}=\begin{pmatrix} 1-2k & k & \cdots & 0 & 0 \\ 0 & 1-2k & \cdots & 0 & 0 \\ \vdots & \vdots & & \vdots & \vdots \\ 0 & 0 & \cdots & 1-2k & k \\ 0 & 0 & \cdots & 0 & 1-2k \end{pmatrix}$

$$\boldsymbol{x}'=\begin{pmatrix}A_1'\\A_2'\\\vdots\\A_{n-3}'\\A_{n-2}'\end{pmatrix};\quad \boldsymbol{x}=\begin{pmatrix}A_1\\A_2\\\vdots\\A_{n-3}\\A_{n-2}\end{pmatrix};\quad \boldsymbol{C}=k\begin{pmatrix}S\\0\\\vdots\\0\\D\end{pmatrix}$$

式中，$\boldsymbol{A},\boldsymbol{B}\in\mathbf{R}^{(n-2)\times(n-2)}$，$\boldsymbol{x}',\boldsymbol{x},\boldsymbol{C}\in\mathbf{R}^{(n-2)}$，则式（3.35）表示为

$$\boldsymbol{A}\boldsymbol{x}'=\boldsymbol{B}\boldsymbol{x}+\boldsymbol{C} \tag{3.36}$$

由式（3.36）可得弹性绳在收缩作用下的递推公式

$$\boldsymbol{x}'=\boldsymbol{A}^{-1}\boldsymbol{B}\boldsymbol{x}+\boldsymbol{A}^{-1}\boldsymbol{C} \tag{3.37}$$

令映射$T:\mathbf{R}^{(n-2)\times3}\to\mathbf{R}^{(n-2)\times3}$为

$$T(x)=\boldsymbol{A}^{-1}\boldsymbol{B}x+\boldsymbol{A}^{-1}\boldsymbol{C} \tag{3.38}$$

下面证明$T:\mathbf{R}^{(n-2)\times3}\to\mathbf{R}^{(n-2)\times3}$是压缩映射。

定义$\mathbf{R}^{(n-2)\times3}$上的度量为

$$\rho(\omega,\eta)=\max_{1\leqslant i\leqslant n-2}\sqrt{\sum_{j=1}^{3}(\omega_{ij}-\eta_{ij})^2} \tag{3.39}$$

式中，$\omega,\eta\in\mathbf{R}^{(n-2)\times3}$，$i,j$分别表示$\omega,\eta$的行列坐标。根据式（3.39）可知度量$\rho(\omega,\eta)$是由$\mathbf{R}^{(n-2)\times3}$上的无穷范数$\|x\|=\max\limits_{1\leqslant i\leqslant n-2}\sqrt{\sum\limits_{j=1}^{3}(x_{ij})^2}$ $(x\in\mathbf{R}^{(n-2)\times3})$导出的度量，即$\rho(\omega,\eta)=\|\omega-\eta\|=\max\limits_{1\leqslant i\leqslant n-2}\sqrt{\sum\limits_{j=1}^{3}(\omega_{ij}-\eta_{ij})^2}$，$\omega,\eta\in\mathbf{R}^{(n-2)\times3}$。

令$A^{-1}B=(d_{ij})_{(n-2)\times(n-2)}$，$C=(c_{ij})_{(n-2)\times3}$，对于$x,y\in\mathbf{R}^{(n-2)\times3}$有

$$\begin{aligned}\rho(T(x),T(y))&=\max_{1\leqslant i\leqslant n-2}\sqrt{\sum_{l=1}^{3}\left[\sum_{j=1}^{n-2}(d_{ij}x_{jl}+c_{jl})-\sum_{j=1}^{n-2}(d_{ij}y_{jl}+c_{jl})\right]^2}\\&=\max_{1\leqslant i\leqslant n-2}\sqrt{\sum_{l=1}^{3}\left[\sum_{j=1}^{n-2}d_{ij}(x_{jl}-y_{jl})\right]^2}\end{aligned} \tag{3.40}$$

下面证明不等式（3.41）成立。

$$\sum_{l=1}^{3}\left[\sum_{j=1}^{n-2}d_{ij}(x_{jl}-y_{jl})\right]^2\leqslant\left[\sum_{j=1}^{n-2}d_{ij}\right]^2\max_{1\leqslant j\leqslant n-2}\sum_{l=1}^{3}(x_{jl}-y_{jl})^2 \tag{3.41}$$

$n=3$时，式（3.41）显然成立；假设当$n=r+2$ $(r\geqslant1)$时式（3.41）成立；则$n=r+3$时，有

$$\begin{aligned}&\sum_{l=1}^{3}\left[\sum_{j=1}^{r+1}d_{ij}(x_{jl}-y_{jl})\right]^2\\&=\sum_{l=1}^{3}\left[\sum_{j=1}^{r}d_{ij}(x_{jl}-y_{jl})+d_{i(r+1)}(x_{(r+1)l}-y_{(r+1)l})\right]^2\\&=\sum_{l=1}^{3}\left[\sum_{j=1}^{r}d_{ij}(x_{jl}-y_{jl})\right]^2+\sum_{l=1}^{3}\left[d^2{}_{i(r+1)}(x_{(r+1)l}-y_{(r+1)l})^2\right]\\&\quad+2d_{i(r+1)}\sum_{l=1}^{3}\left[\sum_{j=1}^{r}d_{ij}(x_{jl}-y_{jl})(x_{(r+1)l}-y_{(r+1)l})\right]\end{aligned}$$

于是由假设有

$$\begin{aligned}\sum_{l=1}^{3}\left[\sum_{j=1}^{r+1}d_{ij}(x_{jl}-y_{jl})\right]^2&\leqslant\left[\sum_{j=1}^{r}d_{ij}\right]^2\max_{1\leqslant j\leqslant r+1}\sum_{l=1}^{3}(x_{jl}-y_{jl})+d^2{}_{i(k+1)}\max_{1\leqslant j\leqslant r+1}\sum_{l=1}^{3}(x_{(r+1)l}-y_{(r+1)l})^2\\&\quad+2d_{i(r+1)}\sum_{j=1}^{r}d_{ij}\sum_{l=1}^{3}\frac{(x_{jl}-y_{jl})^2+(x_{(r+1)l}-y_{(r+1)l})^2}{2}\\&\leqslant(\sum_{j=1}^{k}d_{ij})^2\max_{1\leqslant j\leqslant r+1}\sum_{l=1}^{3}(x_{jl}-y_{jl})+d^2{}_{i(r+1)}\max_{1\leqslant j\leqslant r+1}\sum_{l=1}^{3}(x_{(r+1)l}-y_{(r+1)l})^2\\&\quad+2d_{i(r+1)}\sum_{j=1}^{r}d_{ij}\max_{1\leqslant j\leqslant r+1}\sum_{l=1}^{3}(x_{jl}-y_{jl})\\&=\left[(\sum_{j=1}^{r}d_{ij})^2+d^2{}_{i(r+1)}+2d_{i(r+1)}\sum_{j=1}^{r}d_{ij}\right]\max_{1\leqslant j\leqslant r+1}\sum_{l=1}^{3}(x_{jl}-y_{jl})\\&=(\sum_{j=1}^{r+1}d_{ij})^2\max_{1\leqslant j\leqslant r+1}\sum_{l=1}^{3}(x_{jl}-y_{jl})\end{aligned}$$

可见当$n=r+3$时，式（3.41）仍然成立，所以式（3.41）成立；将式（3.41）代入式（3.40）有

$$\begin{aligned}\rho(T(x),T(y))&=\max_{1\leqslant i\leqslant n-2}\sqrt{\sum_{l=1}^{3}\left[\sum_{j=1}^{n-2}d_{ij}(x_{jl}-y_{jl})\right]^2}\\&\leqslant\max_{1\leqslant i\leqslant n-2}\left|\sum_{j=1}^{n-2}d_{ij}\right|\sqrt{\max_{1\leqslant j\leqslant n-2}\sum_{l=1}^{3}(x_{jl}-y_{jl})^2}\\&=\max_{1\leqslant i\leqslant n-2}\left|\sum_{j=1}^{n-2}d_{ij}\right|\rho(x,y)\end{aligned}\tag{3.42}$$

下面计算$\max\limits_{1\leqslant i\leqslant n-2}\left|\sum\limits_{j=1}^{n-2}d_{ij}\right|$。

首先计算

$$A^{-1}B=(d_{ij})_{(n-2)\times(n-2)}$$
$$=\begin{pmatrix} 1-2k & k & 0 & \cdots & 0 & 0 \\ k(1-2k) & k^2+1-2k & k & \cdots & 0 & 0 \\ k^2(1-2k) & k^3+k(1-2k) & k^2+1-2k & \cdots & 0 & 0 \\ \vdots & \vdots & \vdots & & \vdots & \vdots \\ k^{n-4}(1-2k) & k^{n-3}+k^{n-5}(1-2k) & k^{n-4}+k^{n-6}(1-2k) & \cdots & k^2+1-2k & k \\ k^{n-3}(1-2k) & k^{n-2}+k^{n-4}(1-2k) & k^{n-3}+k^{n-5}(1-2k) & \cdots & k^3+k(1-2k) & k^2+1-2k \end{pmatrix}$$

可得

$$\sum_{j=1}^{n-2} d_{(n-2-i)j}=\begin{cases}1-k^i & (1\leqslant i\leqslant n-3)\\ 1-k^i-k & (i=n-2)\end{cases} \tag{3.43}$$

由于阻力系数$0<k<1$，所以当$1\leqslant i\leqslant n-3$时，有

$$\begin{aligned}\max_{1\leqslant i\leqslant n-3}\left|\sum_{j=1}^{n-2}d_{ij}\right|&=\left|\sum_{j=1}^{n-2}d_{(n-3)j}\right|\\ &=k+[k^2+1-2k]+[k^3+k^1(1-2k)]+\cdots+[k^{n-3}+k^{n-5}(1-2k)]+k^{n-4}(1-2k)\\ &=(k+k^2+k^3+\cdots+k^{n-3})+(1-2k)(1+k+k^2+\cdots+k^{n-4})\\ &=(1-k)(1+k+k^2+\cdots+k^{n-4})\\ &=1-k^{n-3}\end{aligned} \tag{3.44}$$

当$i=n-2$时，有

$$\left|\sum_{j=1}^{n-2}d_{(n-2)j}\right|=\left|1-k^{n-2}-k\right| \tag{3.45}$$

令$\max\limits_{1\leqslant i\leqslant n-3}\left|\sum\limits_{j=1}^{n-2}d_{ij}\right|=\left|\sum\limits_{j=1}^{n-2}d_{(n-2)j}\right|\Rightarrow 1-k^{n-3}=\left|1-k^{n-2}-k\right|$，解得

$$n=\frac{\ln\left[-k^3(-2+k)/(1+k)\right]}{\ln(k)}\qquad (k\in(0,1)) \tag{3.46}$$

当n确定时，k在式（3.46）中存在唯一解，设为k_*，当阻力系数k满足$0<k<k_*$时，有

$$\max_{1\leqslant i\leqslant n-2}\left|\sum_{j=1}^{n-2}d_{ij}\right|=\left|\sum_{j=1}^{n-2}d_{(n-3)j}\right|=1-k^{n-3} \tag{3.47}$$

把式（3.47）代入式（3.42），有

$$\rho(T(x),T(y))\leqslant(1-k^{n-3})\rho(x,y) \tag{3.48}$$

由于$k\in(0,1)$，所以$1-k^{n-3}\in[0,1)$；当阻力系数k满足$k_*<k<1$时，有

$$\max_{1\leqslant i\leqslant n-2}\left|\sum_{j=1}^{n-2}d_{ij}\right|=\left|\sum_{j=1}^{n-2}d_{(n-2)j}\right|=-1+k^{n-2}+k \tag{3.49}$$

把式（3.49）代入式（3.42）有

$$\rho(T(x),T(y))\leqslant(-1+k^{n-2}+k)\rho(x,y) \tag{3.50}$$

当阻力系数k满足$k_*<k<1$时，有$-1+k^{n-2}+k\in[0,1)$，所以映射$T:\mathbf{R}^{(n-2)\times 3}\to\mathbf{R}^{(n-2)\times 3}$是压缩映射。根据 Banach 压缩映像原理，存在唯一不动点$x_*\in\mathbf{R}^{(n-2)\times 3}$满足$T(x_*)=x_*$，所以方程$T(x)=x\quad(x\in\mathbf{R}^{(n-2)\times 3})$有唯一解，并且可以通过如下迭代公式近似求得。

$$x^{(t)}=T(x^{(t-1)})=A^{-1}Bx^{(t-1)}+A^{-1}C \tag{3.51}$$

式中，$x^{(t)}\in\mathbf{R}^{(n-2)\times 3}$；$t=1,2,3,\cdots$，表示迭代次数。当$t\to+\infty$时，有$\lim\limits_{t\to+\infty}x^{(t)}=x_*$，所以有$\lim\limits_{t\to+\infty}(x^{(t)}-x^{(t-1)})=\lim\limits_{t\to+\infty}\begin{pmatrix}\boldsymbol{A}_1^{(t-1)}\boldsymbol{A}_1^{(t)}\\\boldsymbol{A}_2^{(t-1)}\boldsymbol{A}_2^{(t)}\\\vdots\\\boldsymbol{A}_{n-2}^{(t-1)}\boldsymbol{A}_{n-2}^{(t)}\end{pmatrix}=0$。可见在收缩作用下，弹性绳算法是收敛的，并且收敛的极限位置为平衡位置。

设$\alpha=\max\limits_{1\leqslant i\leqslant n-2}\left|\sum_{j=1}^{n-2}d_{ij}\right|$，根据误差估计公式

$$\rho(x_*,x^{(t)})\leqslant\frac{\alpha^t}{1-\alpha}\rho(T(x^{(1)}),x^{(1)}) \tag{3.52}$$

当$0<k<k_*$时，把式（3.47）代入式（3.52），有

$$\rho(x_*,x^{(t)})\leqslant\frac{\left(1-k^{n-3}\right)^t}{k^{n-3}}\rho(T(x^{(1)}),x^{(1)}) \tag{3.53}$$

当n值固定时，对于相同的迭代次数t，函数$f(k)=\dfrac{\left(1-k^{n-3}\right)^t}{k^{n-3}}$是关于$k$的单调递减的函数，即阻力系数$k$越大，函数$f(k)$的值越小，误差$\rho(x_*,x^{(t)})$越小，所以可以得到结论，当$0<k<k_*$时，阻力系数$k$值越大，收敛速度越快；当$k$值固定时，对于相同的迭代次数$t$，函数$f(k)$是关于$n$单调递增的函数，即弹性绳上点的个数$n$越大，函数$f(k)$的值越大，误差$\rho(x_*,x^{(t)})$越大，所以可以得到结论：

当$0<k<k_*$时，弹性绳上点的个数n值越大，收敛速度越慢。

当$k_*<k<1$时，把式（3.49）代入式（3.52），有

$$\rho(x_*,x^{(t)})\leqslant\frac{\left(-1+k^{n-2}+k\right)^t}{2-k^{n-2}-k}\rho(T(x^{(1)}),x^{(1)}) \tag{3.54}$$

当n值固定时，对于相同的迭代次数t，函数$f'(k)=\dfrac{\left(-1+k^{n-2}+k\right)^t}{2-k^{n-2}-k}$是关于$k$的单调递增函数，即阻力系数$k$越大，函数$f'(k)$的值越大，误差$\rho(x_*,x^{(t)})$越大，所以可以得到结论：当$k_*<k<1$时，阻力系数$k$值越大，收敛速度越慢。当$k$值固定时，对于相同的迭代次数$t$，函数$f(k)$是关于$n$的单调递增函数，即弹性绳上点的个数$n$越大，函数$f'(k)$的值越大，误差$\rho(x_*,x^{(t)})$越大，所以可以得到结论：当$k_*<k<1$时，弹性绳上点的个数$n$值越大，收敛速度越慢。

综上所述，阻力系数k从0增加到k_*，收敛速度由慢到快；阻力系数k从k_*增加到1，收敛速度由快到慢，所以当$k=k_*$时，弹性绳算法收敛速度最快，证毕。

需要说明的是Banach压缩映像原理的误差估计公式（3.52），不能准确计算出前迭代值与不动点的差值，并且式（3.52）中的α值与度量$\rho(\omega,\eta)$的定义有关，不同度量意义下，得到的α值不同，求得的k_*值也不同，所以式（3.46）对最优阻力系数k_*的估计并不准确。

大量试验表明当式（3.43）满足

$$\sum_{j=1}^{n-2}d_{(n-2)j}=1-k^{n-2}-k=0 \tag{3.55}$$

时，可得到最优阻力系数k_*较理想的估计，此时弹性绳的收敛速度较快，由式（3.55）解得

$$n=\frac{2\ln(k)+\ln(-k+1)}{\ln(k)}\quad\left(k\in(0,1)\right) \tag{3.56}$$

根据式（3.56）可求得k值的收敛迭代格式

$$k'=\mathrm{e}^{\frac{2\ln(k)+\ln(-k+1)}{n}}\quad(n\geqslant3) \tag{3.57}$$

n值固定，由式（3.57）经过多次迭代，可求得满足式（3.55）中阻力系数k_*的值。

3.2 球形障碍环境下航路规划方法

为验证弹性绳算法建模的正确性，采用简单的球形障碍物环境作为的试验环

境。在进行试验前，首先要根据球形环境的特点，设计弹性绳碰撞和滑动的运算公式。

3.2.1　球形障碍环境空间模型

球形障碍环境模型如图 3.9 所示。在笛卡儿坐标系 $O\text{-}xyz$ 下，S 为起始点，D 为目标点，空间球体 $O_j(j=1,2,\cdots,m)$ 为障碍物，各球体之间无交叉。障碍球体 O 的剖面图如图 3.10 所示，O 为球心；R 为球体半径；$\xi\geqslant 0$ 为障碍边界阈值；OUT、B、IN 分别表示球体外部、表面和内部；A 为空间中一点，则点 A 与障碍球体 O 的位置关系定义如下。

（1）在障碍外，当 $|\boldsymbol{OA}|>R+\xi$ 时，称点 A 在障碍外（OUT）。

（2）在障碍表面，当 $R\leqslant|\boldsymbol{OA}|\leqslant R+\xi$ 时，称点 A 在障碍表面（B）。

（3）在障碍内，当 $0\leqslant|\boldsymbol{OA}|<R$ 时，称点 A 在障碍内（IN）。

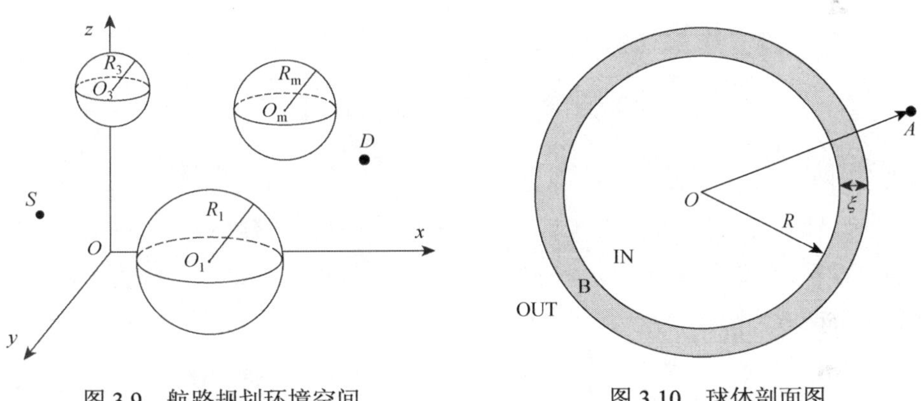

图 3.9　航路规划环境空间　　图 3.10　球体剖面图

3.2.2　收缩、滑动和碰撞的计算

1. 收缩

收缩运动状态是弹性绳自身固有的运动性质，与外界环境无关，所以收缩运动计算方法同式（3.1）。

2. 碰撞

对于弹性绳任意点 $A_i(i=2,3,\cdots,n-1)$ 和空间任意障碍球体 $O_j(j=1,2,\cdots,m)$，若点 A_i 与球体 O_j 发生碰撞运动，如图 3.11 所示，则根据碰撞运动公式（3.2），可得球形障碍环境下的碰撞运动公式为

$$\begin{cases} A_i' = A_i + \boldsymbol{A}_i\boldsymbol{A}_i' \\ \boldsymbol{A}_i\boldsymbol{A}_i' = (L-\xi)\dfrac{\boldsymbol{S}_{A_i}}{\left|\boldsymbol{S}_{A_i}\right|} \\ L = -\dfrac{\boldsymbol{S}_{A_i}\cdot\boldsymbol{O}_j\boldsymbol{A}_i}{\left|\boldsymbol{S}_{A_i}\right|} - \sqrt{\left(\dfrac{\boldsymbol{S}_{A_i}\cdot\boldsymbol{O}_j\boldsymbol{A}_i}{\left|\boldsymbol{S}_{A_i}\right|}\right)^2 - \left|\boldsymbol{O}_j\boldsymbol{A}_i\right|^2 + R_j^{\ 2}} \end{cases} \tag{3.58}$$

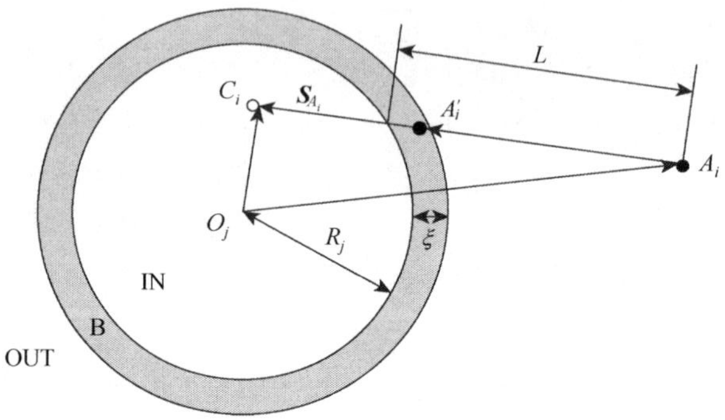

图 3.11　碰撞运动分析剖面示意图

3. 滑动

对于弹性绳任意点 $A_i(i=2,3,\cdots,n-1)$ 和空间任意障碍球体 $O_j(j=1,2,\cdots,m)$，若点 A_i 与球体 O_j 发生滑动运动，如图 3.12 所示，则根据滑动运动公式（3.3），可得球形障碍环境下的滑动运动公式为

$$\begin{cases} A_i' = A_i + \boldsymbol{A}_i\boldsymbol{A}_i' \\ \boldsymbol{A}_i\boldsymbol{A}_i' = -\left(\boldsymbol{S}_{A_i}\cdot\boldsymbol{n}\right)\boldsymbol{n} + \boldsymbol{S}_{A_i} \\ \boldsymbol{n} = \boldsymbol{O}_j\boldsymbol{A}_i \big/ \left|\boldsymbol{O}_j\boldsymbol{A}_i\right| \end{cases} \tag{3.59}$$

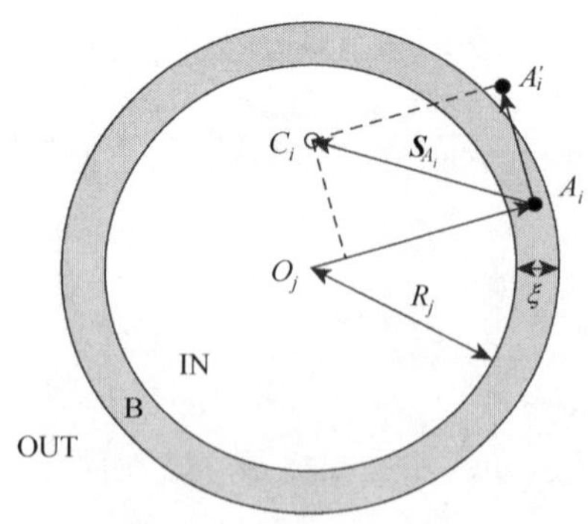

图 3.12　滑动运动分析剖面示意图

3.2.3　弹性绳算法的计算步骤

在设计弹性绳算法计算步骤之前，首先要对弹性绳上点的初始化方法进行设计，现实世界中弹性绳不会进入到障碍物内，弹性绳算法不能处理弹性绳上的点进入障碍物内的情况，而在初始化时，经常会出现弹性绳上点进入障碍物内的情况，为使算法顺利进行，首先要进行排除操作。排除方法设计如下。

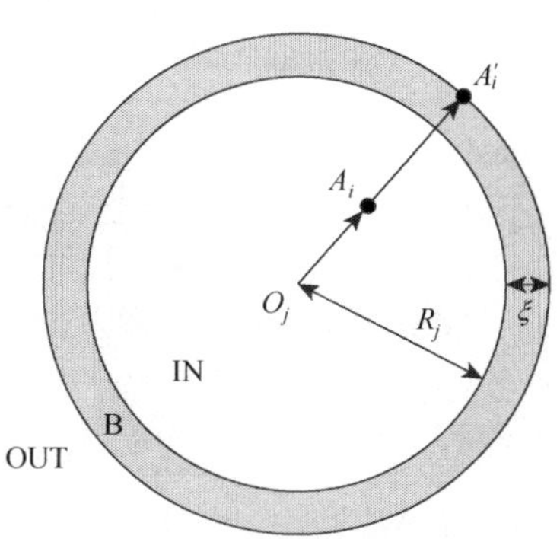

图 3.13　排除操作分析剖面示意图

如图 3.13 所示，当弹性绳上一点 $A_i(i=2,3,\cdots,n-1)$ 位于空间障碍物 $O_j(j=1, 2,\cdots,m)$ 内时，则点 A_i 排除障碍物后得到的新位置 A_i' 的计算公式为

$$A_i' = A_i + \left(R_j - \left|\boldsymbol{O}_j\boldsymbol{A}_i\right| + \xi\right)\frac{\boldsymbol{O}_j\boldsymbol{A}_i}{\left|\boldsymbol{O}_j\boldsymbol{A}_i\right|} \tag{3.60}$$

弹性绳算法在球形障碍物环境下的流程图如图 3.14 所示。

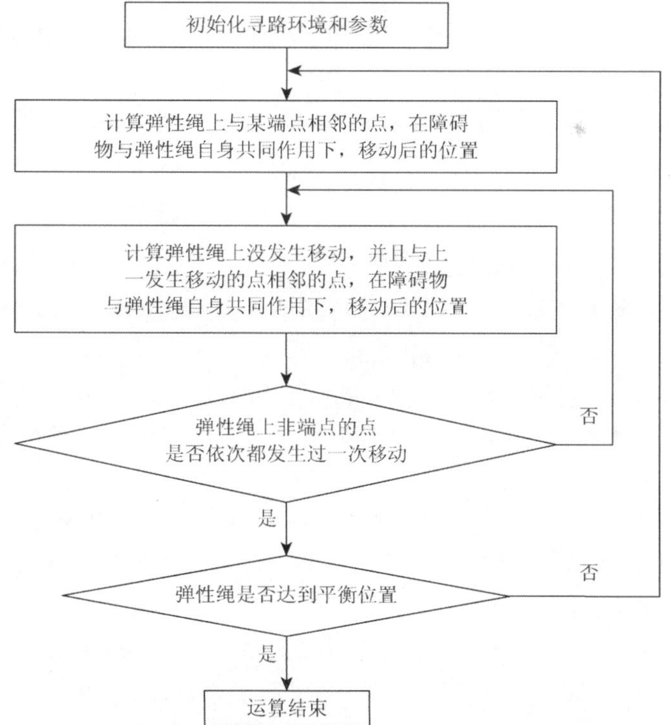

图 3.14　弹性绳算法在球形障碍物环境下的流程图

具体运算步骤如下。

步骤 1：初始化障碍空间环境和弹性绳各参数。

设弹性绳上的点为$\{A_i\}$，发生一次移动后为$\{A_i'\}$ $(i=1,2,\cdots,n$，$n\geqslant 3)$；空间中起点和终点的坐标分别为A_1和A_n；弹性绳上点的初始位置可设置在起点和终点的连线上，也可以随机设置，按照式（3.60），对进入到障碍物内的点进行排除处理；设障碍物的球心和对应的半径分别为$\{O_j\}$和$\{R_j\}$ $(j=1,2,\cdots,m)$，障碍球体的个数$m\geqslant 0$；阻力系数$k\in(0,1)$，可根据迭代格式$k'=\mathrm{e}^{\frac{2\ln(k)+\ln(-k+1)}{n}}$计算得到；障碍物边界阈值$\xi$为

$$\xi=\frac{R_j}{C_1} \tag{3.61}$$

式中，R_j为第j个障碍物的半径；$C_1>0$为常数；根据障碍物的大小来确定障碍物相邻区域的大小；迭代停止阈值ζ为

$$\zeta=\frac{|\boldsymbol{A}_1\boldsymbol{A}_n|}{C_2 n} \tag{3.62}$$

式中，n为弹性绳上点的个数；$C_2>0$为常数，C_2越大对于平衡位置的判断越精确，便于控制，使迭代停止阈值ζ在不同长度单位下均适用，$|\boldsymbol{O}_j\boldsymbol{A}_i|$表示障碍物球心到$A_i$ 的距离。

步骤 2：令$A_1'=A_1,A_n'=A_n$；弹性绳上当前运动的点A_i的下标$i=2$，弹性绳从第二个点开始运动。

步骤 3：根据式（3.1），计算A_i点的收缩位移$\boldsymbol{S}_{A_i}$。令表示障碍物的下标$j=1$。

步骤 4：判断A_i点是否在障碍物内O_j，若A_i点在障碍物内，根据式（3.60）计算点A_i的位移$\boldsymbol{A}_i\boldsymbol{A}_i'$，进入步骤 8；若$A_i$点不在障碍物内，进入步骤 5。

步骤 5：判断A_i点是否在障碍物表面，若A_i点在障碍物表面，判断A_i点是否发生滑动运动，若点A_i发生滑动运动，根据式（3.59）计算A_i点的滑动运算的位移$\boldsymbol{A}_i\boldsymbol{A}_i'$，进入步骤 8；若点$A_i$不发生滑动运动，进入步骤 7。若$A_i$点不在障碍物表面，进入步骤 6。

步骤 6：此时点A_i一定是在障碍物外，判断A_i点是否发生碰撞运动，若A_i点发生碰撞运动，根据式（3.58），计算A_i点的碰撞运算的位移$\boldsymbol{A}_i\boldsymbol{A}_i'$，进入步骤 8；若$A_i$点不发生碰撞运动，直接进入步骤 7。

步骤 7：令表示障碍物的下标j加 1，判断j是否大于m，若是，令$\boldsymbol{A}_i\boldsymbol{A}_i'=\boldsymbol{S}_{A_i}$，进入步骤 8，否则返回步骤 4。

步骤 8：计算A_i点移动后的位置$A_i'=A_i+\boldsymbol{A}_i\boldsymbol{A}_i'$，令当前运动点$A_i$的下标$i$加 1，

判断 i 是否大于或等于 n，若是，进入步骤 9，否则返回步骤 3。

步骤 9：判断 $\max\limits_{1\leqslant i\leqslant n}\left\{\left|\boldsymbol{A}_i\boldsymbol{A}_i'\right|\right\}<\zeta$ 是否成立，若是，运算结束，否则令 $A_i=A_i'(i=1,2,\cdots,n)$，返回步骤 2。

3.3　海底地形障碍环境下航路规划方法

本节将基于弹性绳算法，设计适用于海底地形环境下的三维空间航路规划方法。在海底高程数据下应用弹性绳算法进行航路规划运算，需要解决的关键问题是弹性绳算法中碰撞和滑动运动计算方法的设计。通过对海底地形高程数据的存储规律和地形表面法线的计算方法的研究，成功的将弹性绳算法应用于海底高程数据下的航路规划运算，并对寻路效果进行了试验验证。

3.3.1　真实海底地形环境空间模型

根据弹性绳算法，要求可计算空间障碍物表面的法线方向，地形环境的高程数据，满足计算障碍物表面法线方向的要求，因此在对海底地形进行环境建模时，不需要对环境进行特殊的处理。为便于数据的查找，采用插值后的均匀网格海底高程地图，作为航路规划的空间环境。实验环境如图 3.15 所示，其中 x 轴表示经度，y 轴表示纬度，z 轴表示水深。

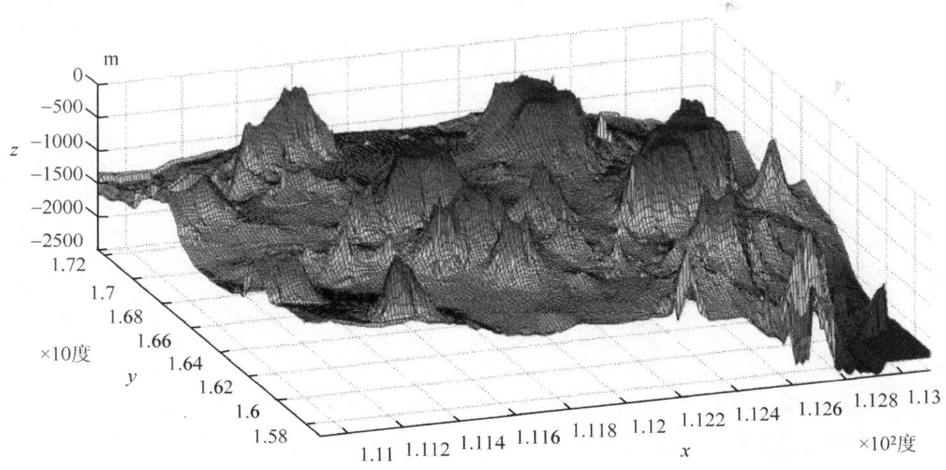

图 3.15　真实海底地形环境空间

当弹性绳与障碍物发生作用时，为判断并计算弹性绳在发生碰撞或滑动运动时的位移大小，首先需要计算与弹性绳发生作用的障碍物表面的法线方向，由于本章所应用的地形是均匀网格三维高程图，所以为运算方便，计算弹性绳上任意一点 A_i， $i=2,3,\cdots,n-1$，在 xOy 面的投影所在的三角网格所对应的障碍物表面，以该平面近似表示障碍物与弹性绳发生作用的表面。如图 3.16 所示，l_1 和 l_2 分别为地形高程图单位网格长度和宽度，点 A_i 在 xOy 面内的映射为点 A_i''，点 A_i'' 所在三角网格为 $\triangle A'B'C'$，该网格所对应的障碍物表面为平面 ABC（沿 z 轴负方向观察点 A、B、C 为逆时针排列），则平面 ABC 的单位法线 $\boldsymbol{n}$ 可表示为

$$\boldsymbol{n}=\frac{\boldsymbol{AB}\times\boldsymbol{AC}}{|\boldsymbol{AB}\times\boldsymbol{AC}|} \tag{3.63}$$

由于环境为高程图，并且点 A、B、C 沿 z 轴负方向观察为逆时针方向排列，所以由式（3.63）计算的单位法线 $\boldsymbol{n}$ 的方向一定是指向障碍物外的。

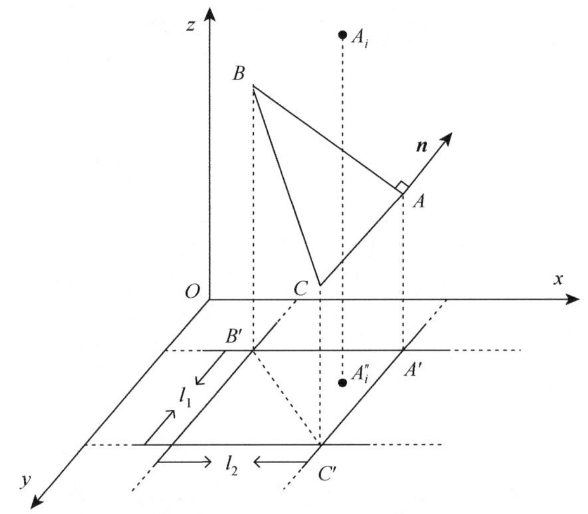

图 3.16　弹性绳投影示意图

设障碍边界阈值为 $\xi\geqslant 0$，则对于弹性绳上任意一点 A_i，与障碍物存在三种位置关系。

（1）在障碍外：当 $\boldsymbol{AA}_i\cdot\boldsymbol{n}>\xi$ 时，称点 A_i 在障碍外（其中 A 为图 3.16 中平面 ABC 上一点）。

（2）在障碍表面：当 $0\leqslant\boldsymbol{AA}_i\cdot\boldsymbol{n}\leqslant\xi$ 时，称点 A_i 在障碍表面。

（3）在障碍内：当 $\boldsymbol{AA}_i\cdot\boldsymbol{n}<0$ 时，称点 A_i 在障碍内。

3.3.2　收缩、滑动和碰撞的计算

设弹性绳 $M=\{A_1,A_2,\cdots,A_n\}(n\geqslant 3)$，经过一次运动后为 $M'=\{A_1',A_2',\cdots,A_n'\}$，由于弹性绳端点固定，则有 $A_1=A_1'$， $A_n=A_n'$。

1. 收缩

收缩运动状态是弹性绳自身固有的运动性质，与外界环境无关，所以收缩运动计算方法如式（3.1）所示。

2. 碰撞

对于弹性绳任意点 $A_i(i=2,3,\cdots,n-1)$，若点 A_i 发生碰撞运动，如图 3.17 所示，图中 C_i 为点 A_i 单纯在收缩作用下移动到的位置；$\boldsymbol{S}_{A_i}=\boldsymbol{A_iC_i}$ 为点 A_i 在收缩作用下的位移；点 O 为线段 A_iC_i 与平面 ABC 的交点；$\boldsymbol{n}$ 为平面 ABC 的单位法向量；点 A_i' 为点 A_i 发生碰撞运动后，移动到的位置，则根据碰撞运动式（3.2），可得海底地形环境下的碰撞运动公式为

$$\begin{cases}A_i'=A_i+\boldsymbol{A_iA_i'}\\ \boldsymbol{A_iA_i'}=(L-\xi)\dfrac{\boldsymbol{S}_{A_i}}{\left|\boldsymbol{S}_{A_i}\right|}\\ L=\left|\boldsymbol{A_iO}\right|=\dfrac{\boldsymbol{AA_i}\cdot\boldsymbol{n}\left|\boldsymbol{S}_{A_i}\right|}{-\boldsymbol{S}_{A_i}\cdot\boldsymbol{n}}\\ \boldsymbol{n}=\dfrac{\boldsymbol{AB}\times\boldsymbol{AC}}{\left|\boldsymbol{AB}\times\boldsymbol{AC}\right|}\end{cases}\tag{3.64}$$

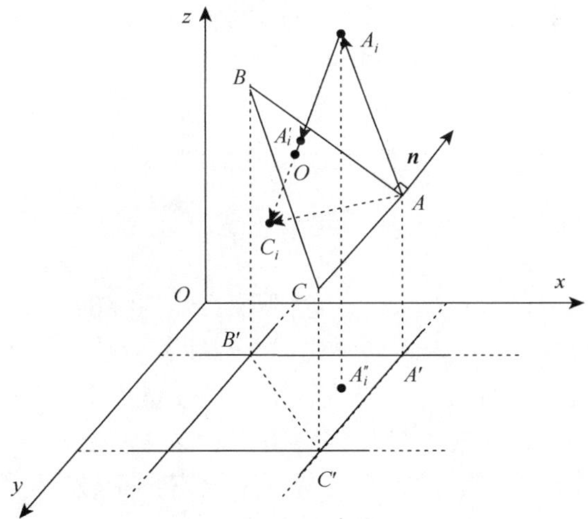

图 3.17　弹性绳碰撞示意图

3. 滑动

对于弹性绳任意点 $A_i(i=2,3,\cdots,n-1)$，若点 A_i 发生滑动运动，如图 3.18 所示，

图中 C_i 为点 A_i 单纯在收缩作用下移动到的位置； $\boldsymbol{S}_{A_i} = \boldsymbol{A}_i\boldsymbol{C}_i$ 为点 A_i 在收缩作用下的位移；点 O 为线段 A_iC_i 与平面 ABC 的交点； $\boldsymbol{n}$ 为平面 ABC 的单位法向量；点 A_i' 为点 A_i 发生滑动运动后，移动到的位置，图中向量 $\boldsymbol{A}_i\boldsymbol{C}_i$ 、$\boldsymbol{A}\boldsymbol{A}_i'$ 和 $\boldsymbol{n}$ 在同一平面内，则根据滑动运动式（3.3），可得海底地形环境下的滑动运动公式为

$$\begin{cases} A_i' = A_i + \boldsymbol{A}_i\boldsymbol{A}_i' \\ \boldsymbol{A}_i\boldsymbol{A}_i' = -\left(\boldsymbol{S}_{A_i} \cdot \boldsymbol{n}\right)\boldsymbol{n} + \boldsymbol{S}_{A_i} \\ \boldsymbol{n} = \dfrac{\boldsymbol{AB} \times \boldsymbol{AC}}{\left|\boldsymbol{AB} \times \boldsymbol{AC}\right|} \end{cases} \tag{3.65}$$

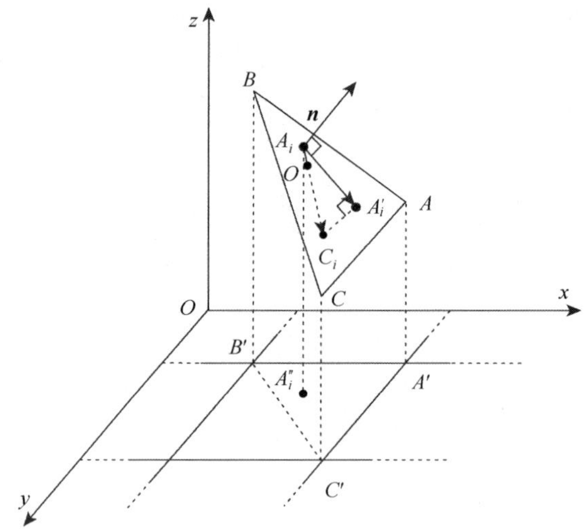

图 3.18　弹性绳滑动示意图

4. 排除

在实际运算过程中，很难做到完全模拟现实弹性绳的运动状态，弹性绳上的点有时会进入障碍物内，当进入障碍物内时，碰撞和滑动运算不能处理这种情况，因此需要引入排除运算，对这种情况进行运算，使进入障碍物内的点，运动到障碍物外。若将进入障碍物内的点排除到障碍物表面，则下次迭代中，该点必然会发生不动或滑动两种运动，这样就大大降低了该点再次进入障碍物内的概率，因此针对海底地形高程地图设计的排除运算如图 3.19 所示，图中 $\boldsymbol{n}$ 为平面 ABC 的单位法线， A_i 为弹性绳上点， A_i' 为平面 ABC 上一点。

当弹性绳上点 A_i 在障碍物内时，对该点进行排除运算，设 A_i' 为点 A_i 经过排除运算后的位置，则排除运算的计算公式为

$$\begin{cases} A_i' = A_i + \boldsymbol{A_i A_i'} \\ \boldsymbol{A_i A_i'} = (\boldsymbol{A_i A} \cdot \boldsymbol{n})\boldsymbol{n} \end{cases} \tag{3.66}$$

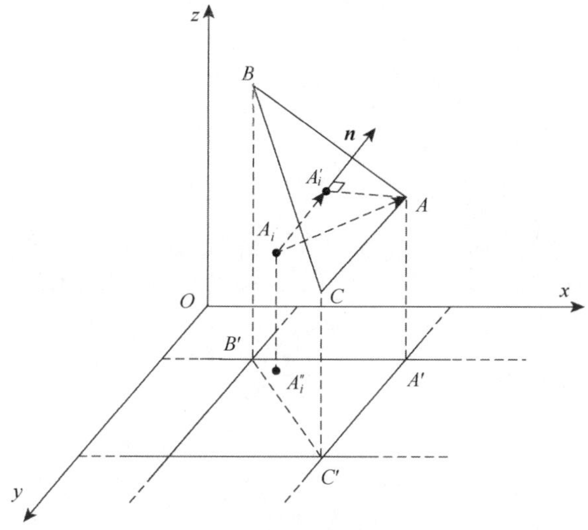

图 3.19　弹性绳排除示意图

通过对球形障碍环境空间和真实海底地形障碍环境空间的实际计算可以看到，当障碍环境发生变化时，弹性绳收缩运动的计算是不变的，只有碰撞和滑动运动的计算略有不同，针对不同的障碍物，由于几何形状、法线方向计算不同，所以碰撞运动和滑动运动的计算有差别。

3.3.3　弹性绳算法的计算步骤

弹性绳上点的编码顺序，与弹性绳上的点到起点和终点的距离有关系，如第 i 个点一般要比第 $i+p$ 个点距离起点近些，其中 $i, i+p \in [1,n]$，$p \geqslant 1$，而第 $i+p$ 个点一般要比第 i 个点距离终点近些，若对随机初始化的弹性绳上的点按照距离起点和终点距离的大小进行排序处理，可减少不必要的运算。

弹性绳上点的初始化方法如下，首先在一定的空间内随机初始化弹性绳上的点的空间位置，然后按照下面定义的指标对弹性绳上的点进行排序，以第 i 个节点 A_i 为例（$i \in [1,n]$），该节点的排序指标 λ_i 定义如下：

$$\lambda_i = \sqrt{|\boldsymbol{SA_i}|} - \sqrt{|\boldsymbol{DA_i}|} \tag{3.67}$$

式中，S, D 分别为路径的起点和终点。比较弹性绳上各点的排序指标可知，指标值 λ_i 越大的节点，i 值越大，反之则越小。

真实海底地形环境下弹性绳算法的具体步骤如下，算法流程图如图 3.20 所示。

步骤 1：初始化寻路环境和参数。

设弹性绳上点为$\{A_i\}$，发生一次移动后为$\{A_i'\}$，$(i=1,2,\cdots,n)$，$n\geqslant 3$；空间中起点和终点的坐标分别为A_1、A_n，令$A_1'=A_1, A_n'=A_n$；弹性绳上点的初始位置可设置在起点和终点的连线上，也可以随机设置，初始化后的弹性绳，按照式（3.66）计算排序指标大小，据此对弹性绳上点进行排序；阻力系数$k\in(0,1)$，根据式（3.56）的迭代格式计算k值的大小。障碍边界阈值ξ为

$$\xi=\frac{l_1+l_2}{2C'} \tag{3.68}$$

式中，l_1和l_2分别为海底地形高程图，单位网格长度和宽度，如图 3.16 所示，$C'>0$为常数，用于调整障碍物相邻区域的大小；判断是否平衡的迭代停止阈值ζ为

$$\zeta=\frac{|\boldsymbol{A}_1\boldsymbol{A}_n|}{C''n} \tag{3.69}$$

式中，n为弹性绳上点的个数，$C''>0$为常数，C''越大对于平衡位置的判断越精确，$|\boldsymbol{A}_1\boldsymbol{A}_n|$为弹性绳起点到终点的距离。

步骤 2：令弹性绳上当前运动点A_i的下标$i=2$。

步骤 3：根据式（3.1）计算点A_i在弹性绳的收缩作用的位移$\boldsymbol{S}_{A_i}$。计算点A_i在xOy面的映射所在的三角网格$\triangle A'B'C'$，该网格所对应的障碍物表面$\triangle ABC$，根据式（3.63）计算平面$\triangle ABC$的单位法线$\boldsymbol{n}$。

步骤 4：判断点A_i是否在障碍物内，若点A_i在障碍物内，根据式（3.66）计算点A_i排除运算的位移$\boldsymbol{A}_i\boldsymbol{A}_i'$，进入步骤 7，若点$A_i$不在障碍物内，进入步骤 5。

步骤 5：判断点A_i是否在障碍物表面，若在障碍物表面，判断点A_i是否发生滑动运动，若点A_i将发生滑动运动，根据式（3.65）计算点A_i滑动运算的位移$\boldsymbol{A}_i\boldsymbol{A}_i'$，进入步骤 7，若点$A_i$将不发生滑动运动，则令$\boldsymbol{A}_i\boldsymbol{A}_i'=\boldsymbol{S}_{A_i}$，进入步骤 7；若点$A_i$不在障碍物表面，进入步骤 6。

步骤 6：此时点A_i一定在障碍物外，判断点A_i是否发生碰撞运动，若点A_i发生碰撞运动，根据式（3.64）计算点A_i碰撞运算的位移$\boldsymbol{A}_i\boldsymbol{A}_i'$，进入步骤 7；否则若点$A_i$不发生碰撞运动，则令$\boldsymbol{A}_i\boldsymbol{A}_i'=\boldsymbol{S}_{A_i}$，进入步骤 7。

步骤 7：计算点A_i移动后的位置$A_i'=A_i+\boldsymbol{A}_i\boldsymbol{A}_i'$，令当前运动点$A_i$的下标$i$加 1，判断$i$是否大于或等于$n$，若是则说明弹性绳上所有点均发生了一次运动，进入步骤 8，否则返回步骤 3。

步骤 8：判断弹性绳是否达到平衡位置，若弹性绳达到平衡位置，则停止寻路（此时弹性绳所处的位置即寻找的路径），否则令$A_i=A_i'$ $(i=1,2,\cdots,n)$，返回步骤 2。

3.4 仿真实验及分析

3.4.1 收敛性仿真实验

两点之间直线最短，对于任何航路规划算法，应当完成的最基本的寻路任务是在没有障碍物的情况下，快速准确地收敛于起点到终点的连线上，为此令弹性绳算法在无障碍的环境下进行运算，观测寻路结果与真值的误差，真值为起点到终点的连线。为对路径准确性进行评估，定义长度误差、能量误差和距离误差。首先定义弹性绳长度。

定义 3.3 弹性绳长度为弹性绳上相邻两点间距离的加和。公式为

$$L=\sum_{i=1}^{n-1}\left|\boldsymbol{A}_i\boldsymbol{A}_{i+1}\right| \tag{3.70}$$

长度误差是为了判断寻得路径的长度与实际最短长度的误差值，所以定义路径距真值的长度误差如下。

定义 3.4 长度误差为算法寻得路径与最短路径长度的差值。在无障碍环境下长度误差公式为

$$e_L=\sum_{i=1}^{n-1}\left|\boldsymbol{A}_i\boldsymbol{A}_{i+1}\right|-\left|\boldsymbol{SD}\right| \tag{3.71}$$

能量误差是为了判断弹性绳上的点在路径上分布的均匀程度，将线段 SD 任意分成 m 小段，设为 $\{SD_i\}$，$i=1,2,3,\cdots,m$，当且仅当 $SD_1=SD_2=\cdots=SD_m$ 时，$\sum_{i=1}^{m}(SD_i)^2$ 可以取得最小值，也就是说 $\sum_{i=1}^{m}(SD_i)^2$ 值越小，断点在线段 SD 上的分布越均匀，所以为判断弹性绳上的点在路径上分布的均匀程度，定义路径距真值的能量误差如下。

定义 3.5 能量误差为算法寻得路径与能量最小路径的能量差值。在无障碍环境下能量误差公式为

$$e_{\mathrm{E}}=\sum_{i=1}^{n-1}\left|\boldsymbol{A}_i\boldsymbol{A}_{i+1}\right|^2-(n-1)\left(\frac{\left|\boldsymbol{SD}\right|}{n-1}\right)^2 \tag{3.72}$$

为判断弹性绳上的点最终距离起点到终点连线的垂直距离误差值，定义路径距真值的距离误差如下。

定义 3.6 距离误差为算法寻得路径上所有点与最短路径的垂直距离的加和。在无障碍环境下距离误差公式为

$$e=\sum_{i=1}^{n}\left[\sqrt{1-\left(\frac{\boldsymbol{SA}_i\cdot\boldsymbol{SD}}{|\boldsymbol{SA}_i||\boldsymbol{SD}|}\right)^2}|\boldsymbol{SA}_i|\right] \tag{3.73}$$

令起点坐标为 $S=(0,0,0)$，$D=(500,500,500)$，单位为 1；阻力系数 k，用估计公式的迭代格式，式（3.57）计算得到；弹性绳上点的初始位置取值方法为 $A_i=S+\left(r_i^1,r_i^2,r_i^3\right)\otimes\boldsymbol{SD}$，$i\in[2,3,\cdots,n-1]$，其中 $\otimes$ 表示向量的每一项分别相乘，r_i^1,r_i^2,r_i^3 表示 $[0,1]$ 之间的随机数。

控制算法精度迭代停止阈值 ζ，根据式（3.62）计算得到，当起点和终点 A_1、A_n 确定，弹性绳上点的个数 n 确定时，式（3.62）中 C_2 是控制迭代精度的唯一参数，为观测 C_2 值对弹性绳算法收敛精度的控制能力，对不同的 C_2 值进行试验，实验中令 C_2 分别为 10^0、10^1、10^2、10^3、10^4、10^5；为观察弹性绳上点个数不同时，式（3.62）对精度的控制是否一致，分别令弹性绳上点的个数 n 为 10、100、1000。

对应每一个 $\left(n,C_2\right)$ 值反复试验 10 次（每一次弹性绳的位置都重新初始化），记录长度误差、能量误差、距离误差和迭代次数的平均值。

当 $n=10$ 时，由式（3.57）解得阻力系数 $k=0.8117$，实验结果如表 3.1 所示。

表 3.1 运算误差表

C_2	10^0	10^1	10^2	10^3	10^4	10^5
长度误差 e_L	3.118×10^0	4.283×10^{-1}	2.839×10^{-4}	3.361×10^{-5}	6.156×10^{-8}	2.923×10^{-9}
能量误差 e_E	1.065×10^3	1.501×10^2	1.055×10^{-1}	1.115×10^{-2}	2.194×10^{-5}	3.838×10^{-7}
距离误差 e	6.044×10^1	1.898×10^1	5.060×10^{-1}	1.543×10^{-1}	8.760×10^{-3}	1.014×10^{-3}
迭代次数	7.2	9.3	16.6	19.8	25.6	30.8

当 $n=100$ 时，由式（3.57）解得阻力系数 $k=0.9661$，实验结果如表 3.2 所示。

表 3.2 运算误差表

C_2	10^0	10^1	10^2	10^3	10^4	10^5
长度误差 e_L	3.883×10^{-1}	2.014×10^{-1}	9.571×10^{-4}	1.323×10^{-6}	1.681×10^{-8}	2.310×10^{-10}
能量误差 e_E	3.898×10^1	1.941×10^1	1.511×10^{-1}	2.672×10^{-3}	2.751×10^{-5}	2.787×10^{-7}
距离误差 e	1.192×10^2	9.967×10^1	8.048×10^0	9.405×10^{-1}	1.067×10^{-1}	1.368×10^{-3}
迭代次数	99.0	108.8	169	215.9	272.8	330.7

当 $n=1000$ 时，由式（3.57）解得阻力系数 $k=0.9948$，实验结果如表 3.3 所示。

表 3.3　运算误差表

C_2	10^0	10^1	10^2	10^3	10^4	10^5
长度误差 e_L	4.542×10^{-2}	2.421×10^{-2}	1.309×10^{-4}	1.337×10^{-6}	4.201×10^{-9}	9.777×10^{-11}
能量误差 e_E	1.044×10^{1}	7.557×10^{0}	9.152×10^{-2}	9.147×10^{-4}	9.145×10^{-6}	9.153×10^{-8}
距离误差 e	1.008×10^{3}	1.004×10^{3}	1.172×10^{2}	1.198×10^{1}	6.834×10^{-1}	9.697×10^{-2}
迭代次数	999.0	1077.0	2130.9	3244.8	4357.9	5458.4

可以看到，在无障碍的环境下，弹性绳算法的收敛效果非常理想，当弹性绳上点的个数 n 分别等于 10、100 和 1000 时，算法都能非常准确地收敛于真值，在相同精度要求下，增大弹性绳上点的个数的代价是增大迭代次数。在 $C_2=10^5$ 时，算法的求解精度已经非常高，以 $n=1000$ 时为例，此时寻得路径的距离误差 $e=9.697\times10^{-2}$，根据距离误差计算式（3.73），弹性绳上 1000 个点距离真值的垂直距离的总和，只有 9.697×10^{-2}，路径的总长度 $|\boldsymbol{SD}|\approx866$，在这样的跨度上可以认为，弹性绳上所有点几乎已经收敛到了真值所在的位置，并且此时的能量误差 $e_E=9.153\times10^{-8}$，说明弹性绳上点在起点到终点的连线上的分布非常均匀，长度误差为 $e_L=9.777\times10^{-11}$，说明寻得路径基本等于最短路径的长度。

另外当弹性绳上点的个数 n 固定时，算法寻得的路径的长度误差、能量误差和距离误差随着迭代停止阈值 ζ 的减小而减小，说明采用判断 $\max\limits_{1\leqslant i\leqslant n}\left\{\left|\boldsymbol{A}_i\boldsymbol{A}_i'\right|\right\}<\zeta$ 是否成立，作为运算停止条件是合理的，通过控制 ζ 的大小，可有效地控制算法的寻路精度；当 C_2 大小固定，弹性绳上点的个数 n 发生变化时，迭代停止阈值计算式（3.62），将寻路误差有效地控制在相邻的数量级内，而不会因为弹性绳上点的个数的变化而发生较大的变化，这说明了迭代停止阈值计算式（3.62）设计是合理的。

为观察弹性绳的收敛效果，画出 n 分别为 10 和 100；C_2 分别为 10^0 和 10^5 时，10 次实验弹性绳的收敛效果，如图 3.20～图 3.23 所示。

图 3.20～图 3.23 中，“*”表示某一次实验中弹性绳的初始位置，“·”表示 10 次实验弹性绳寻得路径的位置，S,D 分别表示路径的起点和终点。

从寻路效果图 3.20～图 3.23 中可以看出，弹性绳算法在没有障碍物的环境中，可有效地收敛于起点到终的点的连线上，在较低的精度要求下，如图 3.20 和图 3.22 所示，弹性绳可收敛于最短路径周围，并且弹性绳上的点在路径上的分布比较均匀，在精度要求较高时如图 3.21 和图 3.23 所示，弹性绳算法可以准确地找到最短路径所在位置，并且寻得路径上的点的分布非常均匀。这与理论分析是相符的。

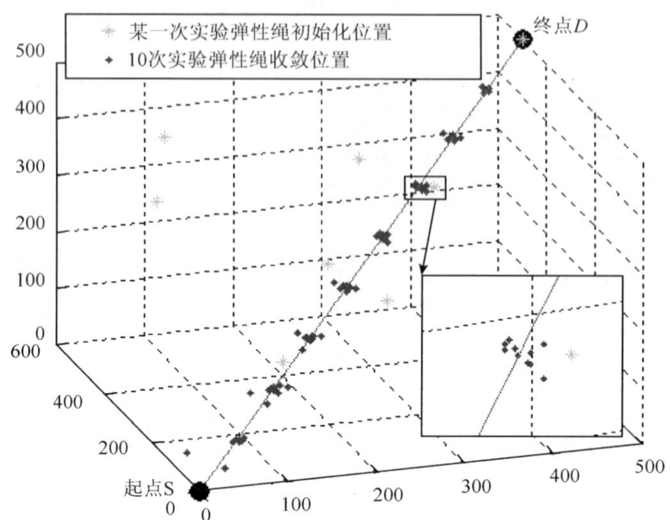

图 3.20　n=10，C_2=10^0 时收敛效果图

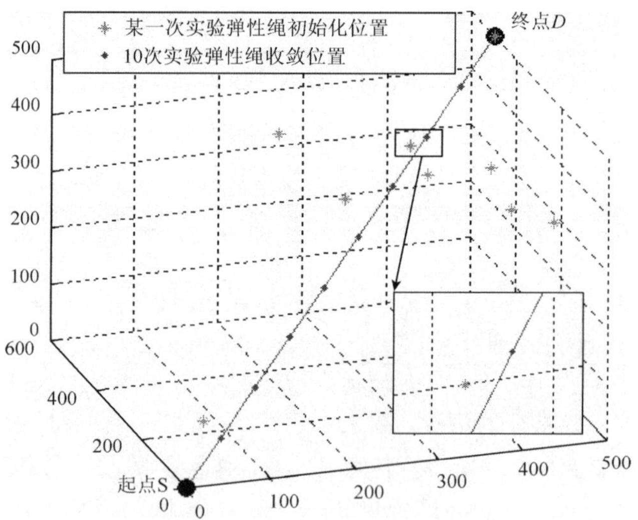

图 3.21　n=10，C_2=10^5 时收敛效果图

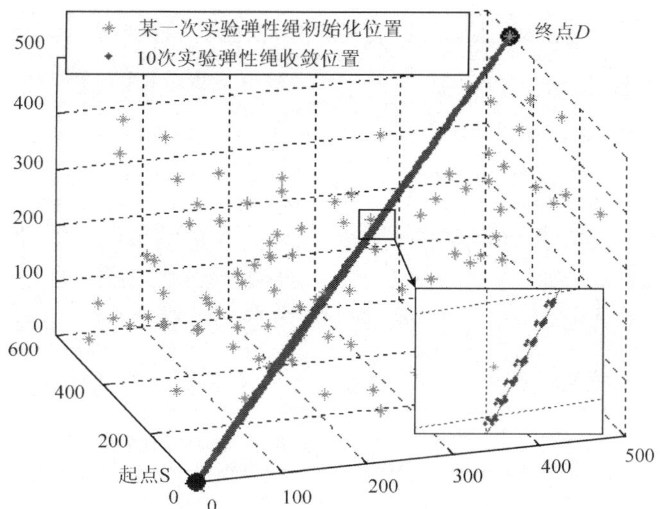

图 3.22　n=100，C_2=10^0 时收敛效果图

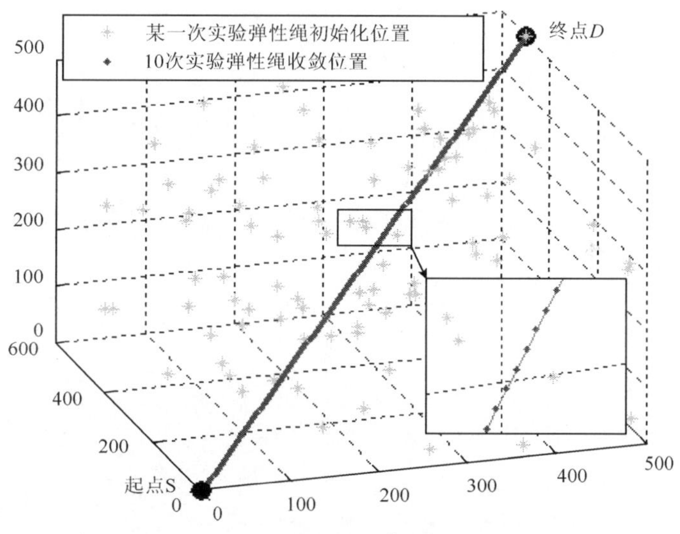

图 3.23　n=100，C_2=10^5 时收敛效果图

为观察弹性绳的收敛过程，根据能量计算式（3.7）和长度计算式（3.70）计算当 n=100，C_2=10^5 时，能量、长度和 $\max\limits_{1\leqslant i\leqslant n}\left\{\left|\boldsymbol{A}_i\boldsymbol{A}_i'\right|\right\}$ 值随着迭代次数的增加的变化情况，并画出收敛曲线，如图 3.24～图 3.26 所示。

图 3.25 中，sqrt[$(n-1)E$] 表示 $\sqrt{(n-1)E}$ ，其中 E 为弹性绳的能量，可以看到，弹性绳的长度，总是小于等于 $\sqrt{(n-1)E}$ ，并且随着迭代次数的增加，长度收敛曲

线向着 $\sqrt{(n-1)E}$ 变化曲线逼近。这与定理 3.3（弹性绳长度收敛定理）相符。

由图 3.24 和图 3.25 可以看到，弹性绳能量和长度随迭代次数的增加，收敛速度非常快，这与阻力系数的适当选择密切相关。当 n=100，C_2=10^5，算法迭代到 100 次左右时，弹性绳的能量、长度和 $\max\limits_{1\leqslant i\leqslant n}\left\{\left|\boldsymbol{A}_i\boldsymbol{A}_i'\right|\right\}$ 值的变化较小，通过实时观察发现，由于弹性绳是随机初始化的，初始化后的弹性绳不是可行路径，当迭代到 100 次时路径才基本成型，接下来的收敛过程是弹性绳向真值逼近的过程，为观察算法逼近真值收敛情况，画出迭代 100 次之后能量的变化曲线，并根据式（3.74）

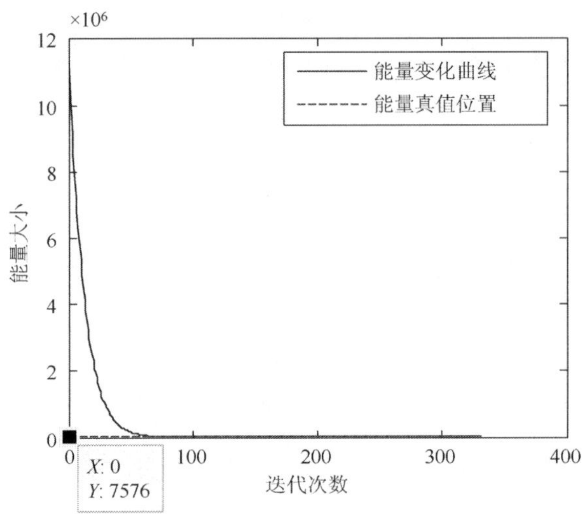

图 3.24　n=100，C_2=10^5 时弹性绳能量收敛曲线

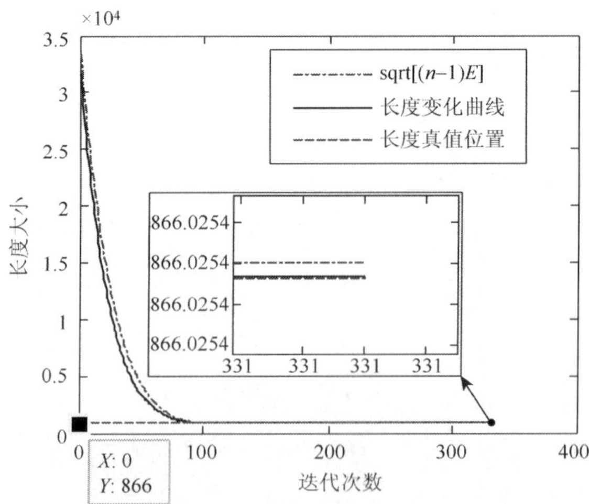

图 3.25　n=100，C_2=10^5 时弹性绳长度收敛曲线

计算能量变化速度随迭代次数的变化情况。

$$E_i' = \frac{E_{i+1} - E_{i-1}}{2} \tag{3.74}$$

式中，$i \geqslant 2$ 表示迭代次数；E_{i-1}，E_{i+1} 分别表示第 $i-1$，$i+1$ 次迭代能量的大小；E_i' 表示第 i 次迭代能量变化的速度大小。能量收敛曲线和能量收敛速度曲线如图 3.27 和图 3.28 所示。

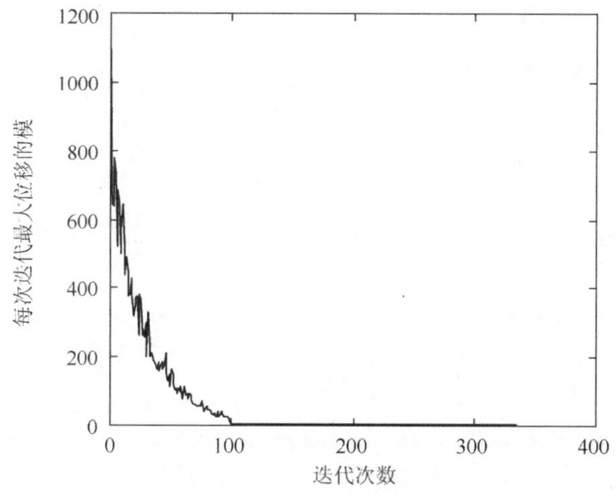

图 3.26　n=100，C_2=10^5 时 $\max\limits_{1\leqslant i\leqslant n}\left\{\left|\boldsymbol{A}_i\boldsymbol{A}_i'\right|\right\}$ 变化曲线

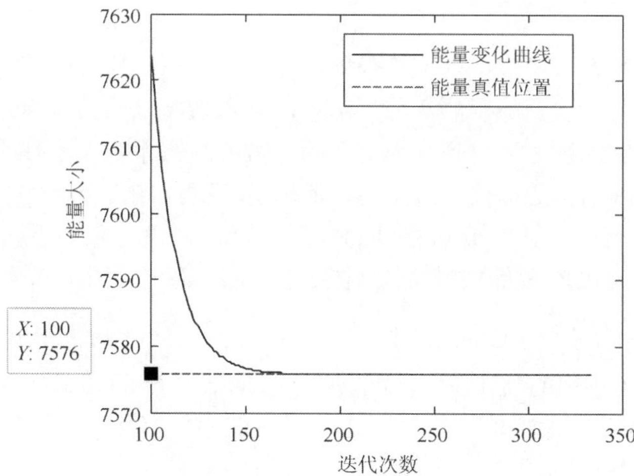

图 3.27　n=100，C_2=10^5 时 100 次迭代后弹性绳能量收敛曲线

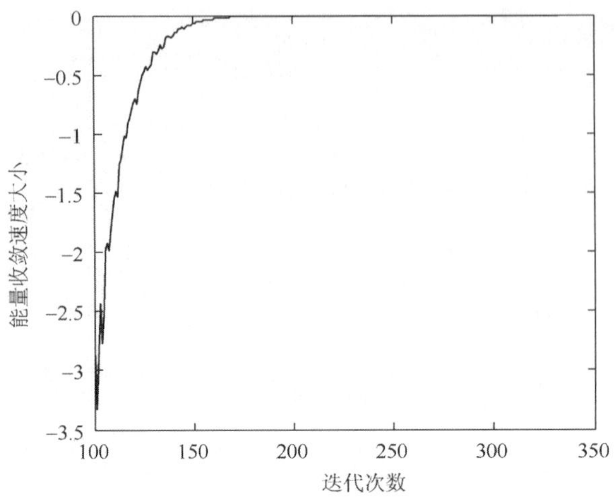

图 3.28　n=100，C_2=10^5 时 100 次迭代后弹性绳能量收敛速度曲线

从图 3.24 和图 3.27 中可以看到，弹性绳算法在迭代 100 次之后，能量收敛的绝对速度减小了，但从图 3.27 中可以看到，弹性绳能量收敛的相对速度仍然很快，所以收敛曲线的形状与图 3.24 中收敛曲线的形状类似。根据图 3.28 可以看到，弹性绳能量的收敛速度的绝对值随着迭代次数的增加而减小，并且弹性绳能量收敛速度一直小于零，所以弹性绳的能量随着迭代次数的增加总是减小的，这与定理 3.1 的叙述是相符的。

3.4.2　收敛速度仿真实验

在对弹性绳的收敛速度进行理论分析时，是在无障碍的条件下讨论的，所以本节收敛速度实验仍然在无障碍的环境下进行，不考虑精度要求对弹性绳算法的收敛速度的影响，收敛速度主要与弹性绳上点的个数和阻力系数大小有关，而弹性绳上点的个数根据实际情况的需要是确定的，所以运算时控制收敛速度的参数只有阻力系数，在弹性绳点的个数和寻路精度确定后，合理地设定阻力系数的值是能否使弹性绳以最快的速度收敛的关键。本章在 3.1.5 节中给出了阻力系数的最优值估计式（3.56），根据式（3.56）的迭代格式 $k'=\mathrm{e}^{\frac{2\ln(k)+\ln(-k+1)}{n}}$ $(n\geqslant 3)$ 可求得不同点数 n 对应的最佳阻力系数的估计值，本次实验主要对式（3.56）的估计效果进行验证。

实验中令迭代停止阈值计算式（3.62）中的 $C_2=10^5$；弹性绳上点初始化为 $A_i=S+\left(r_i^1,r_i^2,r_i^3\right)\otimes \boldsymbol{SD}$，$i\in[2,3,\cdots,n-1]$，其中 $\otimes$ 表示向量的每一项分别相乘，r_i^1,r_i^2,r_i^3 表示 $[0,1]$ 之间的随机数；令阻力系数 k 从 0.5 开始，每隔 0.0002 距离取一值，直到 0.99，在弹性绳相同的初始化位置上，逐一对取得的阻力系数值进行实验，记录每次实验所用时间和迭代次数，并以阻力系数为横坐标，对应的迭代时间或迭代次数为纵坐标画出关系曲线。下面令弹性绳上点的个数 n 分别为 4，10，40，70，100，1000，2000，10 000 进行实验。

当弹性绳上点的个数 $n=3$ 时，弹性绳上只有一个点可以运动，易知当 $k=0.5$ 时，该点通过一次收缩运动，便可运动到最优位置，所以当 $n=3$ 时，取 $k=0.5$ 算法的收敛速度最快，根据式（3.46）和式（3.56）可以计算得到当 $n=3$ 时，$k=0.5$，所以当 $n=3$ 时，式（3.46）和式（3.56）对 k 值的估计都是准确的。下面观察 $n>3$ 时，式（3.46）和式（3.56）对最优阻力系数的估计。

令表 3.4～表 3.11 中 k_1 表示式(3.46)计算得到的阻力系数值，k_2 表示式(3.56)计算得到的阻力系数值，k_*表示实验计算得到的使算法收敛速度最快的阻力系数值（由于算法的运算时间受计算机当时处理程序的量和时间片轮转时分配时间量的影响较大，所以对算法收敛快慢的评价通过迭代的次数来评定），e_1 和 e_2 分别表示式（3.46）和式（3.56）得到的阻力系数与实验得到的最优阻力系数值的差值。由于算法的迭代次数与运算时间是一致的，迭代次数、运算时间与阻力系数 k 的关系曲线走势类似，所以本书仅给出 $n=4$ 时，运算时间与阻力系数 k 的关系曲线。

令 $n=4$，得到运算结果如表 3.4 所示，迭代次数、运算时间与阻力系数 k 的关系如图 3.29 和图 3.30 所示。

表 3.4　阻力系数与运算速度关系表

n=4	k_1	k_2	k_*	e_1	e_2
阻力系数	0.73205	0.6180	0.5412	0.1909	0.0768
迭代次数	14	8	4	10	4
运算时间/s	8.632×10^{-5}	5.308×10^{-5}	5.224×10^{-5}	3.408×10^{-5}	8.381×10^{-7}

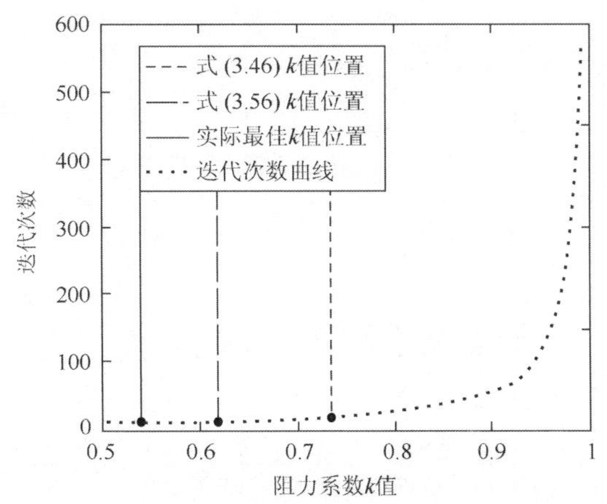

图 3.29　$n=4$ 时迭代次数与阻力系数 k 的关系曲线

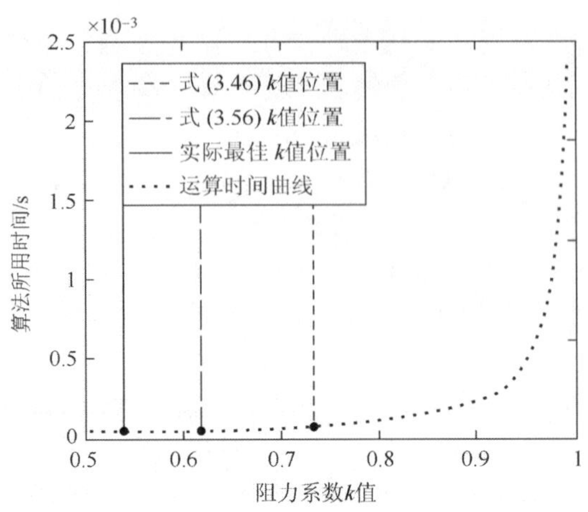

图 3.30　$n=4$ 时运算时间与阻力系数 k 的关系曲线

由图 3.29 和图 3.30 可以看出，弹性绳算法的迭代次数和运算时间是基本一致的，并且随着阻力系数的变化，迭代次数的变化比运算时间的变化更加平稳，可见迭代次数更能体现算法的运算速度和阻力系数的关系，所以在下面的实验中，仅给出阻力系数和迭代次数的关系曲线。从表 3.4 中可以看到，式(3.46)和式(3.56)估计的最优阻力系数要比真值分别大 0.1909，0.0768，相对于阻力系数的取值范围（0, 1）还是比较大的，但从迭代次数上看，当 $n=4$ 时，迭代次数比较少，所以此时出现的误差对算法运算时间的影响较小。

令 $n=10$，得到运算结果如表 3.5 所示，迭代次数与阻力系数 k 的关系如图 3.31 所示。

表 3.5　阻力系数与运算速度关系表

n=10	k_1	k_2	k_*	e_1	e_2
阻力系数	0.9209	0.8117	0.7486	0.1723	0.0630
迭代次数	80	31	22	58	9
运算时间/s	4.132×10^{-4}	1.752×10^{-4}	1.288×10^{-4}	2.844×10^{-4}	4.637×10^{-5}

令 $n=40$，得到运算结果如表 3.6 所示，迭代次数与阻力系数 k 的关系如图 3.32 所示。

表 3.6　阻力系数与运算速度关系表

n=40	k_1	k_2	k_*	e_1	e_2
阻力系数	0.9821	0.9318	0.9240	0.0581	0.0077
迭代次数	427	116	107	318	7
运算时间/s	4.238×10^{-3}	1.441×10^{-3}	1.424×10^{-3}	2.814×10^{-3}	1.676×10^{-5}

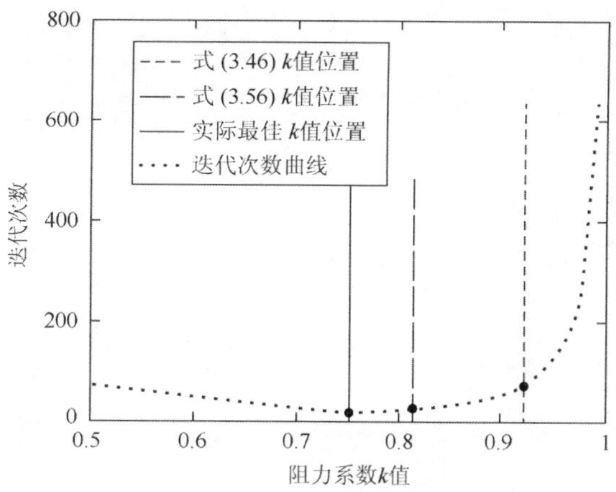

图 3.31　$n=10$ 时迭代次数与阻力系数 k 的关系曲线

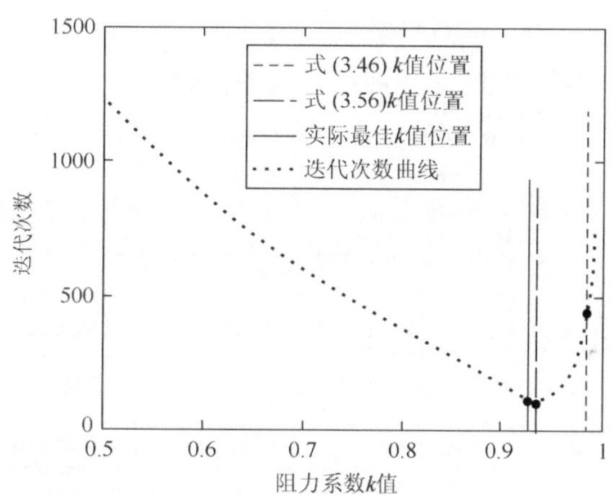

图 3.32　$n=40$ 时迭代次数与阻力系数 k 的关系曲线

令 $n=70$，得到运算结果如表 3.7 所示，迭代次数与阻力系数 k 的关系如图 3.33 所示。

表 3.7　阻力系数与运算速度关系表

n=70	k_1	k_2	k_*	e_1	e_2
阻力系数	0.9899	0.9553	0.9553	0.0346	0
迭代次数	765	197	197	568	0
运算时间/s	1.185×10^{-2}	3.267×10^{-3}	3.267×10^{-3}	8.583×10^{-3}	0

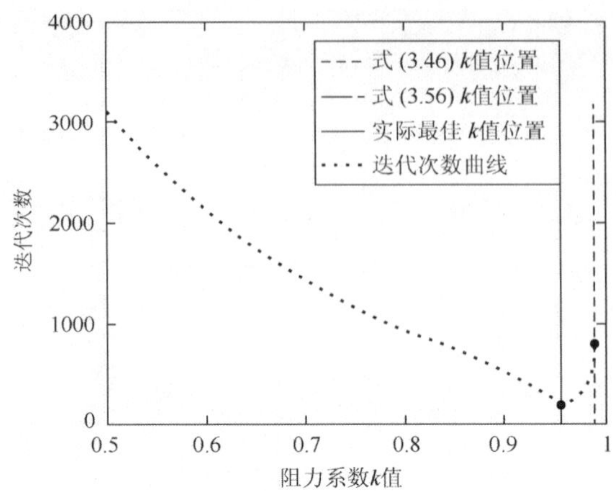

图 3.33　$n=70$ 时迭代次数与阻力系数 k 的关系曲线

当 $n=70$ 时式（3.56）计算的阻力系数，刚好等于实际使弹性绳收敛速度最快时的阻力系数，所以图 3.33 中，虚线与实线重合在了一起。

令 $n=100$，得到运算结果如表 3.8 所示，迭代次数与阻力系数 k 的关系如图 3.34 所示。

表 3.8　阻力系数与运算速度关系表

n=100	k_1	k_2	k_*	e_1	e_2
阻力系数	0.9930	0.9661	0.9685	0.0245	–0.0024
迭代次数	1136	331	287	849	44
运算时间/s	2.458×10^{-2}	6.823×10^{-3}	5.864×10^{-3}	1.872×10^{-2}	9.593×10^{-4}

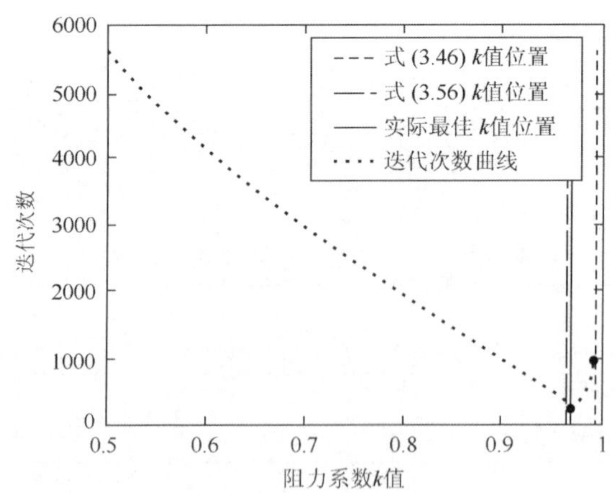

图 3.34　$n=100$ 时迭代次数与阻力系数 k 的关系曲线

从图 3.30～图 3.34 可以看到，最优阻力系数与式（3.46）和式（3.56）估计的阻力系数的值的误差在不断地减小，当弹性绳上点的个数较小时，如当 $n \in [3,100]$ 时，式（3.56）对最优阻力系数的估计的误差总是小于式（3.46）对最优阻力系数估计的误差，并且采用式（3.56）得到的阻力系数进行运算所需要的迭代次数，总是小于采用式（3.46）得到的阻力系数进行运算所需要的迭代次数，如表 3.4～表 3.8 所示。说明在弹性绳上点的个数较小时，式（3.56）比式（3.46）对最优阻力系数的估计准确。为观察弹性绳上点的个数较大时是否仍有上述结论成立，进行如下实验。

为提高搜索最优阻力系数的精度，并节省运算时间，令阻力系数 $k = 0.99$ 开始取值，每隔 0.0001 个单位取一点，直到 $k = 0.9994$，令 $n = 1000$，得到运算结果如表 3.9 所示，迭代次数与阻力系数 k 的关系如图 3.35 所示。

表 3.9　阻力系数与运算速度关系表

n=1000	k_1	k_2	k_*	e_1	e_2
阻力系数	0.9993	0.9948	0.9967	0.0026	−0.0020
迭代次数	13293	5462	2997	10296	2465
运算时间/s	2.364	0.972	0.535	1.830	0.438

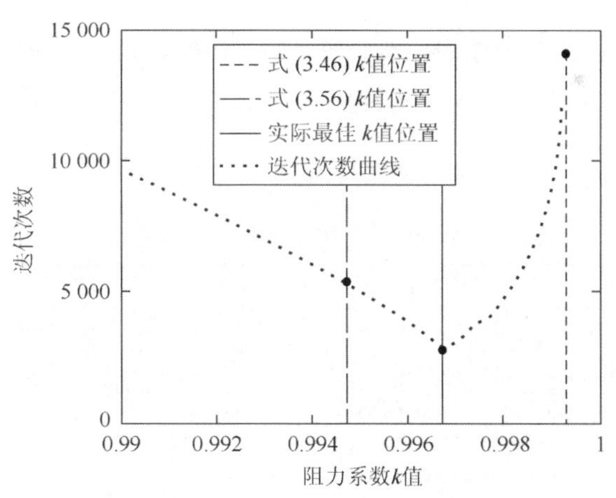

图 3.35　$n = 1000$ 时迭代次数与阻力系数 k 的关系曲线

令阻力系数 $k = 0.996$ 开始取值，每隔 0.0001 个单位取一点，直到 $k = 0.9997$，令 $n = 2000$，得到运算结果如表 3.10 所示，迭代次数与阻力系数 k 的关系如图 3.36 所示。

表 3.10　阻力系数与运算速度关系表

n=2000	k_1	k_2	k_*	e_1	e_2
阻力系数	0.9997	0.9971	0.9984	0.0013	−0.0013
迭代次数	27942	12091	5997	21945	6094
运算时间/s	12.810	5.576	2.742	10.068	2.833

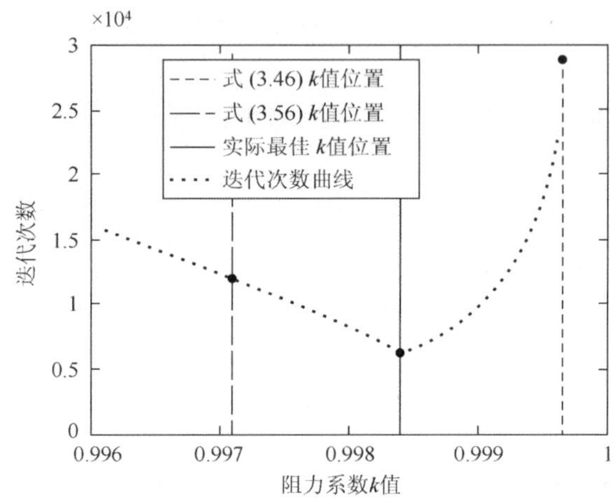

图 3.36　$n=2000$ 时迭代次数与阻力系数 k 的关系曲线

令阻力系数 $k=0.999\,27$ 开始取值，每隔 0.000 05 个单位取一点，直到 $k=0.999\,93$，令 $n=10\,000$，得到运算结果如表 3.11 所示，迭代次数与阻力系数 k 的关系如图 3.37 所示。

表 3.11　阻力系数与运算速度关系表

n=10 000	k_1	k_2	k_*	e_1	e_2
阻力系数	0.999 93	0.999 28	0.999 68	0.000 25	−0.000 40
迭代次数	149 986	73 162	33 559	116 427	39 603
运算时间/s	245.370	136.254	54.920	190.450	81.334

从图 3.35～图 3.37 可以看出，当弹性绳上点的个数 n 较大时，式（3.46）和式（3.56）对最优阻力系数的估计的误差在不断减小，式（3.46）的估计误差减小的速度要大于式（3.56）的估计误差减小的速度，即式（3.56）的估计误差最后会小于式（3.46）的估计误差，如当 $n=1000$ 时式（3.56）的估计误差小于式（3.46）的估计误差，如表 3.9 所示；当 $n=2000$ 时式（3.56）的估计误差等于式（3.46）的估计误差，如表 3.10 所示；当 $n=10\,000$ 时式（3.56）的估计误差大于式（3.46）

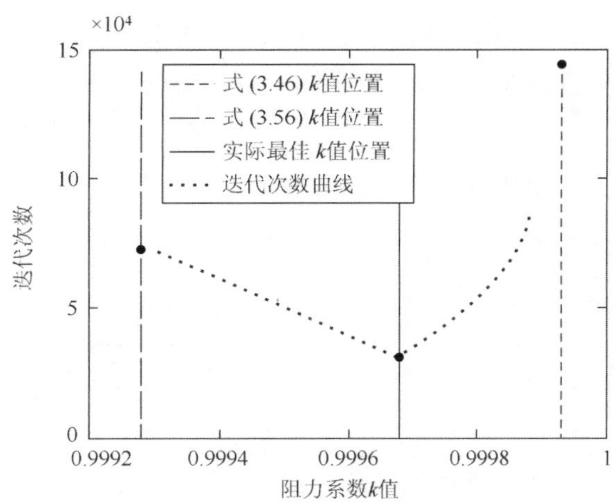

图 3.37　$n=10\,000$ 时迭代次数与阻力系数 k 的关系曲线

的估计误差，如表 3.11 所示。这是由于式（3.46）是根据无穷范数推导得到的，当弹性绳上点的个数 n 趋于无穷大时，递推式（3.37）所表现出来的性质便会完全由 $\max\limits_{1\leqslant i\leqslant n-2}\left|\sum\limits_{j=1}^{n-2}d_{ij}\right|$ 决定，而式（3.46）正是由 $\max\limits_{1\leqslant i\leqslant n-2}\left|\sum\limits_{j=1}^{n-2}d_{ij}\right|$ 式得来，所以当弹性绳上点的个数趋于无穷大时，最优阻力系数将等于式（3.46）的估计值。

通过收敛速度仿真实验得到如下结论：

（1）式（3.46）和式（3.56）对最优阻力系数大小的估计较准确。

（2）阻力系数值与弹性绳算法的收敛速度的关系符合定理 3.4 的结论。

（3）式（3.56）比式（3.46）对最优阻力系数估计的效果好。

（4）随着弹性绳上点的个数的增加，对最优阻力系数较小的估计误差也会浪费较多的运算时间。

3.4.3　球形障碍环境下航路规划

本次实验令弹性绳算法在球形障碍环境下进行实验，以验证算法的寻路能力。为验证弹性绳算法是否能收敛到最短路径位置，本次实验设置的球体位置可以通过计算得到最短路径位置。

实验参数设置如表 3.12 所示。

表 3.12　实验参数

起始点 S	目标点 D	n	k	C_1	C_2
（0, 0, 0）	（500, 500, 500）	70	0.9553	3000	10^5

其中，n 为弹性绳上点的个数；C_1 为式（3.61）中参数，C_1 为式（3.62）中参数，阻力系数 k 根据式(3.56)计算得到；弹性绳上点初始化为 $A_i = S + \left(r_i^1, r_i^2, r_i^3\right) \otimes \boldsymbol{SD}$，$i \in [2,3,\cdots,n-1]$，其中 $\otimes$ 表示向量的每一项分别相乘，r_i^1, r_i^2, r_i^3 表示 $[0,1]$ 的随机数。取空间障碍物球体的个数为 m =10，其空间位置如表 3.13 所示，计算得到理论最短路径的空间位置，如图 3.38（a）中曲线所示，理论最短路径长度为 877.9501。

表 3.13　障碍物的半径和球心坐标

序号	1	2	3	4	5	6	7	8	9	10
R	120	98	63	33	64	49	38	72	34	51
O_x	200	388	373	356	389	275	199	159	137	223
O_y	260	329	373	233	156	186	295	398	241	100
O_z	200	102	277	371	158	348	392	341	357	262

图 3.38（b）为弹性绳算法验算法仿真结果。其中，曲线为理论最短路径，‘*’点为弹性绳上点的初始位置，‘·’点为弹性绳上点的最终收敛到的位置，算法求得的路径的长度为 877.9395，由仿真结果可以看到，理论最短路径和算法求得的最短路径空间位置是一致的，但由于算法中路径使用分段折线表示，所以其长度比理论最短路径长度略短。可见算法在球形障碍的环境下，弹性绳算法可准确收敛到最短路径。

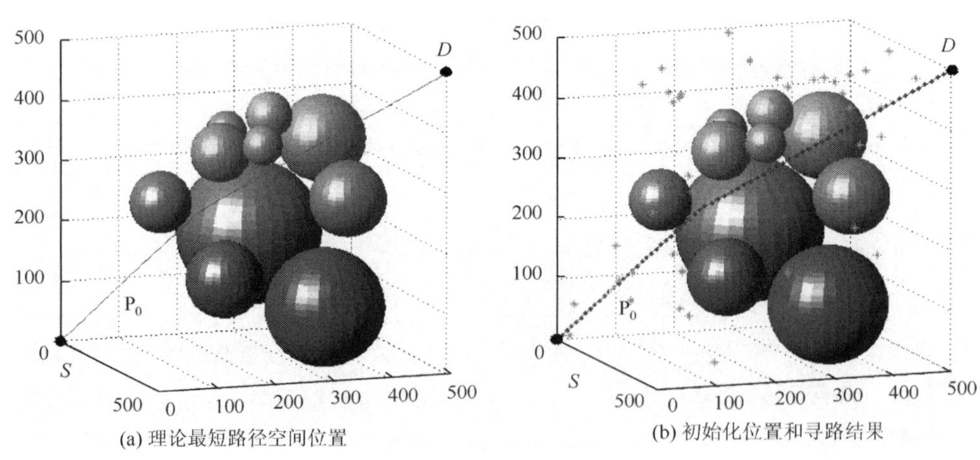

(a) 理论最短路径空间位置　　(b) 初始化位置和寻路结果

图 3.38　仿真试验 1 结果

图 3.39 为弹性绳的路径长度收敛曲线，由于弹性绳上的点的位置随机初始化，所以在运算初期弹性绳长度很大，若把迭代初期和迭代后期同时画在同一个图内，算法在迭代 100 次之后，弹性绳长度基本不发生变化了，但其实算法还在快速地

收敛过程中，所以为便于观察，将迭代 100 次之前的长度收敛曲线与迭代 100 次之后的长度收敛曲线分在两个图中画出，如图 3.39 所示。(为便于观察，弹性绳能量收敛曲线和能量变化曲线也按照这样的方法画出。)

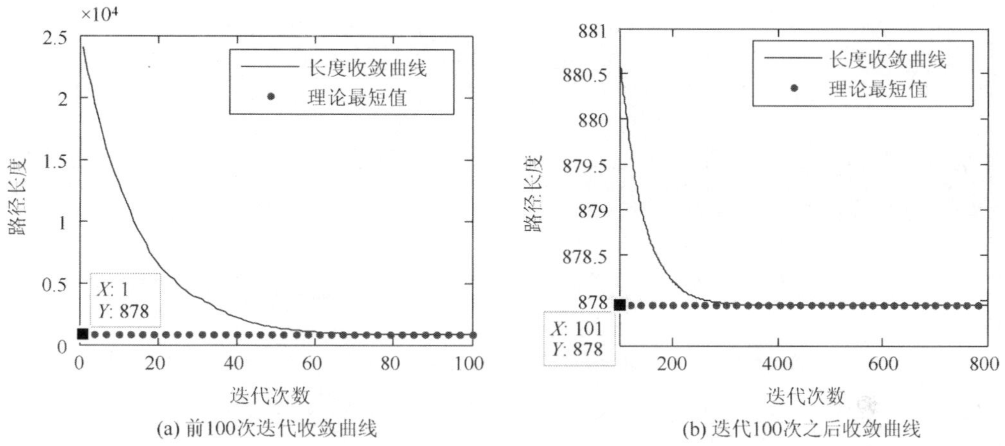

(a) 前100次迭代收敛曲线　(b) 迭代100次之后收敛曲线

图 3.39　弹性绳长度收敛曲线

为验证 3.1.4 节中定理 3.1 所述结论：弹性绳的能量是关于迭代次数的单调递减序列，弹性绳能量收敛曲线，如图 3.40 所示，根据 $\Delta E(m)=E(m)-E(m+1)$（其中，$\Delta E(m)$ 为第 m 次迭代能量变化大小，$E(m),E(m+1)$ 分别表示第 m 次和第 $m+1$ 次迭代的弹性绳能量的大小）计算每一次迭代弹性绳能量的变化情况，$\Delta E(m)$ 关于迭代次数的曲线，如图 3.41 所示。

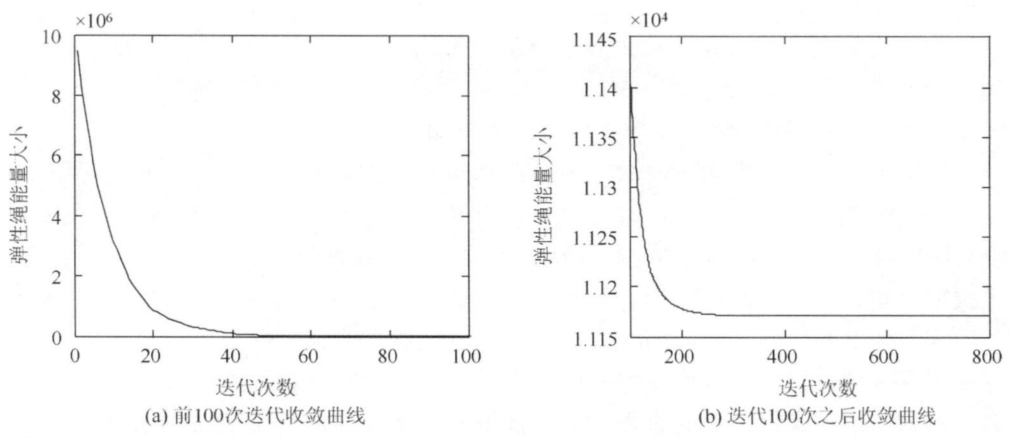

(a) 前100次迭代收敛曲线　(b) 迭代100次之后收敛曲线

图 3.40　弹性绳能量收敛曲线

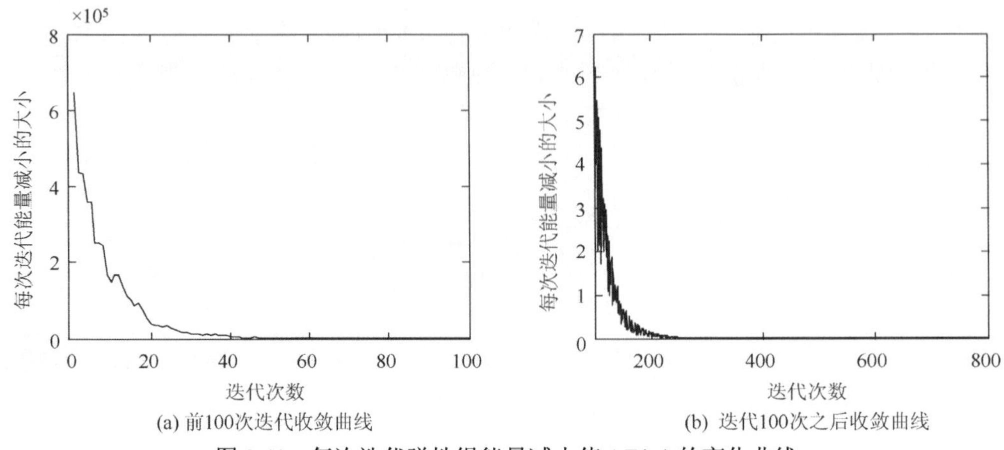

(a) 前100次迭代收敛曲线　(b) 迭代100次之后收敛曲线

图 3.41　每次迭代弹性绳能量减小值 $\Delta E(m)$ 的变化曲线

弹性绳算法在球形障碍环境下的收敛效果非常理想，在避开障碍物的同时，准确地收敛到了理论最优位置，如图 3.38（b）所示，说明弹性绳算法是一种可精确求解最短路径的算法。

本次实验迭代 805 次，用时 9.763s，这与在没有障碍物的情况下要慢很多，如表 3.8 所示，当 n=100 时，迭代 1136 次用时为 2.458×10^{-2}s，而本次实验的 n=70，也就是说，在有障碍物的情况下，每迭代一次要比没有障碍物用时长得多，如此慢的原因有两个，第一没有障碍物的情况下，弹性绳上点不需要考虑弹性绳上点是否与障碍物发生作用，而在有障碍物的环境下需要对此进行考虑，这样在从算法设计上每次迭代都需要进行一次双重循环，不考虑碰撞、滑动运算增加的算法复杂度，仅从循环次数角度来讲，算法每次迭代要进行 $n\times m$ 次运算，其中 n 为弹性绳上点个数，m 为球形障碍物的个数，而没有障碍物的情况下每次迭代需要循环的次数为 n 次，本次实验球形障碍物的个数为 m=10 个，所以严重增大了每次迭代运算的代价；第二是由于 MATLAB 对循环，尤其是双重循环的运算速度非常慢，所以有障碍物和没有障碍物运算用时差距很大。

除了每次迭代所用的时间增加了，在相同精度要求下，相同点数 n 情况下，算法收敛所需要的迭代次数也增加了，比较表 3.7 发现，相同参数设置的情况下，没有障碍物时，70 个点完成收敛需要迭代 197 次，本次试验也是 70 个点，但迭代次数为 805 次，比没有障碍物时多了 608 次，这是由于在球形障碍环境下，算法的收敛速度与障碍物表面的坡度有关系，障碍物表面的坡度越大，算法在滑动运算下收敛的就快，而障碍物表面的坡度小，算法的收敛速度就会慢，在球形环境中，算法在向真值逼近的过程中，弹性绳在球体表面的滑动坡度越来越小，收敛速度也会越来越慢，所以导致算法需要更多的迭代次数才能达到精度要求。可见弹性绳算法的收敛速度除与弹性绳自身收缩的快慢有关系，还与空间障碍环境有关系。尽管相对于没有障碍物的环境算法速度有所下降，但从图 3.39 弹性绳长度收敛曲线中可以看到，弹性绳长度的下降速度还是非常快的，说明算法的收敛速度仍然很理想。

能量收敛曲线从图 3.40 弹性绳长度收敛曲线中可以看到，弹性绳的能量总是呈下降趋势的，并且通过计算每次迭代能量的变化情况如图 3.41 可以发现，由于每次迭代，弹性绳能量减小值 $\Delta E(m)$ 的变化曲线始终在零点之上，说明弹性绳上一次迭代的能量总是大于本次迭代的能量，也就是说，弹性绳的能量是关于迭代次数的单调递减序列，这与 3.1.4 节中定理 3.1 的结论是相符的。

3.4.4　海底地形障碍环境下航路规划

为验证弹性绳算法在海底地形环境下的寻路效果，根据 3.3.3 节设计的海底地形高程数据下的弹性绳算法的计算步骤进行实验，实验参数设置如表 3.14 所示。

表 3.14　实验参数

起始点 S	目标点 D	n	k	C'	C''
（东经 111.250°北纬 15.700°–600m）	（东经 112.600°北纬 17.210°–600m）	70	0.9553	1	10^5

n 为弹性绳上点的个数；C' 为式（3.68）中参数，C'' 为式（4.7）中参数，阻力系数 k 根据式（3.56）计算得到；弹性绳上点初始化为 $A_i = S + \left(r_i^1, r_i^2, r_i^3\right) \otimes \boldsymbol{SD}$，$i \in [2,3,\cdots,n-1]$，其中 $\otimes$ 表示向量的每一项分别相乘，r_i^1, r_i^2, r_i^3 表示 $[0,1]$ 之间的随机数。为观察弹性绳的避障能力、突出山体的障碍特性，用弹性绳进行航路规划时，将横纵坐标的实际长度缩小 $(1852 \times 60)/1000$。

由于弹性绳算法是一种局部最优寻路算法，即算法能精确寻找到某一区域内的局部最优路径，但不能跳出局部区域，在整个空间中进行路径寻优运算，路径的初始化决定了算法最终寻得路径的位置，所以为寻得较好的路径，可以令多条弹性绳随机初始化在不同位置，进行寻路运算。本次实验采用 5 条初始位置不同的弹性绳进行寻路运算，由于初始化在不同位置的弹性绳有可能收敛到相同的路径上，所以为便于观察，本节选取 5 个初始化位置，可以使弹性绳收敛到不同的区域内，从而寻得 5 条区域最短路径。

值得说明的是，将弹性绳上点均匀初始化在起点到终点的连线上，可使弹性绳以最直接、最快捷的方式进入比较理想的区域，相当于算法从最短位置向周围寻找可行路径，这要比从随机初始化位置向最短路径靠近的方法来寻找最优路径容易些。

实验中令编号为 1 的弹性绳均匀初始化在起点到终点的连线上，其他 4 条弹性绳位置随机初始化，实验结果如表 3.15 所示，实验效果如图 3.42 和图 3.43 所示，分别为真实海底环境航路规划结果的俯视图和侧视图。

表 3.15 弹性绳算法寻路结果表

编号	1	2	3	4	5	平均值
路径长度/m	2.299×10^5	2.309×10^5	2.318×10^5	2.355×10^5	2.382×10^5	2.3326×10^5
运算时间/s	0.658	0.711	0.681	0.866	0.748	0.7328
迭代次数	224	252	255	325	271	265.4

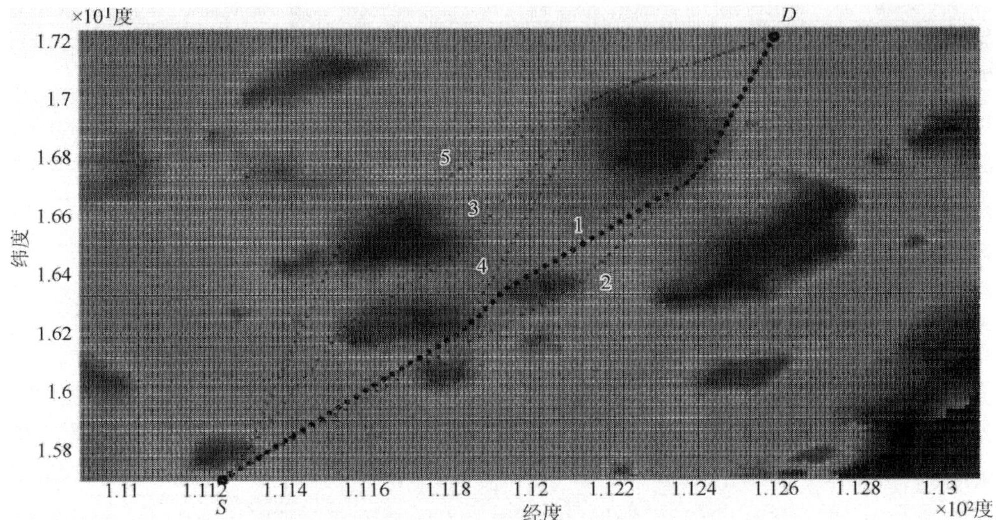

图 3.42 真实海底环境航路规划结果俯视图

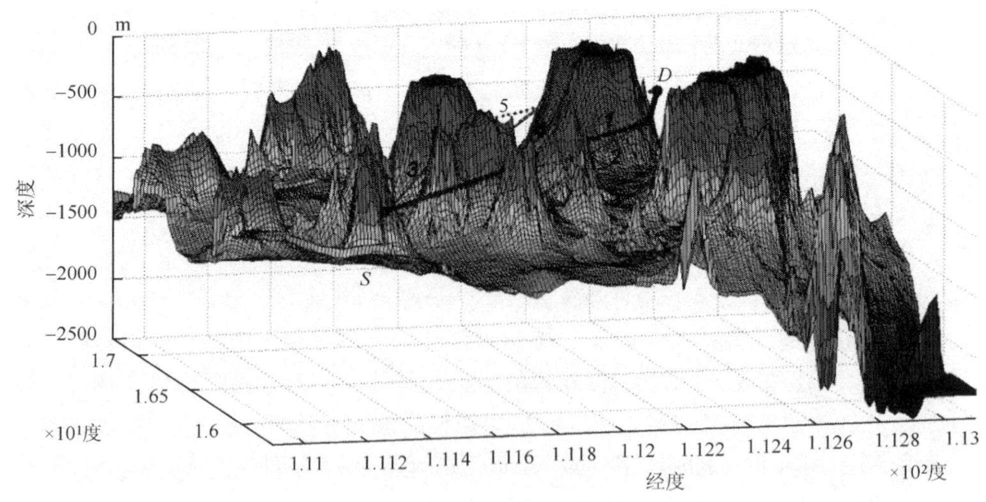

图 3.43 真实海底环境航路规划结果侧视图

1号弹性绳能量收敛曲线如图3.44所示，可以看到，弹性绳初始时能量最小，排除到障碍物外后能量增长到最大，弹性绳逐渐向最短路径逼近时，能量逐渐减小。

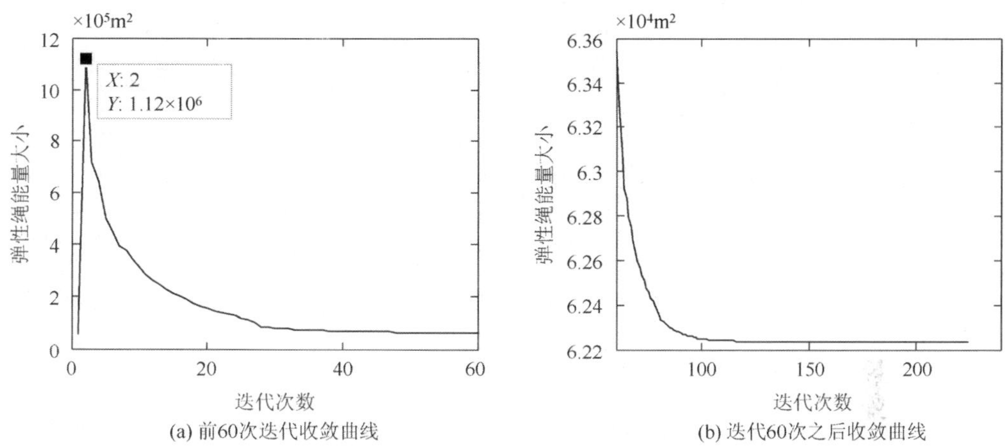

(a) 前60次迭代收敛曲线　(b) 迭代60次之后收敛曲线

图3.44　弹性绳能量收敛曲线

实验表明，弹性绳算法在真实海底地形环境下能够很好地完成航路规划任务，从图3.42和图3.43可以看出，弹性绳算法搜索到的路径上的点分布均匀；路径整体效果平滑，没有齿状结构出现；在没有障碍物的区域内，路径笔直；避障效果明显，以最小的代价绕过障碍物，达到避障并使路径最短的效果。

从表3.15得知，本次实验编号为1的弹性绳寻得的路径最短，并且1号弹性绳上点的初始化位置均匀分布在起点到终点的连线上，可见这种初始化方法比较容易找到全局最优路径。并且由于初始化时弹性绳上点就已经有一定的顺序，均匀分布在一条直线上，所以这样初始化后算法所用的运算时间和迭代次数都要少一些，如表3.15所示，1号绳用时0.658s，迭代了224次，而2，3，4，5号绳所用的时间和迭代次数都要比1号绳大。另外在MATLAB环境下仿真，路径上的点数为70，规划三维空间海底地形环境下的路径，并且要达到到本次实验要求的精度，5条弹性绳用时平均值仅为0.7328s，如表3.15所示，可见弹性绳算法在海底地形高程数据环境下的规划速度还是很快的。

在海底地形环境中5条弹性绳寻路的平均迭代次数为265.4次，如表3.15所示，而同样是70个点时，在没有障碍的环境下的10次实验的平均迭代次数为197次，在球形障碍环境下的迭代次数需要805次。出现这种现象的原因是在海底地形环境中与弹性绳接触的障碍物表面的坡度较大，如图3.42和图3.43所示。而球形环境中与弹性绳接触的障碍物表面的坡度较小，所以在向最短路径滑动的过程中，本次实验要比球形环境中所用的迭代次数少，而没有障碍物的情况下不会出现滑动运动，弹性绳以最快的速度向着最短路径运动，所以在没有障碍的环境中弹性绳所需要的迭代次数最少。

从图 3.44 中的弹性绳能量收敛曲线可以看到，当弹性绳被完全排除到障碍物外时，即第二次迭代之后，弹性绳的能量随着迭代次数的增加是单调下降的，这与定理 3.1 的结论是相符的。

第 4 章　基于粒子群优化算法的航路规划方法

4.1　粒子群优化算法

粒子群优化（particle swarm optimization，PSO）算法是一种群体智能算法，它产生于 20 世纪 90 年代中期，由 Eberhart 和 Kennedy 提出。PSO 算法的机理源于对鸟捕食行为的研究：群鸟在随机搜索食物时，并不知道它们当前所处位置离食物还有多远，怎么找到食物，而最简单有效的搜索策略就是搜索目前离食物最近的鸟的周围区域。也可以理解为一种信息共享机制：在认知过程中，个体往往记住它们的信念，同时考虑其他个体的信念，当个体察觉其他个体的信念较好时，它将进行适应性的调整。PSO 算法就是通过不断搜索和调整来寻找最优的一种方法，用于解决优化问题。

4.1.1　算法原理

算法原理首先是生成初始种群，即在可行解空间中随机初始化一群粒子，每个粒子都是优化问题的一个可行解，并由目标函数为其确定一个适应值。每个粒子在解空间中运动，并由速度决定其下一时刻的运动方向和距离。通常，粒子将追随当前的最优粒子而动，并经逐代搜索，最后得到最优解。在每一代中，粒子将跟踪两个极值，一个为粒子本身迄今找到的最优解 p_{id}，另一个为全种群迄今找到的最优解 p_{gd}。

算法中的每个粒子都是 D 维解空间的一点，并且都具有一个速度（D 维的矢量）。对于第 i 个粒子，它的位置表示为 $X_i=(x_{i0}, x_{i1}, \cdots, x_{i\mathrm{Dim}})$，$i=1, 2, \cdots, N$，其中 N 是粒子数目，Dim 是粒子的维数。每个粒子根据自身的运动经验 p_{id}（自身最优解）和群体的运动经验 p_{gd}（种群最优解）来确定自身的运动速度，调整自身的飞行轨迹，向最优点靠拢。不同粒子对应目标函数都具有自身的个体适应度值，根据个体适应度值评价个体优劣。粒子根据以下公式更新自己的速度和位置。

$$v_{id}(t+1)=wv_{id}(t)+c_1r_1\left(p_{id}-x_{id}(t)\right)+c_2r_2\left(p_{gd}-x_{id}(t)\right) \tag{4.1}$$

$$x_{id}(t+1)=x_{id}(t)+v_{id}(t+1) \tag{4.2}$$

由式（4.1）可见，粒子的运动速度由三部分组成：第一部分为粒子的运动惯性，包含粒子本身原有的速度 $v_{id}(t)$ 信息；其第二部分为“认知部分”，因为这部分考虑粒子自身的经验，通过与自己经历最佳位置 p_{id} 的距离来反映；第三部分是“社会部分”，表示粒子间的社会信息共享，通过与群体最好位置 p_{gd} 的距离来反映。其中相关的参数分别有：w 称为惯性权值；c_1 和 c_2 为正常数，称为加速因子，控制这三部分内容的权重；r_1，r_2 为[0，1]之间的随机数。它们的具体含义如下。

（1）惯性权值 w：控制粒子运动速度变化。当 w 取值较大时，粒子运动速度变化幅度较大，全局寻优能力强，局部寻优能力弱；反之，当 w 取值较小时局部寻优能力强，全局寻优能力弱。选择一个合适的 w 可以平衡全局和局部搜索能力，这样可以以最少的迭代次数找到最优解。赫然等通过试验发现 PSO 的惯性权重在[0.9，1.2]具有较好的性能，而且惯性权重从 1.4 减少到 0 要比用固定的好。这是因为开始较大的惯性权重可以遍历比较大的范围，后来小的权重有较好的局部搜索能力。

（2）加速常数 c_1 和 c_2：代表了粒子向自身极值和全局极值推进的随机加速权值。c_1 标志着粒子的认知能力的大小，当 $c_1=0$ 时，粒子没有认知能力，只有“社会”模型。相互作用下，有能力达到新的搜索空间，收敛速度比标准算法快，但碰到复杂问题比标准算法更容易陷入局部极值。c_2 标志着粒子的社会信息交换共享能力的大小，当 $c_2=0$ 时，没有社会信息共享，只有“认知”的模型。由于之间没有信息交互，等价于众多单个的粒子运动，因此得到最优解的概率很小。如果 $c_1=c_2=0$，说明粒子以当前速度运动，直到边界。

在早期的研究中，通常设 $c_1=c_2=2$，后来 Clerc 推导出 c_1 与 c_2 应设为 $c_1=c_2=2.05$，也有研究者认为 c_1 应与 c_2 不等，并由试验得出 $c_1=2.8$，$c_2=1.3$。Shi 和 Ebrhart 研究得出结论，c_1 比 c_2 选的应大一些，且 $c_1+c_2\leqslant 4$ 较好。实际上这些研究也仅局限于部分问题的应用，无法推广到所有问题域。

为了降低搜索过程中粒子离开搜索空间的可能性，通常第 d 维的位置变化限定在$[X_{\min}, X_{\max}]$内；速度变化范围也限定在$[-v_{\max}, v_{\max}]$内，其中最大速度 $v_{\max}$ 的选择不应超过粒子的宽度范围，如果 $v_{\max}$ 太大，可能走过最优解的位置；如果太小，可能降低粒子的全局搜索能力。群体规模一般不取太大，一般几十个粒子就足够用了。例如，针对多目标优化等比较复杂的问题或者某些特定的问题，粒子数可以取到 100～200 个。粒子的维度由优化问题决定，也就是解空间的维度。

基本粒子群算法的基本流程如图 4.1 所示。

PSO 算法可以概括为以下几个基本步骤。

步骤 1：设定相关参数 c_1、c_2、w 和粒子个数，并初始化种群，随机生成群体中的粒子候选解的位置和速度。

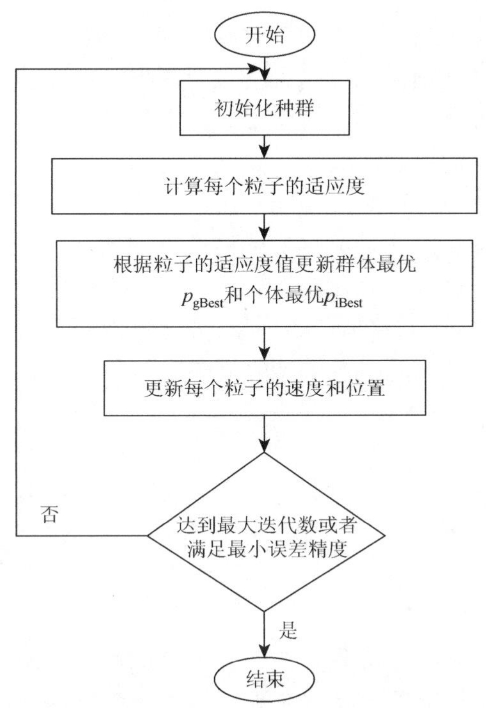

图 4.1　粒子优化算法流程图

步骤 2：逐一评价种群中的个体，即计算每个粒子对应的适应值，用以衡量此粒子的“优秀程度”。

步骤 3：对于每个个体的适应度值，将其与自身所经历过的最好位置 p_{id} 值进行比较，若较好，则将其作为当前的最好位置；将其适应值与群体所经历的历史最优值 p_{gd} 的适应值进行比较，若较好，则将其作为全局最好位置。

步骤 4：按照式（4.1）和式（4.2）计算每个粒子新时刻的速度和位置。

步骤 5：检查结束条件是否满足。如果满足就结束计算，否则转至步骤 2。

可见，基本 PSO 算法步骤简明，其速度和位置更新式（4.1）和式（4.2）是算法的核心，只通过两个“优秀个体”的指导就能完成群体的寻优，这体现了 PSO 算法机理简单、容易实现的特点。

4.1.2　算法特点及研究现状

1. 算法特点

PSO 算法属于随机搜索算法，搜索过程是从问题解的一个集合开始的，而不是从单个个体开始的，具有隐含并行搜索特性，从而减小了陷入局部极小的可能性。它具有随机搜索算法的通用特点：具有隐含并行性，不受如连续性、可导性等函数约束条件的限制，根据个体的适配信息进行搜索；对高维复杂问题，往往会遇到早熟和收敛性能差的缺点，都无法保证收敛到最优点。除此以外，PSO 还具有以下特点：

（1）PSO 算法原理简单、参数少、实现容易。每个粒子只是通过速度进行更新，相对于遗传算法（genetic algorithm，GA）没有交叉和变异操作。

（2）PSO 算法更适合解决连续域优化问题，例如，神经网络训练和函数优化等。起初，PSO 算法只是为实值问题而设计，后来逐渐扩展到二进制和离散问题。

（3）关于 PSO 算法收敛性的研究还比较薄弱，尽管已经有简化确定性版本的收敛性分析，但将确定性向随机性的转化尚需进一步研究。

2. 算法的典型改进

PSO 算法的提出至今一直受到学者的广泛关注，正如其他新生的事物一样，初期的 PSO 算法并非十分完善。在实际的应用时，往往出现早熟收敛和全局收敛性差等问题。因此，出现了很多对 PSO 算法的改进。

1）控制种群多样性

控制种群多样性是避免早熟收敛的最有效措施，一些研究者提出了通过控制种群多样性来提高算法性能的方法。主要采用以下两种途径：一方面，通过解决微粒间的冲突和聚集、分析微粒和种群最优位置的距离、增加环境检测和响应、种群随机多代初始化等思想，给出了不同策略来增强种群多样性，使算法不至于过早陷入局部极小；另一方面，通过引入遗传算法的“变异”操作来增强全局搜索性能也是一种十分有效的方式。

2）混合 PSO（hybrid particle swarm optimization，HPSO）

HPSO 算法具有繁殖子群的能力：粒子群中的粒子被赋予一个杂交概率，选取指定数量的粒子放入一个池中。池中的粒子随机地两两杂交，产生同样数目的孩子粒子，并用孩子粒子代替父母粒子。相关文献的实验结果显示，HPSO 算法的收敛速度比较快，搜索精度也相对比较高。

3）协同 PSO（cooperative particle swarm optimization，CPSO）

CPSO 算法的基本思想是用 K 个相互独立的粒子群，分别在 D 维的目标搜索空间中的不同维度方向上进行搜索，各群体之间不共享信息。

4）离散 PSO（discrete particle swarm optimization，DPSO）

DPSO 算法用于离散域问题，特别是组合优化问题的求解。Kennedy 和 Eberhart 等于 1997 年提出了粒子群算法的离散二进制版本，将 PSO 算法经过简单的修改，使其应用于搜索二进制空间。

5）其他改进算法

随着交叉学科的发展，各种创新思想不断融入 PSO 算法中，例如，由 Xie 等提出的自组织耗散 PSO 算法，首先从热力学的角度指出 PSO 的社会模型具有自组织耗散结构的特点，进而引入了混乱算子，避免了群体过早地进入稳定状态。崔志华、曾建潮利用控制理论对基本微粒群算法、标准微粒群算法及带有收缩因子的微粒群算法进行了详细的分析，将粒子速度更新公式看成一个积分环节与两个惯性环节组成的系统或三个惯性环节组成的系统，由此设计了基于由积分环节与震荡环节组成系统的改进微粒群算法，有效地提高了算法效率。

4.1.3　PSO 在航路规划中的应用

粒子群优化算法作为解决高度复杂问题的一个新思路和新方法，近年来发展迅速，在许多领域得到了广泛的应用。国内一些学者尝试将 PSO 算法应用于航路规划领域。其中，秦元庆等将 PSO 引入航路规划领域，先使用 Dijkstra 法获得最短路径，再通过 PSO 对路径中几个节点位置进行优化调整；孙波等提出了基于 PSO 的全局航路规划方法，将 PSO 方法贯穿于求解过程的始终，初始种群上的路径点是在起点与终点连线的若干垂直线上随机产生的，然后通过 PSO 算法进行路径点位置的优化调整，仿真结果证明 PSO 能够准确快速地求解。Zhao 等将 PSO 用于解决机器人动态环境航路规划问题，将机器人的速度和航向信息引入目标函数中，作为评价粒子优劣的一个因素，结果验证了 PSO 解决航路规划问题具有较好的实时性。实践证明，PSO 算法能够有效解决航路规划问题。

1. 基于 PSO 的航路规划原理

在基于 PSO 的航路规划方法中，一个粒子代表一条候选路径，由一系列路径点构成。如图 4.2 所示，在笛卡儿坐标系 Oxy 中，S 为起始点，G 为目标点，黑色实心填充物表示障碍。以起始点 S 和目标点 G 的连线为新坐标系的坐标轴 x'，过 S 的垂线为坐标轴 y'，将线段 SG 进行$(n+1)$等分，在每一个等分点处作垂线，得到平行直线族(L_1，L_2，…，L_n)，它们与路径的交点即可用路径点序列(P_1，P_2，…，P_n)，定义起始点 S 为 P_0，目标点 G 即 P_{n+1}，这样一条候选路径就表示成一系列可用路径点的集合：$P=\{P_0，P_1，P_2，…，P_n，P_{n+1}\}$。

由于平行直线族(L_1，L_2，…，L_n)的间距相同，所以这些路径点在 $S\text{-}x'y'$坐标系中横坐标只需根据其所在直线序号就可以确定，纵坐标为工作区域中的随机数。

$$\begin{cases} x_i' = i \cdot \dfrac{L_{\mathrm{SG}}}{n+1} \\ y_i' = \mathrm{rand}(Y_{\min}, Y_{\max}) \end{cases} \tag{4.3}$$

一条候选路径的总长度计算公式为

$$L_p = L_{SP_1} + \sum_{i=1}^{n-1} L_i L_{i+1} + L_{P_n G} = \sum_{i=0}^{n} L_i L_{i+1} \tag{4.4}$$

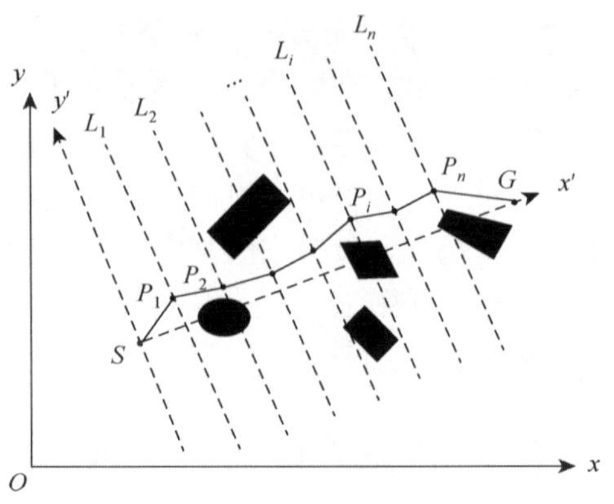

图 4.2　粒子群航路规划算法建模示意图

这样多个粒子就可以代表多条候选路径，而规划最优路径的过程实质就是 PSO 算法自身优化搜索的过程。

图 4.3 给出了使用 PSO 解决航路规划问题的流程。首先，需要初始化种群，生成种群中的各个候选路径（即“粒子”）；然后计算每个路径适应度，并根据他们的适应度进行排序，确定粒子个体迭代最优位置 P_{iBest} 和群体最优位置 P_{gBest}。使用速度和位置更新公式循环迭代更新每个粒子的速度和位置信息，并判断是否达到终止条件。

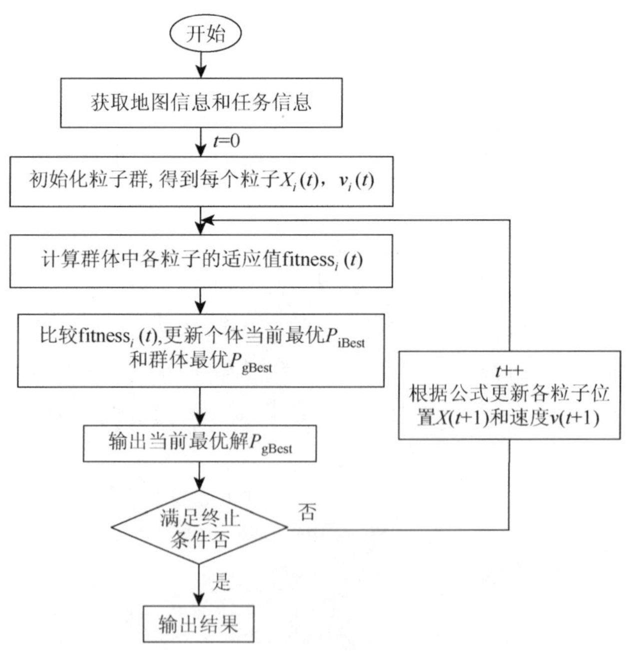

图 4.3　PSO 搜索最优路径示意图

2. 基于 PSO 的航路规划方法的特点

为了分析基于 PSO 航路规划方法的特点，设计不同的二维空间下的障碍物环境，将 PSO 算法与张京娟提出的改进 GA 算法在航路规划中的应用结果进行比较。

1）适应度评价函数值随进化迭代次数收敛性的比较

在四个实验环境（图 4.4～图 4.7）中分别进行仿真实验。其中，环境一中离散分布 7 个障碍物，环境二、三、四中分别规则分布 9、16、25 个障碍物。左侧的障碍物图中，实线路径为 PSO 的优化路径结果，虚线路径为 GA 的优化路径结果，右图为左侧环境对应的适应度函数值随迭代次数变化的情况。

左图可以看到 PSO 算法对应的实线路径比 GA 算法对应的虚线路径更接近最短路径，更加合理，说明 PSO 算法比 GA 算法有着更加准确的全局寻优能力。但是 PSO 算法对应的实线路径存在局部波动现象，而虚线路径只在几个路径拐点处发生转折，这说明 PSO 算法局部搜索能力比 GA 算法要弱。

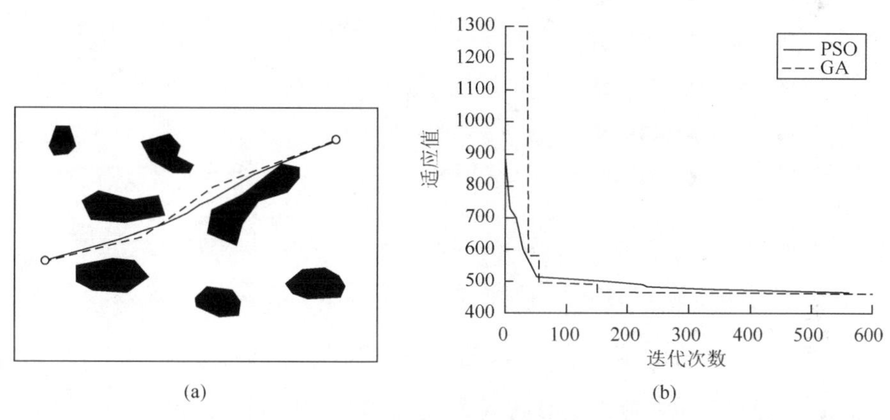

图 4.4　环境一航路规划结果图

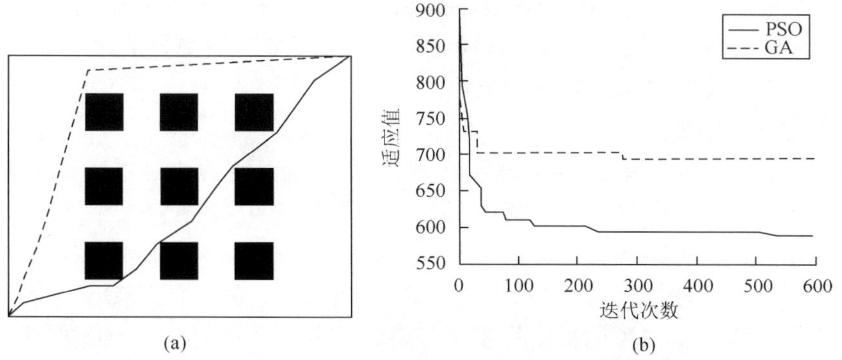

图 4.5　环境二航路规划结果图

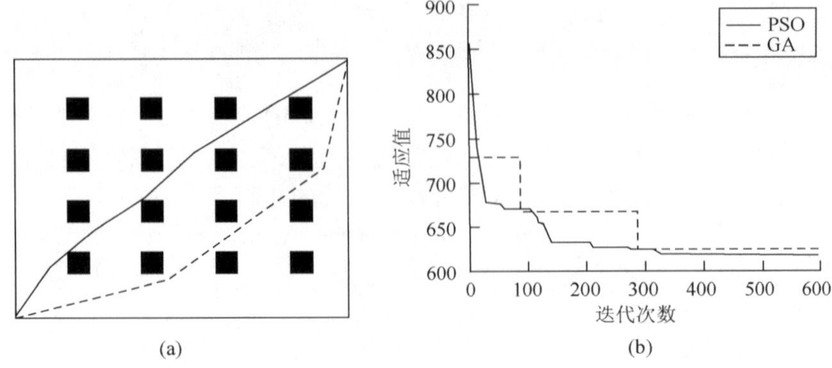

图 4.6　环境三航路规划结果图

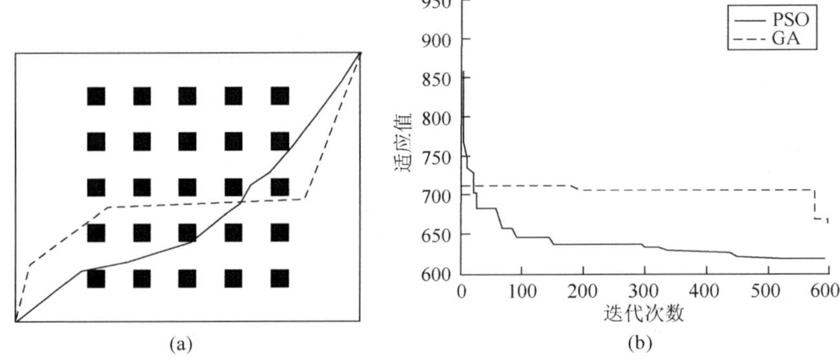

图 4.7　环境四航路规划结果图

通过不同数目障碍物环境下的算法迭代次数与适应度函数值（路径长度值）的收敛曲线可以看到，PSO 算法比 GA 算法有着更快的收敛速度，进化到相同的迭代次数时，PSO 算法能得到更优的路径。如在图 4.7（a）中，GA 算法进化到近 600 次才基本收敛，得到比较满意的结果，而 PSO 在 450 次时就逐渐收敛，并且得到更合理的路径。通过收敛曲线图也能看到，PSO 有着更好的全局寻优能力，最终得到的路径长度比遗传算法的更短。

2）计算时间比较

计算耗时这一性能指标在实际航路规划应用中十分重要。这里对 GA 和 PSO 解决航路规划问题所用时间进行统计。首先，考察在四个环境中迭代进行 600 次仿真实验所用的时间，结果如表 4.1 所示。

通过表 4.1 可以看出，迭代 600 次时 PSO 所用的计算时间是 GA 计算时间的 2～4 倍，障碍物较多的环境甚至用了半分钟的时间。由此可见，PSO 求解更优的路径是以牺牲大量计算时间为代价的。

表 4.1　各种环境下算法迭代 600 次的计算耗时结果　（单位：s）

算法	环境一	环境二	环境三	环境四
PSO	22.267	13.468	24.922	30.360
GA	7.763	4.005	6.844	14.109

其次，考察 PSO 算法迭代到较少次数（100 次）时的耗时和适应度函数值，结果如表 4.2 所示，并把结果同 GA 迭代 600 次的结果相比较。

表 4.2　PSO 迭代 100 次的运行时间和适应度函数值结果

算法	环境一		环境二		环境三		环境四	
	耗时/s	路径长度/像素	耗时/s	路径长度/像素	耗时/s	路径长度/像素	耗时/s	路径长度/像素
PSO	5.469	497.56	3.622	619.252	7.156	672.062	10.219	630.192
GA	7.763	494.54	4.005	694.135	6.844	669.514	14.109	714.337

以上试验在耗时和航路规划结果两方面进行比较。通过仿真试验结果可以看出，PSO 算法在计算到 100 代时，在环境一、二和四中，PSO 所用的时间较 GA 更短些，耗时减少 10%～25%。通过对计算到 100 次得到的路径结果进行比较，环境二和四中 PSO 计算出的路径长度比 GA 短，环境一和三中两种算法得到的路径长度相同。综合考虑算法耗时和航路规划结果，PSO 算法在计算到 100 次时的性能更好一些。

3）进化过程中生成路径的比较

将算法计算到 30 次、50 次、200 次时生成的路径标注出来，观察两种算法得到的结果，如图 4.8 所示（短点划线、长点划线、实线路径分别为进化 30 代、50 代、200 代时生成的路径）。

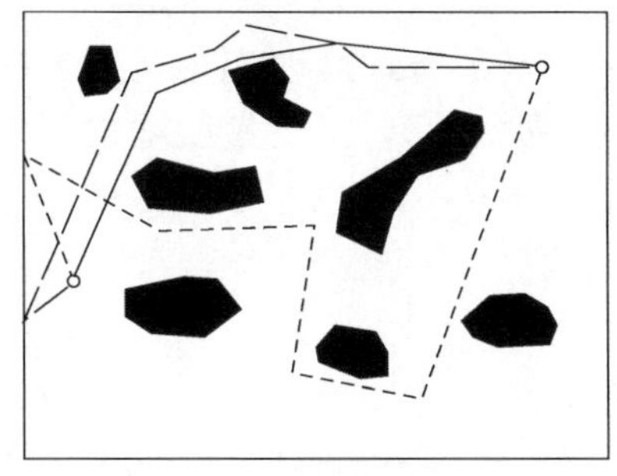

(a) GA航路规划结果

(b) PSO航路规划结果

图 4.8　进化过程中 PSO 和 GA 航路规划结果

通过实验结果可以看出 PSO 计算初期得到的路径（短点划线）比遗传算法计算得到的路径要“优秀”得多，而且随着计算迭代到 200 次就能得到比较满意的解（实线路径），比遗传算法得到的解要合理得多。

通过上述对比仿真实验可以发现，将 PSO 算法应用于求解航路规划问题是可行的，并且具有较强的工程应用价值。

4.2　一种极坐标环境下的粒子群航路规划方法

在讨论具体航路规划方法之前，首先给出对工作空间和问题的定义和约定。

（1）运载器工作区域 WS 描述：考虑二维工作区域 WS 有界且为凸多边形，边界表示为 ∂W 。假设整个活动区域的大小定义为

$$\mathrm{EWS}=\left\{(L,W)\in R^2 : L_a\leqslant L\leqslant L_b, W_a\leqslant W\leqslant W_b\right\} \tag{4.5}$$

WS 内部分布着有限个障碍物 O_1，O_2，…，O_n（静态障碍物表示为 SO_i，动态障碍物表示为 DO_i）。假定 O_i 为凸多边形，边界光滑，表示为 ∂O_i；各障碍物与 ∂W 不相交，并且障碍物之间也不相交，即

$$\begin{cases} O_i\cap O_j=\varphi, & i\neq j \\ O_i\cap \partial W=\varphi \end{cases}\qquad (i,\ j=1,\ \cdots,\ n)$$

以下叙述中，用上标“o”，“c”分别表示相应集合的内部和补集。

（2）运载器描述：运载器定义为 Rob，起始点为 P_{start}，目标点为 P_{goal}，Rob 行走步长为 v_R，t 时刻 Rob 的位置表示为 $P_{R(t)}$，其坐标为 $(X_{R(t)},Y_{R(t)})$。

（3）自由区域描述：在 WS 中安全无碰的自由区域为

$$E_{\mathrm{free}}=E-\bigcup_{i=1}^{k}\mathrm{Obstacle}_i \tag{4.6}$$

式中，$\mathrm{Obstacle}_i\ \ (i=1,2,\cdots,k)$ 表示静态障碍物集合，k 为静态障碍物的数量。

根据上面的定义，要想使运载器安全无碰地从起始点 S 运动到目标点 G，就要求在自由区域 E_{free} 中搜索出一条航线。这条航线既要满足运载器航行的安全性（不能与障碍物相碰，不能距离障碍物太近），又要使航线的长度尽可能短。所以，运载器的航路规划问题可以归结为在自由区间 E_{free} 中的优化搜索问题。

4.2.1　极坐标环境建模

已有的粒子群优化算法解决航路规划是建模在笛卡儿坐标系下的，这种障碍物空间建模方法会带来一些弊端：首先，没有考虑各维分量也就是各个路径点之间的联系（如路径点处的转角），随机产生的各路径点组成不合理的路径，使得搜

索很盲目；其次，传统的 PSO 航路规划方法对陷阱环境适应性不强，因为建模环境的局限性使得此方法只能生成向前走向的候选路径，需要附加的操作跳出陷阱。鉴于以上缺点，本节提出了一种极坐标环境下的建模方法。

1. 极坐标建模方法

如图 4.9 所示，为了方便计算，在建模过程中将不规则障碍物使用包裹该障碍物的最小圆来代替，简称外包圆。当有必要考虑到一些其他因素时（如安全因素、测量误差等），也可以对障碍物进行膨胀操作，即将外包圆向外扩充一个安全域值 ε 。

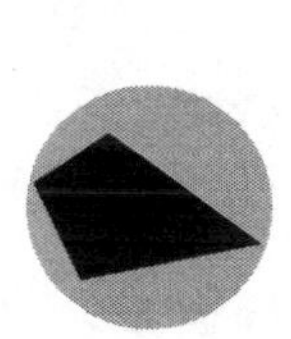

图 4.9　障碍物建模示意图

外包圆的生成方法为：将不规则障碍物的各顶点连接，其所有定点连线的最大值作为外包圆的直径，即 $r = \max\left\{\left\|P_iP_j\right\|\right\}/2$ ，其中 $i, j \in N, i \neq j$ ，圆心就是该连线的中点。如果两个或多个障碍物挨得很近，也可以把它们看做一个整体。这样，每个障碍物在极坐标下可表示为 $\rho^2 - 2\rho\rho_i\cos(\theta - \theta_i) + (\rho_i^2 - r^2) = 0$ ，其中 r 为半径，圆心(ρ_i, θ_i)。

障碍物环境的建模如图 4.10 所示。S 为起始点，G 为目标点。以起始点 S 和目标点 G 的连线为极坐标系的坐标轴 x'，S 点为极点，逆时针方向为正。以极点为圆心，极点到每个静态障碍物中心的距离为半径，得到一组同心圆。它们与路径的交点即可行点序列 $P=\{S, P_1, \cdots, P_{\text{Dim-1}}, G\}$。定义起始点 S 为 P_0，G 为 P_{Dim}。这样可用的候选路径表示成一系列可用路径点的集合：$P=\{P_0, P_1, \cdots, P_{\text{Dim-1}}, P_{\text{Dim}}\}$。图 4.10 就是一个静、动态障碍物并存的极坐标环境建模图，其中包括五个静态障碍物(SO_1、SO_2、SO_3、SO_4 和 SO_5)和两个动态障碍物(DO_1 和 DO_2)。

在航路规划算法中，一条路径可以用路径关键点序列表示，即 $P=\{S, P_1, \cdots, P_{\text{Dim-1}}, G\}$。其中，第 i 个路径关键点 P_i 表示为 $P_i(R_i, \alpha_i)$，R_i，α_i 为第 i 个路径关键点的极径和极角。因此，一条候选路径可以表示为 $P=\{(R_0, \alpha_0), \cdots, (R_i, \alpha_i), \cdots, (R_{\text{Dim}}, \alpha_{\text{Dim}})\}$。如图 4.11 所示。

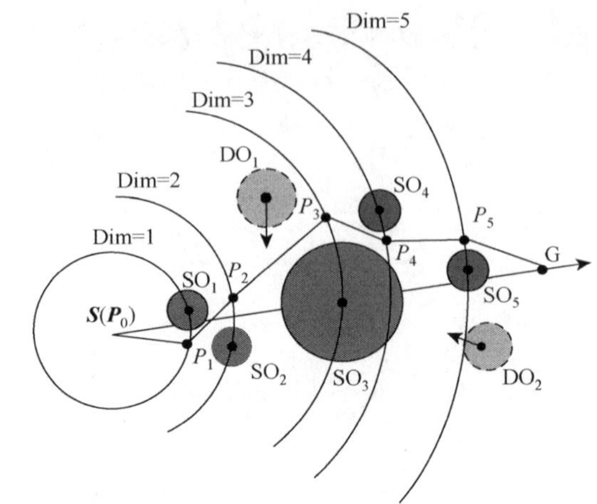

图 4.10　障碍物环境建模示意图

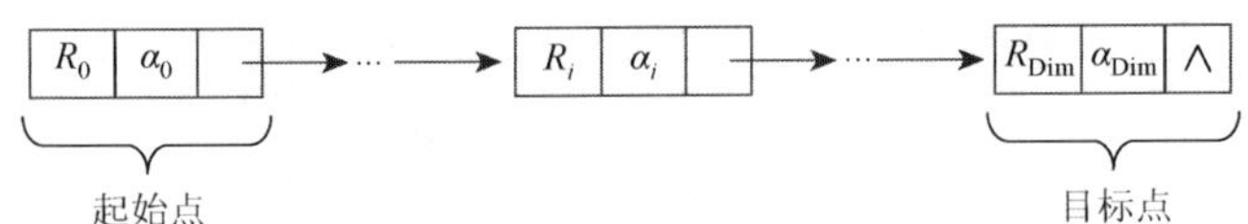

图 4.11　粒子表示路径的示意图

2. 障碍物信息存储方法

实现障碍物信息的有效存储和高效访问，是建立环境信息存储结构的重要目标。在完成障碍物信息存储任务时，可以采用一种按空间维度区域存储障碍物信息的方法，并且利用十字链表结构存储障碍物信息，这样能实现有选择地访问数据，提高数据提取效率，并节省内存存储空间。相关的变量定义如下。

定义 4.1　全局环境信息结构体：

$$\text{Map}_{\text{Global}}=<P_{\text{start}},\ P_{\text{goal}},\ n\text{Dim},\ \text{List Dimension\_ info}>$$

其中包括五个成员：P_{start} 和 P_{goal} 是起始点和目标点，nDim 是极坐标的维数，List Dimension_ info 是每维区域障碍物信息存储的十字链表。

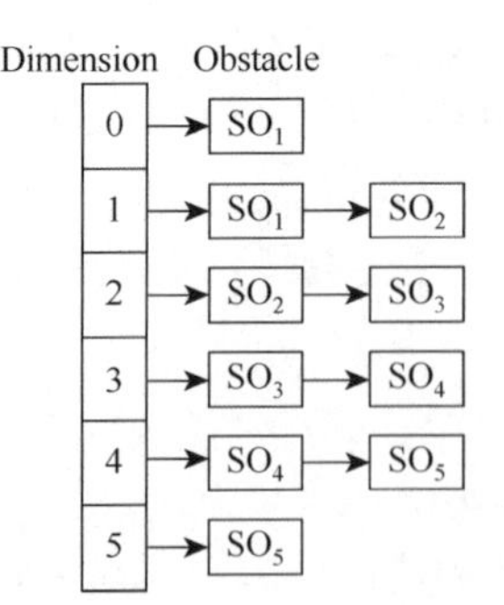

图 4.12　障碍物信息十字链表示意图

定义 4.2　障碍物信息十字链表：

List Dimension_info=<List dimension_0，List dimension_1，…，List dimension_n>

List dimension_i=<struct Obstacle_{i0}，struct Obstacle_{i1}，…，struct Obstacle_{ij}>

障碍物信息存储采用十字链表（List Dimension_info）的形式，纵向链表存储极坐标的维信息，横向链表（List dimension$_i$）存储此维中包括的障碍物信息。图 4.12 所示即图 4.10 环境的障碍物信息十字链示意图。障碍物环境分为 6 个维区域，纵向链表存储极坐标的维信息，横向链表存储此维中包括的障碍物信息。

定义 4.3　障碍物结构体：

$$\text{struct Obstacle}_{ij}=\langle O_{ij},\ l_{ij},\ R_{ij}\rangle$$

Obstacle$_{ij}$ 表示第 i 维区域中第 j 个障碍物，结构体中有三个成员：O_{ij} 表示此障碍物的圆心，l_{ij} 表示此障碍物圆心的极径，R_{ij} 表示此障碍物圆的半径。

利用以上三个定义，可以方便地实现按各维区域提取信息。当运载器移动到工作区中某一维区域时，只需在环境建模数据文件中提取该维链表数据，不再需要逐一判断所有障碍物，进行避障处理。这样存储环境信息的方法减少了很多不必要的操作，提高了避障处理效率。

3. 适应度函数的确定

适应度函数可以区分个体的好坏，是引导粒子群优化算法向问题最优解逼近的关键因素。适应度函数定义的好坏，直接影响算法的性能。由于航路规划问题可以看做具有障碍物避障约束的最优化问题，所以可以取性能指标或性能指标的变换作为适应度函数。各种进行航路规划的算法都提出了自己的适应值评价函数，针对规划任务目的和要求的不同，各适应值评价函数有各自的侧重点。但这些适应值评价函数基本都考虑路径的安全性和经济性，以路径的长度为主要判定依据，辅之以时间、能耗、转弯次数等其他因素。这些方法的优点是结合应用背景考虑问题全面，缺点是各个因素需要权重系数来评价，权重系数的取值还需要大量的实验来确定。

运载器航路规划问题就是要求寻求一条最短的安全可行路径，其约束条件是路径不与障碍物相交，且与障碍物有一定的距离。因此，可以将路径长度作为适应值评价函数，具体计算方法如式（4.7）和式（4.8）所示。

$$P = L_{SP_1} + \sum_{i=1}^{n-1} L_i L_{i+1} + L_{P_n G} = \sum_{i=0}^{n} L_{P_i P_{i+1}} \tag{4.7}$$

$$\text{Fit}(i) = \begin{cases} L_{SG} = \sum_{j=0}^{n} L_{P_j P_{j+1}} & L_{P_j P_{j+1}} \cap \text{NFD} = \varnothing \\ +\infty & L_{P_j P_{j+1}} \cap \text{NFD} \neq \varnothing \end{cases} \tag{4.8}$$

式中，$L_{P_i P_{i+1}}$ 表示点 P_i 与点 P_{i+1} 之间的距离。

4. 路径可行性判断

对运载器航行过程中的遇障情况进行几何分析，建立避障模型。将可行安全

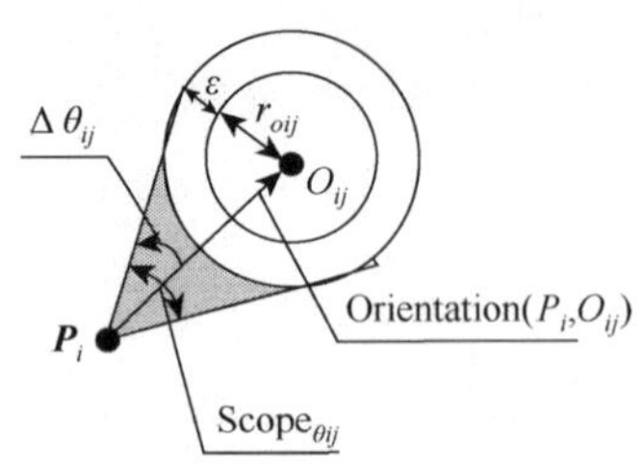

图 4.13　禁入域角度 $S_{\theta ij}$ 示意图

区域定义为可行域，记为 FD；将障碍物区域称为禁入域，记为 NFD。则有

$$\mathrm{FD}=W\cap\left(\bigcap_{i=1}^{n}(O_i^{\mathrm{o}})^{\mathrm{c}}\right),\quad \mathrm{NFD}=W^{\mathrm{c}}\cup\left(\bigcup_{i=1}^{n}O_i^{\mathrm{o}}\right)$$

其中，上标“o”，“c”分别表示相应集合的内部和补集。

如图 4.13 所示，运载器在第 i 维工作空间区域航行到位置 P_i，在第 i+1 维空间会遇到障碍物 O_{ij}，定义禁入域角度为 $\mathrm{Scope}_{\theta ij}$，其值计算公式为

$$\mathrm{Scope}_{\theta}=\left[\mathrm{orientation}(P_i,O_{ij})-\Delta\theta_{ij},\mathrm{orientation}(P_i,O_{ij})+\Delta\theta_{ij}\right]$$
$$\Delta\theta_{ij}=\arctan\frac{r_{oij}+\varepsilon}{\mathrm{distance}(P_i,O_{ij})} \tag{4.9}$$

式中，ε 是考虑到航行安全因素，对障碍物半径膨胀处理的一个安全参数。

定义第 i 维工作空间区域的航行禁入域为 NFD_i，第 i+1 维空间禁入域要考虑可能遇到的所有障碍物，则表示为

$$\mathrm{NFD}_i=\sum_{i=0}^{\mathrm{obs\_num}}\mathrm{Scope}_{\theta_i} \tag{4.10}$$

式中，obs_num 是运载器在第 i 维工作空间区域所面临的障碍物个数。

如图 4.14 所示，在航路上生成各维路径点时需要判断生成的路径点是否在禁入域内，在航路规划时需排除禁入域。

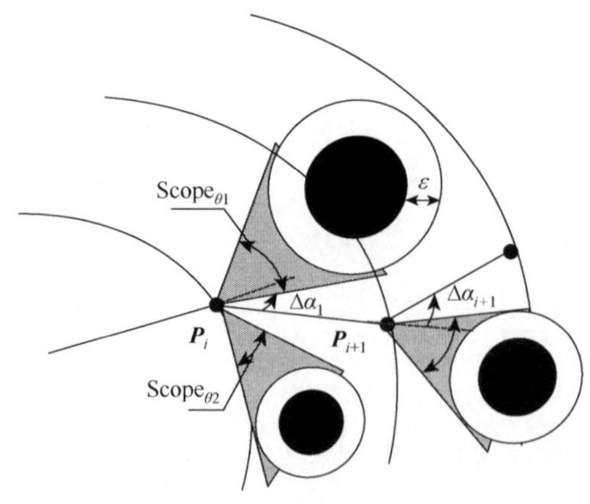

图 4.14　避障航行示意图

图 4.15 给出了在航路规划过程中生成第 i 个粒子（第 i 条路径）上的第 j 维分

量（第 j 个路径点）X（i，j）的流程图。其中，虚线画圈的位置是判断 $X(i，j)$和 $X(i，j-1)$的连线是否与障碍物相交。

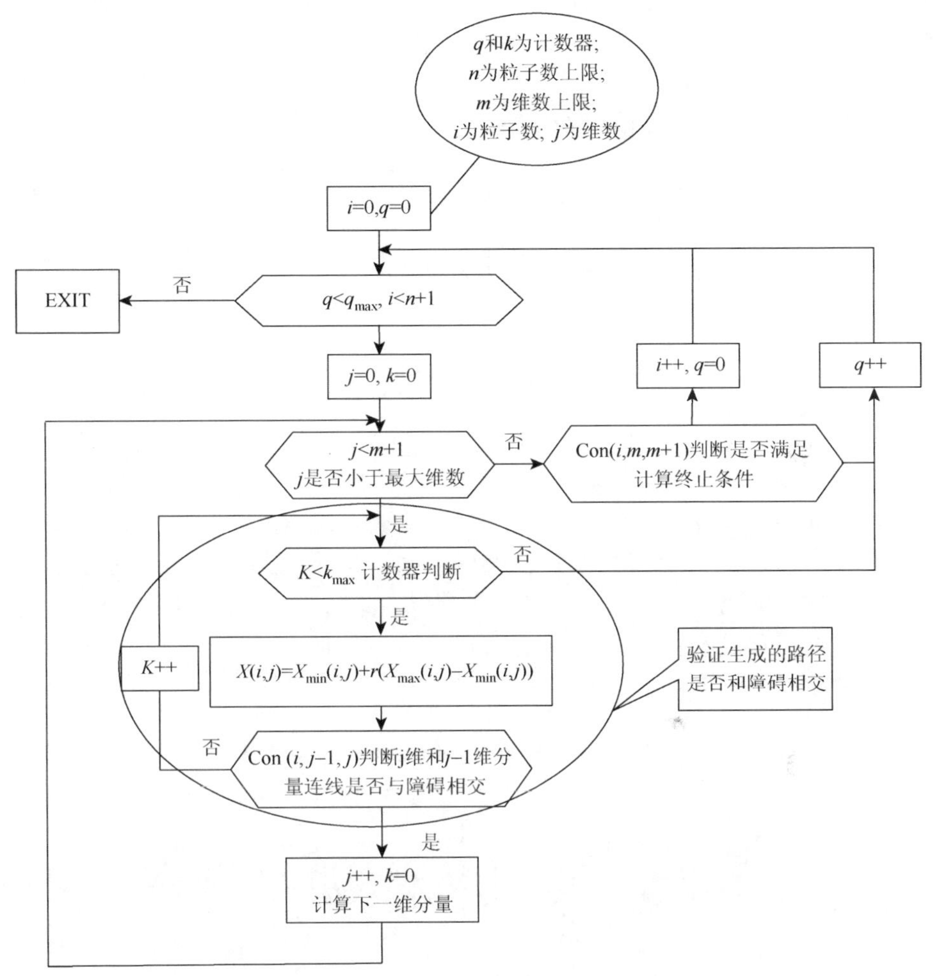

图 4.15　求路径点 $X(i，j)$的流程图

4.2.2　航路规划方法设计

1. 启发式知识的运用

所谓“启发式”知识是指能用以指导问题求解的与实际问题相关的知识和经验。使用启发式知识，往往能在提高算法搜索能力的同时，加快算法的收敛速度，因此，它成为智能算法应用领域的一个研究热点。这里在几个方面设计并采用“启发式”知识。

1）引入启发式知识初始化路径

传统的粒子群航路规划方法是在工作区中随机产生路径关键点，初始化生成候选路径为上下颠簸的折线，增加许多不必要的搜索操作，降低了 PSO 算法的搜索效率。基于上述因素的考虑，本书在初始化候选的群体可行解（即生成路径点转角序列）时，以较大可能性生成较小的偏转角度 $\Delta\alpha_i$，因此路径点转角序列初始化符合正态分布 $N(0,\ \pi/2)$的规律，如图 4.16 所示。

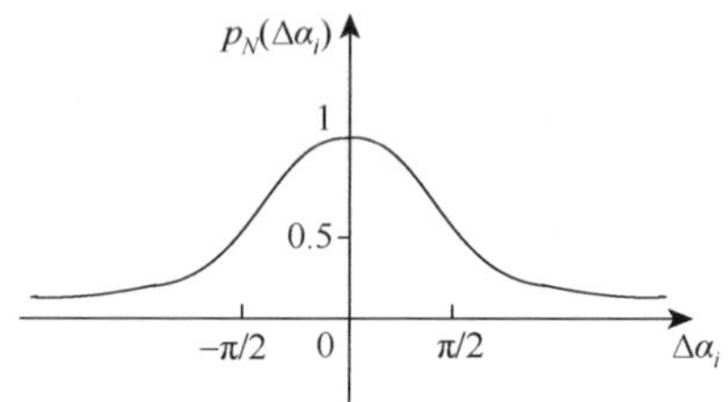

图 4.16　$\Delta\alpha$ 初始化赋值分布图

这样的操作可以使初始生成的路径上下颠簸幅度减小，同时保证 PSO 算法初始的粒子群体能随机分布在搜索空间中比较合理的区域。将传统粒子群航路规划方法和本书提出的方法生成的初始路径作比较，结果如图 4.17 所示，为了观察方便，随机显示初始种群中的五条路径，可以明显看出本书提出方法生成的路径更合理。

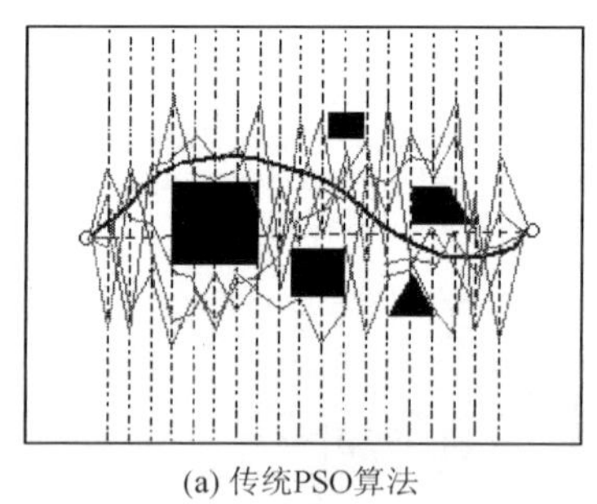

(a) 传统PSO算法

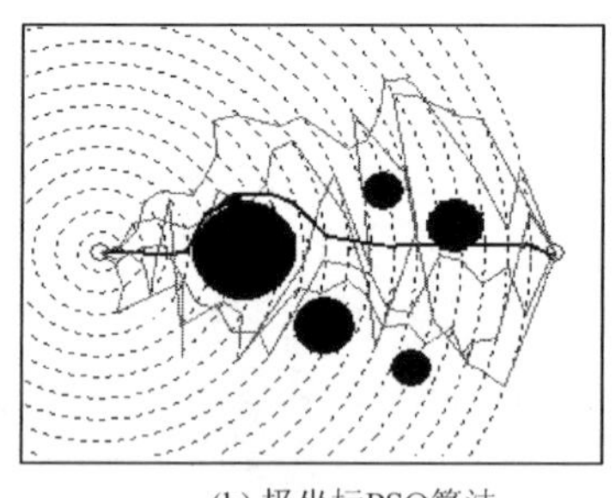

(b) 极坐标PSO算法

图 4.17　两种坐标空间环境下生成的初始路径结果图

2）引入基于启发式知识的航路规划操作算子

针对基于 PSO 算法的航路规划问题构造了一系列变异算子，主要包括具有平滑路径功能的插入算子、能删除多余路径点的删除算子、局部调整功能的变异算子等。这些算子既保证了算法的整体优化特性，又使算法具有较快的收敛速度。

（1）插入算子。

当路径转向点（维变量）的转向角 θ_i 大于规定上限 C_{max} 时（图 4.18（a）），对此转向点施加插入操作（图 4.18（b））。取此维变量前后两个路径段中点为新的维变量，连接两个中点，连线如果为可行路径，插入操作成功，连线段与此维圆圈的交点为新的路径点（维变量）。插入算子的主要作用是去掉大偏角的转向点，平滑路径。

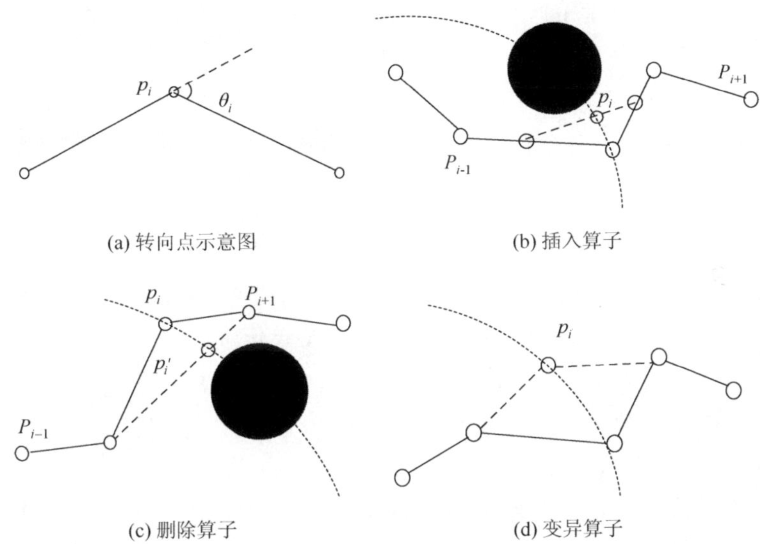

图 4.18　粒子算子操作设计

（2）删除算子。

删除算子是将任选的路径中间转向点删除，并确保删除中间点后的路径可行。如图 4.18（c）所示。删除操作成功后，新的线段与此维圆圈的交点为新的路径点（维变量）。删除算子的主要作用是去掉多余的路径点。

（3）变异算子。

变异算子操作在路径的中间转向点间任意选取一个位置，将该转向点的位置坐标作一次变异，可以说是针对可行路径的一种局部调整。要确保产生的路径仍然可行。如图 4.18（d）所示。

采用操作算子有两个优点：粒子群算法虽然有比遗传算法更快的收敛速度，但是仅依靠粒子间的经验信息来指导优化还有些不足，会影响进化速度，借鉴遗传算法的思想引入算子操作可增加算法进化速度；此外，使用 PSO 算法解决航路规划问题时针对维变量的操作就是针对路径关键点的操作，引入操作算子可保证算法具有良好的局部寻优能力。

2. 动态调整路径点策略

传统的 PSO 航路规划算法中采用了维变量数目固定的粒子编码方法，如果为了追求求解精度而扩大维变量数目，可能会带来“维数灾难”等负面影响。与此对应的是，路径节点数目增加有助于得到满意的优化路径结果，但粒子维变量数目也要相应增多，这样就会增加优化计算量，降低算法的进化效率，造成计算时间的浪费；并且随着优化进行到后期，某些不必要的路径节点也会保留参与计算，带来不必要的计算。考虑到这些因素，这里提出一种动态调整粒子维变量长度的路径编码方法，可以随着优化情况动态调整路径点的数目，具体阐述如下。

定义 4.4　基准维变量　过各障碍物外包圆圆心的维半径为基准维半径，基准维半径上的粒子维变量称为基准维变量，表示为 Basic_Dim$_i$，其中 i 表示基准维变量的序号。

定义 4.5　附加维变量　一个粒子中的所有维变量中除了基准维变量之外的其他粒子维变量称为附加维变量，表示为 Other_Dim$_i$，其中 i 为附加维变量序号。附加维变量包括由于操作算子的需要另外生成的特殊维变量。

由于粒子维变量数目进行动态调整，群体的维变量数目不再一致，传统的算法不能直接处理，需要针对涉及维变量操作的步骤作如下特殊的处理。

（1）初始化粒子群体时，初步确定路径节点数量为 M+2，其中 M 为障碍物个数。对应粒子群操作就是在初始化每个粒子时，取每个粒子维变量数目为 M+2。较多的节点数量可以得到精确的解，但必然会影响粒子群优化算法的进化速度；合理的节点个数既可以使进化过程的计算实现，又不失去优良路径个体。根据大量仿真实验经验可知，节点个数初始取值应该在 M～2M，其中 M 是障碍物个数。本书依据障碍数量确定节点个数，初始化粒子维变量数目时，除去起始点和终点，中间的维变量取为障碍物个数 M。

（2）当粒子更新自身位置时，依据式（4.1）、式（4.2）计算下一时刻粒子位置和速度时，不同维数的粒子只需将各自的基准维变量依据公式进行调整，附加维变量不参与更新。

（3）随着路径节点的变化，粒子编码方法也发生变化。本书的规划算法采用定长编码，一条路径包括 M 个转向点，每一个转向点的数据定义如下：

```
Typedef struct  –  POINT  Basic_Pi;
                   Float  Hi
                   POINT Other_Pi[2];
                ˜  NODE;  //定义路径转向点的数据结构
```

其中，Basic_P_i 是 POINT 类型数据，表示基准维变量，由转向点的极角、极径坐标组成；Other_P_i 是表示附加维变量；H_{i} 为浮点数，是预留的数据位，动态规划时用于表示运载器的速度，三维规划时表示运载器的航行深度。

单个路径和整个种群的数据结构定义如下：

```
Typedef struct  –   NODE Dimension[M];
                    Int     Dim˙num;
                    Int     Basic˙Num;
                    Float   Fitness;
                    Bool    Feasible;
                ˜  PARTICLE; //定义种群的数据结构
Typedef  PARTICLE  particle [POPSIZE];
```

在路径的数据结构中，每个粒子中包含 Dim_num 个转向点，其中 Basic_Num 为基准维变量，所有粒子的 Basic_Num 是一致的。整个种群的数据结构定义为 POPSIZE 个相似的路径，这些路径的转向点个数不一定相同。

（4）计算粒子适应度函数值时，按照粒子实际的维变量数目情况计算。此步骤的任务是如实反映粒子的情况，用以评价其"优劣"，因此无须再作附加操作，按照增减后维变量的状态计算粒子适应度函数值。

（5）当满足计算终止条件，输出最终的最优解时，输出最优粒子的全部维信息，即包括此粒子的基准维变量和附加维变量。

3. 算法描述

采用祖伟提出的 PPSO 算法，应用本节提出的极坐标环境建模方法和进化策略，针对静态环境下的航路规划问题进行求解。算法具体步骤如下。

（1）设置相关参数，初始化 N 个粒子组成的粒子群，生成随机位置和速度。粒子维数为障碍物个数 M。

（2）针对每个粒子 x_i，求出它的适应度函数值 $\mathrm{fitness}_i$。比较群体的适应度函数值，得到粒子本身当前最优值 p_{iBest} 和群体最优值 p_{gBest}。

（3）若最优值不满足计算终止条件，则循环迭代如下操作：

①依次选择维变量进行删除算子操作；

②依次对维变量按一定比例进行必要的插入操作；

③评价粒子；

④粒子飞行；

⑤评价均衡分布情况；

⑥如果分布不均衡，按一定比例进行变异操作；

⑦再次评价粒子，更新整个群体的最优值。

4.2.3 仿真实验及分析

1. 实验设计及参数选取

基于本书提出的方法，利用 VC++工具对运载器在同一平面不同静态障碍物疏密程度的工作区中进行多次仿真实验，其实验的主要参数设置为：工作区为 450×350 的矩形，运载器简化为一个半径忽略不计的圆点。粒子群规模为 20 个粒子，每个粒子的维数根据障碍物数目而定，惯性权重 w 采用线性递减策略，变化范围 w_{max}=0.95，w_{min}=0.2，迭代运行次数 run_{Max}=200，c_1=c_2=2。不同障碍物密度的环境见表 4.3。

为了测试本书提出的规划算法的性能，在各种不同复杂度环境中，运行该算法。图 4.19 为选取的三种典型环境地图，其中 S 为规划任务的起点，G 为规划任务的终点，仿真区域的大小均为 450×350。这里定义 2 个障碍物环境评价指标：一个是障碍物覆盖初始起点到目标点连线的比例 ρ；另一个是障碍物所占工作空间面积的比例 ε。

表 4.3 不同障碍物密度的环境

参数	环境 1	环境 2	环境 3
ρ/%	2	20	25
ε/%	12	10	15

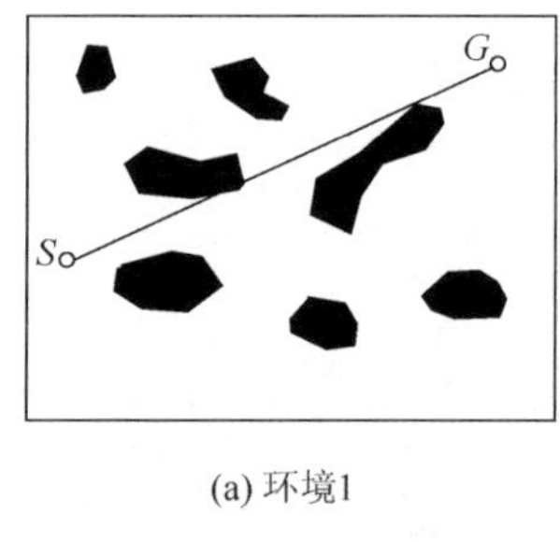

(a) 环境1

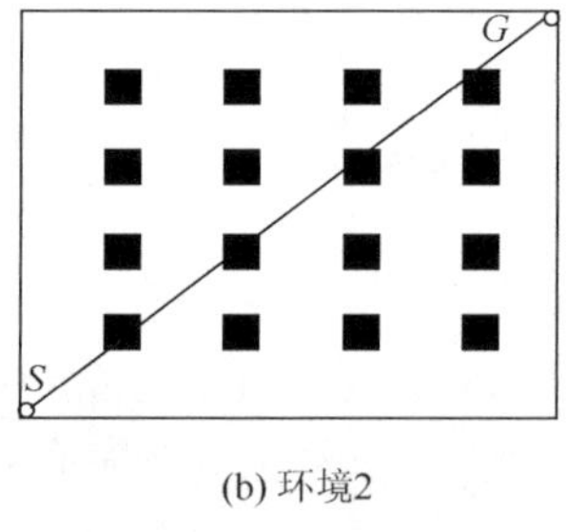

(b) 环境2

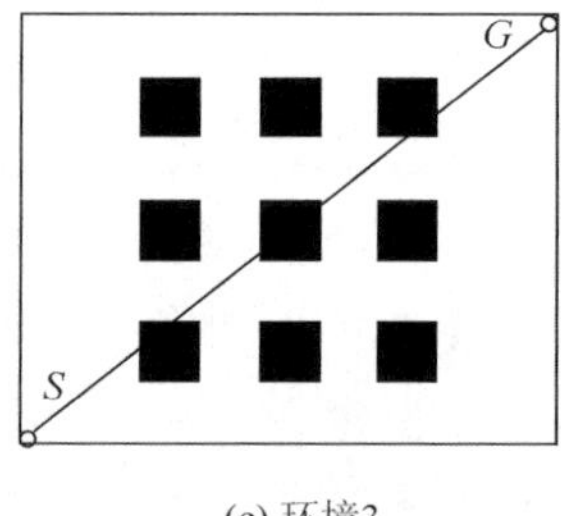

(c) 环境3

图 4.19 不同障碍物环境设计

2. 收敛性、实时性

1）实验仿真结果图

图 4.20 给出了几个障碍物环境下三种算法不同的航路规划结果。每个图对应一个算法的求解结果，短点划线代表算法迭代 30 次生成的路径，长点划线代表算法迭代 50 次生成的路径，点状线代表算法迭代 200 次生成的路径。SPSO 算法和

PPSO 算法运行时控制参数取值基本相同，重复执行算法 20 次，图中所示为某一次实验获得的准最优路径。

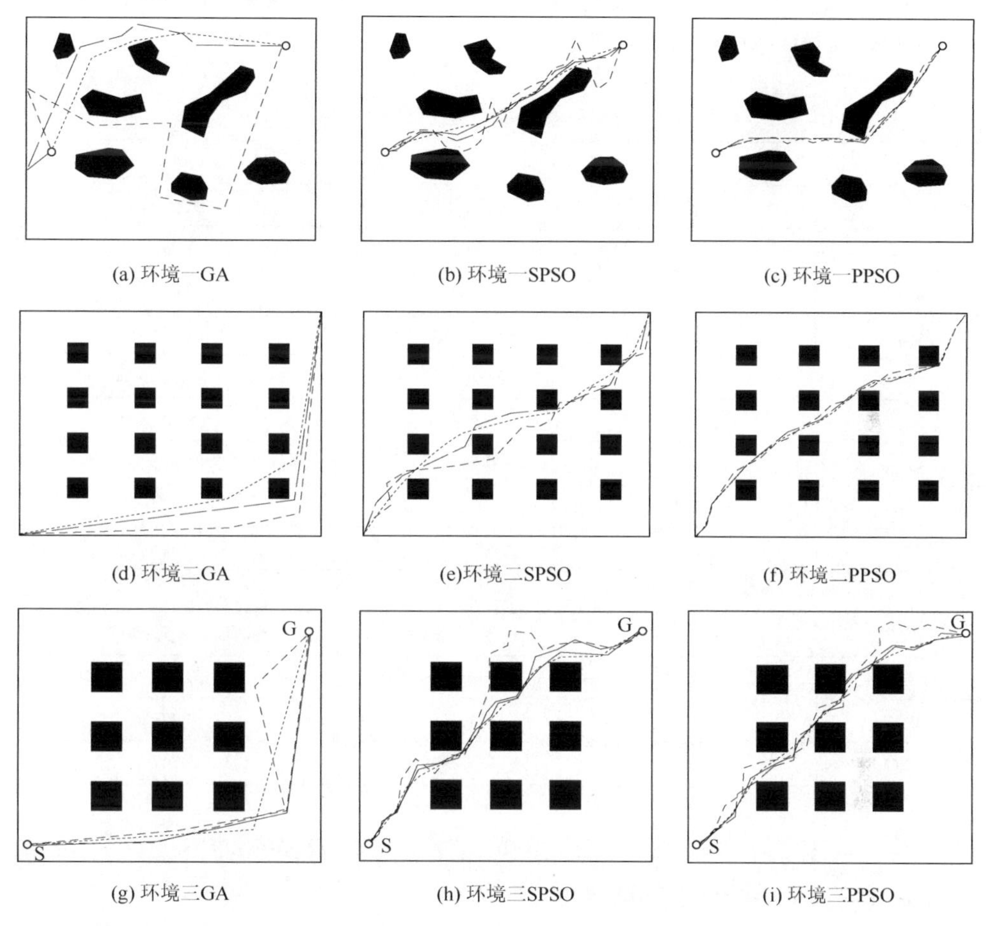

(a) 环境一GA　(b) 环境一SPSO　(c) 环境一PPSO

(d) 环境二GA　(e)环境二SPSO　(f) 环境二PPSO

(g) 环境三GA　(h) 环境三SPSO　(i) 环境三PPSO

图 4.20　不同算法实验结果

通过结果图可以直观看出，PPSO 算法在环境二和环境三中都得到比 GA 算法和 SPSO 算法更短的路径。而在环境一中，PPSO 没有得到更好的解是因为环境中存在一个长条形不规则多边形障碍物，极坐标系中将其简单近似为两个圆，丢失了一些有效区域。

通过算法寻优过程中生成的蓝色和红色路径可以看出，计算初期 SPSO 算法和 PPSO 算法得到的路径（蓝色、红色路径）比 GA 计算得到的路径要“优秀”得多，而且计算迭代到 200 次得到的路径（黑色路径）也比 GA 算法更合理。这说明 PSO 算法比 GA 算法有着更快的求解速度。

2）计算耗时

计算耗时是衡量算法的一个重要指标。表 4.4 给出了三种算法各重复运行 20 次的平均结果，主要包括各环境下求出的最优解、20 次重复执行所得到的平均路径长度及迭代 200 次时的耗时。

表 4.4　三种环境下算法运行的数值结果

环境一			
算法	最优解	平均路径长度	耗时/s（迭代 200 次）
GA	564.536	584.639	1.275
SPSO	525.241	533.365	3.194
PPSO	558.547	563.681	1.025
环境二			
算法	最优解	平均路径长度	耗时/s（迭代 200 次）
GA	624.536	570.417	1.965
SPSO	605.241	617.745	3.534
PPSO	549.295	556.823	1.325
环境三			
算法	最优解	平均路径长度	耗时/s（迭代 200 次）
GA	691.635	694.613	6.613
SPSO	595.942	624.435	8.991
PPSO	579.295	586.289	3.547

由表 4.4 可见，在计算耗时方面，SPSO 算法花费时间最长，PPSO 算法花费时间最短，基本上是 SPSO 算法的一半。

3. 陷阱环境的适应性

为了评估算法在陷阱环境下的航路规划能力，设计了两个仿真实验环境进行仿真验证，如图 4.21 所示。具体陷阱环境及求解效果如下。

环境一：工作环境的中央存在条形障碍物，障碍物中间有一个狭长的通口，考察算法局部搜索能力。反复进行十次试验，基于 PPSO 的航路规划算法均能求得较理想的最优路径，且算法迭代次数小于 10 次，仿真结果如图 4.21（a）所示。SPSO 算法和 GA 算法虽然也可求得较理想的最优路径，但所花费的时间更长，算法迭代次数更多。

环境二：设计了存在“凹槽”障碍物的环境，考察是否能跳出局部最优陷阱。

反复进行十次试验，PPSO 算法、SPSO 算法和 GA 算法均能跳出凹槽，得到全局最优路径。其中，PPSO 算法的仿真结果如图 4.21（b）所示。

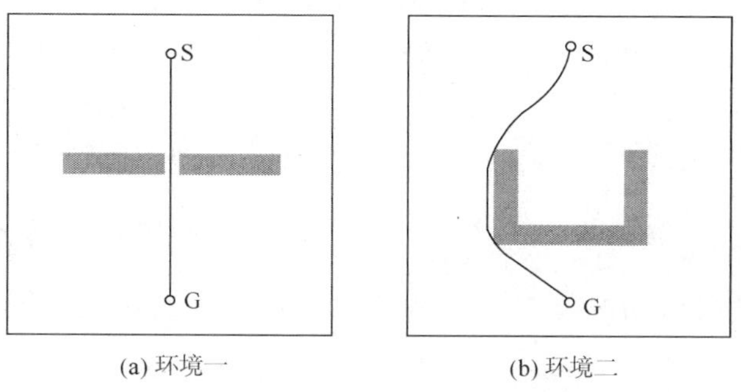

(a) 环境一　(b) 环境二

图 4.21　陷阱环境下优化路径结果图

4.3　动态已知环境下的局部航路规划方法

动态已知环境指的是动态障碍物的运动信息是已知的，这种环境下的航路规划任务在完成时有动态环境的先验知识作为优化条件。本章解决动态已知环境下航路规划问题所遵循的基本思路是：把动态障碍物运动的某一时刻都看成瞬时静态的，再解算此时刻需要满足的避碰条件。随着运载器的航行，实时地实施这一系列操作：判断—解算—行动。这样动态已知环境下的航路规划就转化成了瞬时静态航路规划。

4.3.1　动态环境建模方法

动态环境下的航路规划方法需重点考虑算法的时效性，所以对于障碍物的建模要力争简单容易。鉴于此，设计障碍物存储结构如下。

定义 4.6　（Struct Dynamic_Obstacle）Obstacle=＜O_{ij}，l_{ij}，R_{ij}，$V_{elocity}$＞
其中，O_{ij} 表示第 i 维第 j 个障碍物的圆心，l_{ij} 表示此障碍物圆心的极径，R_{adium} 和 $V_{elocity}$ 分别为外包圆的半径和运动速度。

定义 4.7　（维信息存储十字链表）如果所在维区域有动态障碍物，就在此维区域的横向存储链表中记录此动态障碍物信息。图 4.10 所描述的工作空间在初始时状态时的十字存储链表如图 4.22 所示。

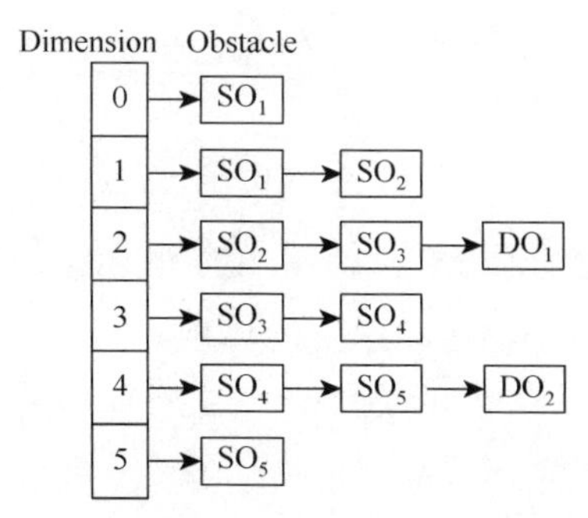

图 4.22　障碍物信息十字链表示意图

4.3.2 局部航路规划避障模型

本章提出一种基于 PSO 算法的局部航路规划方法，它是以运载器的航行速度和期望航向为优化调整变量。与静态环境下全局航路规划不同的是，局部航路规划考虑的不再是路径最短或能量消耗最少的全局优化指标，而首先考虑的是尽快逃离障碍物的运动区域。这里就先对局部航路规划模型进行分析和必要的数学推导。

首先在数学建模方面，与全局航路规划方法有所不同，这里极坐标原点是运动主体，极轴取运动主体与目标的连线，即建立运动的局部极坐标系。图 4.23 是动态障碍物环境下的避障建模示意图，其中的运动主体（或运载器）和障碍物都是运动的，图中 v_R 是运动主体的运动速度，v_o 是障碍物的运动速度，其中 α 为 x 轴到 v_R 的转角，表示为 $\alpha = \angle(v_R, e_x)$，其中 e_x 表示极轴。同理 $\beta = \angle(v_o, e_x)$ 为 x 轴到 v_o 的转角，$\theta = \angle(L_{RO}, e_x)$ 为 x 轴到运载器与障碍物连线的转角，$\phi = \angle(v_R, \Delta v)$ 为 Δv 到 v_R 的转角，$\gamma = \angle(\Delta v, L_{RO},)$，$\mu = \angle(L_{RO}, e_x)$。为保证运载器能在下一时刻在安全区间内，$\gamma$ 应该取在 $(L_{RO} - \mu, L_{RO} + \mu)$ 范围之外的角度，下面将此作为安全避障条件，通过求解 γ，找到运载器速度和角度需要满足的条件。

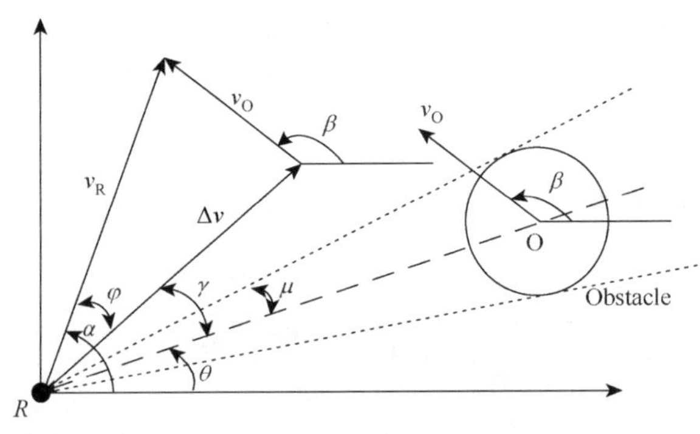

图 4.23 避障建模示意图

进一步分析相对速度 Δv，将 Δv 分解为指向障碍物的速度分量 Δv_o 及其垂直速度分量 Δv_r，如图 4.24 所示。速度 Δv_o 驱使运动主体朝向障碍物运动，Δv_r 是逃离障碍物运动速度的体现。

下面利用 Δv 、v_R 和 v_o 构成的速度三角形，求解 Δv_r，γ。

$$\begin{cases} \Delta v_r = v_R \sin(\alpha - \theta) - v_o \sin(\beta - \theta) \\ \Delta v_o = v_R \cos(\alpha - \theta) - v_o \cos(\beta - \theta) \end{cases} \tag{4.11}$$

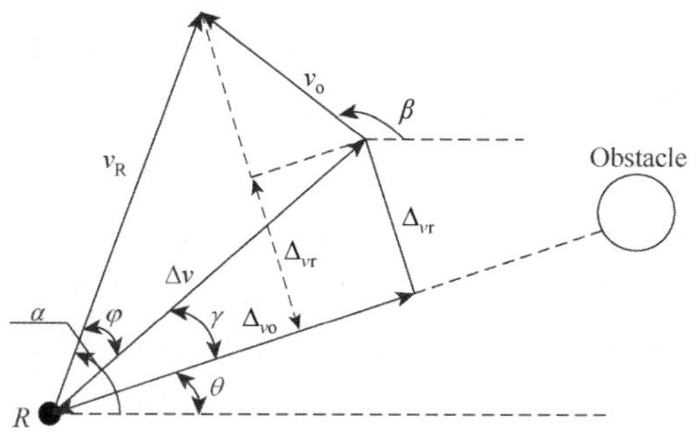

图 4.24　相对速度 Δv 分解示意图

$$\tan\gamma = \frac{v_R \sin(\alpha-\theta) - v_o \sin(\beta-\theta)}{v_R \cos(\alpha-\theta) - v_o \cos(\beta-\theta)}$$

$$\gamma = \arctan\left(\frac{v_R \sin(\alpha-\theta) - v_o \sin(\beta-\theta)}{v_R \cos(\alpha-\theta) - v_o \cos(\beta-\theta)}\right) \tag{4.12}$$

调整 γ 角度就用一个包含运载器、障碍物速度和方位信息的函数式来表示。令 $f = f(v_R,\alpha,v_o,\beta) = \dfrac{v_R \sin(\alpha-\theta) - v_o \sin(\beta-\theta)}{v_R \cos(\alpha-\theta) - v_o \cos(\beta-\theta)}$。下面对调整变量 γ 进行求导：

$$\begin{aligned} \mathrm{d}\gamma &= \mathrm{d}\left\{\arctan\left(\frac{v_R \sin(\alpha-\theta) - v_o \sin(\beta-\theta)}{v_R \cos(\alpha-\theta) - v_o \cos(\beta-\theta)}\right)\right\} \\ &= \mathrm{d}\left(\arctan f(v_R,\alpha,v_o,\beta)\right) = \frac{1}{1+f^2}\mathrm{d}f \end{aligned} \tag{4.13}$$

分别求解式（4.13），其中

$$\begin{aligned} \frac{1}{1+f^2} &= \frac{1}{1+\left(\dfrac{v_R \sin(\alpha-\theta) - v_o \sin(\beta-\theta)}{v_R \cos(\alpha-\theta) - v_o \cos(\beta-\theta)}\right)^2} \\ &= \frac{\left(v_R \cos(\alpha-\theta) - v_o \cos(\beta-\theta)\right)^2}{\left(v_R \cos(\alpha-\theta) - v_o \cos(\beta-\theta)\right)^2 + \left(v_R \sin(\alpha-\theta) - v_o \sin(\beta-\theta)\right)^2} \\ &= \frac{\left(v_R \cos(\alpha-\theta) - v_o \cos(\beta-\theta)\right)^2}{{v_R}^2 + {v_o}^2 - 2v_R v_o \cos(\alpha-\beta)} \end{aligned} \tag{4.14}$$

$$\mathrm{d}f = \mathrm{d}f(v_R,\alpha,v_o,\beta) = \frac{\partial f}{\partial v_R}\mathrm{d}v_R + \frac{\partial f}{\partial \alpha}\mathrm{d}\alpha + \frac{\partial f}{\partial v_o}\mathrm{d}v_o + \frac{\partial f}{\partial \beta}\mathrm{d}\beta \tag{4.15}$$

在式（4.15）中，假设障碍物运动不会发生突变，其速度 v_o 和运动方向 β 在很短的时间变化很小，忽略不计，即 $\mathrm{d}v_{\mathrm{o}}=0$ ， $\mathrm{d}\beta=0$ ，则有

$$\frac{\partial f}{\partial v_{\mathrm{R}}}\mathrm{d}v_{\mathrm{R}}=\frac{v_{\mathrm{o}}\sin(\beta-\alpha)}{\left(v_{\mathrm{R}}\cos(\alpha-\theta)-v_{\mathrm{o}}\cos(\beta-\theta)\right)^2}\mathrm{d}v_{\mathrm{R}}$$

$$\frac{\partial f}{\partial \alpha}\mathrm{d}\alpha=\frac{{v_{\mathrm{R}}}^2-v_{\mathrm{o}}v_{\mathrm{R}}\cos(\alpha-\beta)}{\left(v_{\mathrm{R}}\cos(\alpha-\theta)-v_{\mathrm{o}}\cos(\beta-\theta)\right)^2}\mathrm{d}\alpha$$

$$\begin{aligned}\mathrm{d}f&=\frac{\partial f}{\partial v_{\mathrm{R}}}\mathrm{d}v_{\mathrm{R}}+\frac{\partial f}{\partial \alpha}\mathrm{d}\alpha\\&=\frac{v_{\mathrm{o}}\sin(\beta-\alpha)}{\left(v_{\mathrm{R}}\cos(\alpha-\theta)-v_{\mathrm{o}}\cos(\beta-\theta)\right)^2}\mathrm{d}v_{\mathrm{R}}+\frac{{v_{\mathrm{R}}}^2-v_{\mathrm{o}}v_{\mathrm{R}}\cos(\alpha-\beta)}{\left(v_{\mathrm{R}}\cos(\alpha-\theta)-v_{\mathrm{o}}\cos(\beta-\theta)\right)^2}\mathrm{d}\alpha\end{aligned}$$

所以式（4.13）可以转化为

$$\mathrm{d}\gamma=\frac{v_{\mathrm{o}}\sin(\beta-\alpha)}{{v_{\mathrm{R}}}^2+{v_{\mathrm{o}}}^2-2v_{\mathrm{R}}v_{\mathrm{o}}\cos(\alpha-\beta)}\mathrm{d}v_{\mathrm{R}}+\frac{{v_{\mathrm{R}}}^2-v_{\mathrm{R}}v_{\mathrm{o}}\cos(\alpha-\beta)}{{v_{\mathrm{R}}}^2+{v_{\mathrm{o}}}^2-2v_{\mathrm{R}}v_{\mathrm{o}}\cos(\alpha-\beta)}\mathrm{d}\alpha$$

也可以写成

$$\Delta\gamma=\frac{v_{\mathrm{o}}\sin(\beta-\alpha)}{{v_{\mathrm{R}}}^2+{v_{\mathrm{o}}}^2-2v_{\mathrm{R}}v_{\mathrm{o}}\cos(\alpha-\beta)}\Delta v_{\mathrm{R}}+\frac{{v_{\mathrm{R}}}^2-v_{\mathrm{R}}v_{\mathrm{o}}\cos(\alpha-\beta)}{{v_{\mathrm{R}}}^2+{v_{\mathrm{o}}}^2-2v_{\mathrm{R}}v_{\mathrm{o}}\cos(\alpha-\beta)}\Delta\alpha \tag{4.16}$$

又由于在 v_{R} 、 v_{o} 和 Δv 构成的三角形中（参考图 4.24），存在以下关系如式（4.17），其中 φ 为 v_{R} 、 v_{o} 夹角。将式（4.17）代入式（4.16），整理得到式（4.18）。

$$\begin{cases}v_{\mathrm{o}}\sin(\alpha-\beta)=\Delta v\sin\varphi\\ v_{\mathrm{R}}-v_{\mathrm{o}}\cos(\alpha-\beta)=-\Delta v\cos\varphi\\ v_{\mathrm{R}}^2+v_{\mathrm{o}}^2-2v_{\mathrm{R}}v_{\mathrm{o}}\cos(\alpha-\beta)=\Delta v^2\end{cases} \tag{4.17}$$

$$\Delta\gamma=\frac{-\sin\varphi}{\Delta v}\Delta v_{\mathrm{R}}+\frac{-v_{\mathrm{R}}\cos\varphi}{\Delta v}\Delta\alpha \tag{4.18}$$

如图 4.24 所示， $\Delta\gamma$ 需要满足不等式（4.19），调整速度使运载器逃离危险区 $(L_{\mathrm{RO}}-\mu,L_{\mathrm{RO}}+\mu)$ 范围

$$\begin{cases}\Delta\gamma\geqslant\mu-r, & \gamma>0\\ \Delta\gamma\leqslant-(\mu+r), & \gamma<0\end{cases} \tag{4.19}$$

式（4.16）说明了 $\Delta\gamma$ 同运载器的 Δv_{R} 和 $\Delta\alpha$ 存在关联，于是避障任务就转化成对运载器速度及其角度变化量 Δv_{R} 和 $\Delta\alpha$ 的求解。调整运动主体的速度 Δv_{R} 和调整运动方向 $\Delta\alpha$ ，也分别对应了运载器的两种有效避障行为，两种避障行为采用其中一个就能完成避障任务。两者的权衡和选择由实际应用的特点决定，4.3.3 节将进一步对这两种避障策略进行分析。

4.3.3　基于 PSO 算法的避碰策略及分析

在运载器的实际航行中，首选改变航向的避碰方法，而很少使用改变速度的避碰方法。因此，首先研究调整航向的避障策略，再讨论调整速度的避障策略，最后将两个行为结合起来。

1. 调整航向的避障策略

首先对改变航向而不变航速的动态避碰算法进行分析。在这种情况下，运载器的速度变化量为常数，即 $\Delta v_{\mathrm{R}}=0$，仅依靠运载器航向的改变来实现动态避碰。将式（4.18）转化成 $\Delta\gamma=\dfrac{-v_{\mathrm{R}}\cos\varphi}{\Delta v}\Delta\alpha$，代入避碰条件不等式（4.19）可得

$$\begin{cases}\Delta\alpha\leqslant-\Delta v(\mu-r)/v_{\mathrm{R}}\cos\varphi, & \gamma>0\\ \Delta\alpha\geqslant\Delta v(\mu+r)/v_{\mathrm{R}}\cos\varphi, & \gamma<0\end{cases}\tag{4.20}$$

如果航向变化量能满足不等式（4.20），则说明运载器通过只调整前进的航向就能成功避障，从而逃离危险区 $(L_{\mathrm{RO}}-\mu,L_{\mathrm{RO}}+\mu)$ 范围。如果调整航向不能满足不等式（4.20），则说明单纯调整航向大小是不够的，需要考虑调整前进航速。

2. 调整速度的避障策略

下面讨论运载器通过改变航速达到避障目的的动态局部航路规划算法。在这种情况下，运载器的航向为常数，主要通过运载器的加速、减速或静止等待来实现避障。这种情况下，$\Delta\alpha=0$，将式（4.18）转化成 $\Delta\gamma=\dfrac{-\sin\phi}{\Delta v}\Delta v_{\mathrm{R}}$，代入避碰条件不等式（4.19）可得

$$\begin{cases}\Delta v_{\mathrm{R}}\leqslant-\Delta v(\mu-r)/\sin\varphi, & \gamma>0\\ \Delta v_{\mathrm{R}}\geqslant\Delta v(\mu+r)/\sin\varphi, & \gamma<0\end{cases}\tag{4.21}$$

如果航速的调整量能够满足不等式（4.21），则说明运载器通过调整航行速度就能逃离危险区 $(L_{\mathrm{RO}}-\mu,L_{\mathrm{RO}}+\mu)$。如果航行速度的调整不能满足不等式（4.21），则说明只调整速度大小是不够的，需要考虑同时调整前进方向。

3. 速度和航向同时调整的避障策略研究

在实际的运载器航行中，完全不改变航行速度或方向并不容易实现，因此设计了一种速度和航向可以同时进行调解的航路规划方法。

如果同时调整运载器的速度和方向，求解两个变量的最优值，运载器的航路规划问题就可以表示成一个多条件下的目标优化问题，即

$$\begin{cases} f(x_1,x_2)=\min\sum_{i=1}^{2}m_i x_i \\ \dfrac{-\sin\phi}{\Delta v}x_1+\dfrac{-v_{\mathrm{R}}\cos\varphi}{\Delta v}x_2 \geqslant \mu-r \quad (\gamma\geqslant 0) \\ \dfrac{-\sin\phi}{\Delta v}x_1+\dfrac{-v_{\mathrm{R}}\cos\varphi}{\Delta v}x_2 < \mu-r \quad (\gamma<0) \end{cases} \tag{4.22}$$

式中，$x_1=\Delta v_{\mathrm{R}},x_2=\Delta\alpha$ 为两个未知变量，ϕ、μ、γ 已知，$f(x_1,x_2)$ 是具体要实现的目标，即进化算法中的适应度函数。

1）适应度函数 $f(x_1,x_2)$ 的确定

考虑到在局部区域内，需要针对已知运动轨迹的障碍物进行规避，不过多地考虑全局优化目标（消耗能量最小或路程最短等），希望运载器能尽量少地改变原运动状态（包括速度大小和航向），同时优先保证航向尽可能不变。适应度函数计算方法如下：

$$f(x_1,x_2)=m_1x_1+m_2|\psi+x_2| \tag{4.23}$$

式中，$\psi=\angle(v_{\mathrm{R}},L_{\mathrm{PG}})$ 为运载器当前速度和位置与目标连线的夹角（图 4.25），m_1，m_2 为两个变量 x_1,x_2 的权值。他们的具体取值将在下面的实验中给予说明。

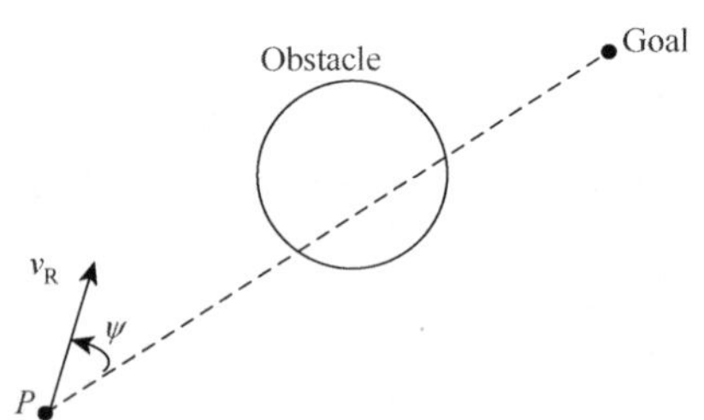

图 4.25　适应度函数中参数 ψ 的示意图

2）利用 PSO 的求解方法

一个粒子代表的是一个候选解，因此粒子建模为 2 维的变量，其中一维表示的是 Δv_{R}，另一维表示的是 $\Delta\alpha$。求解的主要步骤如下。

步骤 1：初始化群体。

步骤 2：判断式（4.22）中的不等式条件是否满足。如果满足进入步骤 3，否则回到步骤 1 重新生成该粒子。

步骤 3：利用适应度函数式（4.23）评价粒子好坏，并更新当前全体最优和个

体最优两个极值。

步骤 4：群体向两个“优秀极值”学习，通过式（4.1）和式（4.2）更新其位置和速度。

步骤 5：判断式（4.22）条件是否满足。如果满足进入步骤 6，否则回到步骤 4 重新生成该粒子。

步骤 6：输出最优值信息，判断是否达到终止条件。

4.3.4　仿真实验及分析

在仿真实验中令运载器从起始点 S 向目标点 G 航行。在环境中存在一个动态已知障碍物。为方便起见，以仿真实验中的屏幕坐标像素为长度单位，航行速率为 $\varepsilon_{\mathrm{R}}=8$ 像素/秒，向正东运动（设屏幕向上方向为北方）运动；动态障碍物 Obs 的运动速率为 $\varepsilon_{\mathrm{O}}=6$ 像素/秒，向正北方向运动。按照运载器当前的运动状态，它将与 Obs 在 10s 后在位置 C_1 相遇。

算法的运行参数取值如表 4.5 所示。

表 4.5　局部规划 PSO 参数取值表

c_1、c_2	参数 w	变异率 p_0	进化代数 G	路径数/粒子个数 P_{Num}
2	线形递减	0.3	30	10

当 $m_1 \neq 0$ 且 $m_2 \neq 0$ 时，采用同时允许转向和变速的避碰策略。首先估算两个变量 $\Delta v_{\mathrm{R}} / \Delta\alpha$ 的数量级比例值范围在几十以内，因此取 $m_1=1$，$m_2=20$。利用本章提出的算法进行避障处理，算法运行结果如图 4.26（a）所示。通过避障模型预测到可能发生遇障，开始调整速度、航向，速度逐渐减慢并且航向向南方偏转。10s 后，本应运动到 C_1 的运载器经调整运动到 P_1 位置，此时障碍物位于图中的位置，障碍物继续向北运动，运载器也继续按调整后的航线航行，成功地实现避障。

当 m_2=0 且 $m_1 \neq 0$ 时，只允许调整速度，航向角保持不变。利用本章提出的算法进行避障处理，试验结果如图 4.26（b）所示。当预测到可能发生遇障时，进行局部规划计算，候选粒子群经过目标函数的衡量，逐渐降低速度，10s 后只运动到 P_1 位置，避开了障碍物。此后由于目标函数期望较小的速度变化量，所以运载器保持 P_1 位置时的速度航行至目标点。

当 $m_1=0$ 且 $m_2 \neq 0$ 时，只允许调整航向角度，速度保持不变。利用本章提出的算法进行避障处理，试验结果如图 4.26（c）所示，运载器调整航向使得本身沿平缓的曲线航行至终点。

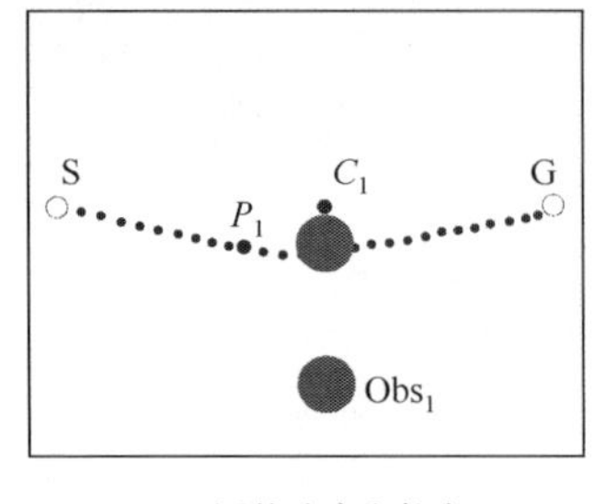

(a) 调整速度和航向

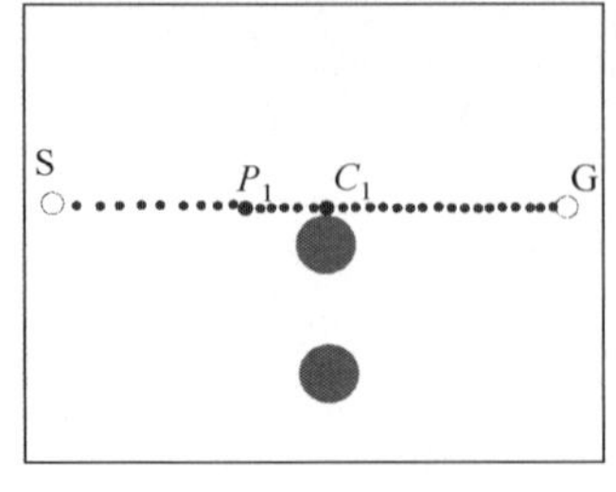

(b) 调整速度

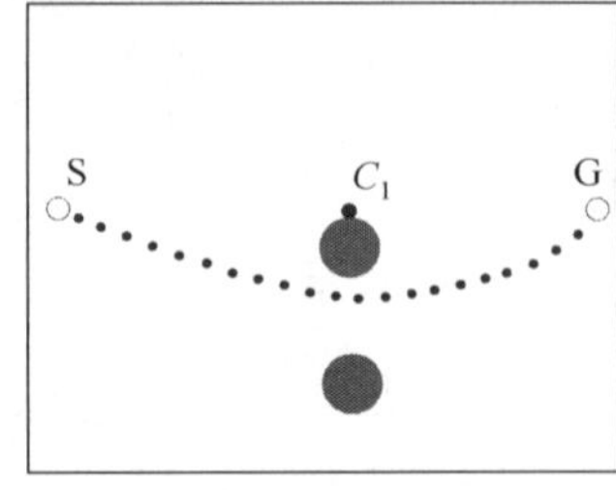

(c) 调整航向

图 4.26　三种避障策略实验结果

表 4.6 记录了避碰算法三种情况下的数值结果，包括航行过程中的速度变化量Δv、航向角变化量$\Delta\alpha$、航行时间和路径长度。由仿真实验结果可以看到，在仅调整速度大小的情况下，运载器所需的航行时间最长，但所走的航程最短；在仅调整航向角度情况下，运载器航程最长，但需要的时间最短；在同时允许调整速度和航向的情况下，得到的航行时间和航程都有所折中。

表 4.6　动态已知避碰算法数值结果汇总

不同策略	Δv	$\Delta\alpha$	航行时间/s	路径长度
转向的同时变速	5.364	1.573	31.516	184.880
调整速度大小	6.957	0	39.791	160.58
调整航向角度	0	5.973	22.131	208.296

通过上述仿真实验结果可以看出：本节提出的算法可以有效地完成动态已知环境下的航路规划任务。通过适应度函数中参数的不同取值，能够得到不同特点的路径，这些路径均能达到避障的目的。但另一方面，为了躲避动态障碍物，运载器需要进行速度和航向的调整，无法按照全局最优的规划结果航行。

4.4　动态未知环境的局部航路规划

对于没有障碍物先验知识的情况，运载器只能根据实时探测到的环境信息进行避碰规划。本节利用模型预测控制及滚动优化原理，借鉴基于滚动窗口的航路规划方法，解决未知环境下的航路规划问题。这里先简要阐述预测控制方法和滚动窗口原理的相关要点。

4.4.1　滚动窗口航路规划方法

席裕庚等于 2001 年提出了一种基于滚动窗口的移动机器人航路规划方法。该方法借鉴预测控制中的滚动优化原理，针对动态不确定环境下的机器人航路规划问题，利用机器人实时测得的局部环境信息，以滚动方式进行在线规划，实现了优化与反馈的合理结合。

预测控制理论是一种最优控制算法，出现在 20 世纪 70 年代，由 Cutler 在美国化工年会上首次提出。它根据过程中的历史信息判断将来的输入和输出，适用于控制对不易建立精确数字模型且比较复杂的生产过程进行控制，所以它一出现就受到国内工程界的重视，并已在石油、化工、电力、冶金、机械等工业部门的控制系统得到了成功的应用。预测控制算法主要包括预测模型、滚动优化和反馈校正三个部分。在滚动航路规划方法中，它们分别对应三个场景预测、滚动窗口优化和反馈初始化等步骤。滚动优化航路规划原理图如图 4.27 所示。

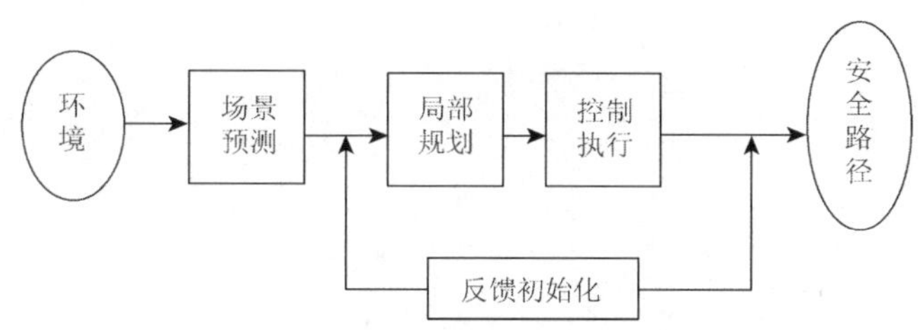

图 4.27　滚动航路规划原理图

下面对上述三个步骤中每步完成的任务进行详细阐述，并给出滚动窗口航路规划算法流程，如图 4.28 所示。

（1）场景预测：主要任务是建立工作环境模型，主要包括环境地图中已知的障碍物、起始点与目标点、机器人运动学，以及一条从起始点到目标点的可行路径，并计算出相应的性能指标。

（2）滚动窗口优化：以周期方式驱动，在滚动的每一步，定义以当前位置为中心的区域为优化窗口，这一区域应在机器人传感系统搜索范围内。该区域环境信息不仅包括全局环境在该区域的映射，还补充了传感系统检测到的动态障碍物。以当前点为起始点，根据先验全局环境知识采用某种启发式方法确定下一步该窗口的局部目标。根据窗口区域内信息进行规划，可以找出局部最优路径。机器人沿此路径移动，直到下一个周期。

（3）反馈初始化：在滚动规划的每一步，机器人首先通过传感系统获取周围的实时信息，对窗口区域内的障碍环境进行初始化，初始化工作中既要对区域内先验障碍信息修正，也要认定不确定动态障碍的信息，还包含对动态障碍运动趋势的预测，从而为局部规划提供最新的信息基础。

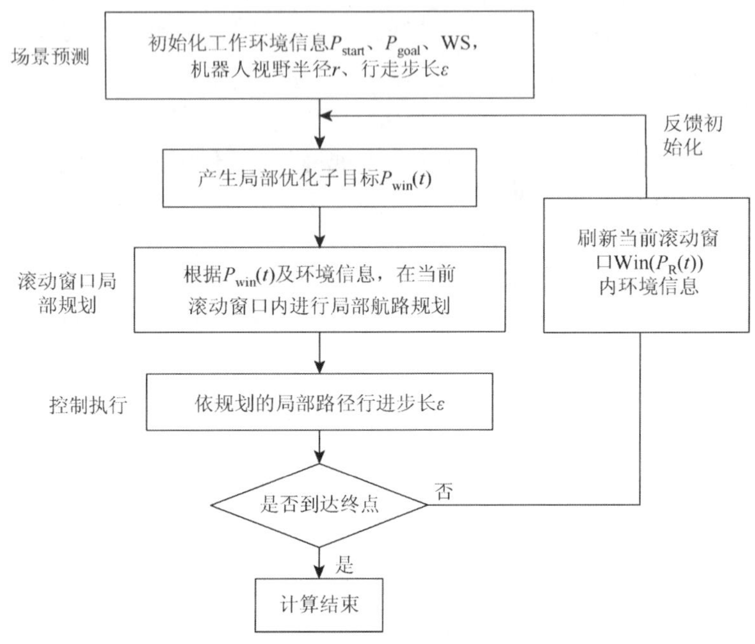

图 4.28　滚动窗口航路规划算法流程图

基于滚动窗口的航路规划算法依靠机器人实时探测到的局部环境信息，以滚动的方式进行在线规划。在滚动的每一步，Rob 根据探测到的局部信息，用启发式方法生成优化子目标，在当前滚动窗口内进行局部航路规划，然后实施当前策略（依局部规划路径移动一步），并随滚动窗口的推进，不断取得新的环境信息。其中，对于产生窗口局部子目标的方法和滚动窗口内的局部规划方法需着重说明。

1）产生窗口局部子目标 P_{win}（t）的方法

在每次滚动窗口信息的更新完毕后，利用启发式函数 $\min f(P)=g(P)+h(P)$ 选取子目标，其中 P 为窗口上的点，g（P）为 Rob 从当前位置进行到 P 的代价，其值可根据 P 的位置及当前窗口内的环境信息来估计，h（P）为从 P 行进到终点的代价。由于边界外的信息无法获取，一般 h（P）只能采用 P 到终点的距离来估计。这种子目标的选择方法是全局优化的要求与局部有限信息约束的折衷。使函数值最小的窗口边界点 P 作为子目标 P_{win}（t），即

$$\min f(P) = g(P) + h(P) \qquad \text{s.t.}\ \ P \in \partial \mathrm{Win}\left(P_{\mathrm{R}}(t)\right) \cap \mathrm{FD}$$

为简化计算，方法中降低了对优化的要求，着重研究寻找可行的算法，为此仅以 P 是否属于可行域来规定 g（P）的值，即

$$g(P) = \begin{cases} 0, & (P \in \mathrm{FD}) \\ +\infty, & (P \in \mathrm{NFD}) \end{cases}$$

式中，FD 为无障碍自由空间，NFD 为障碍空间。子目标选取问题可简化为如下的优化问题：

$$\min J = \min d\left(P_{\mathrm{win}(t)}, P_{\mathrm{goal}}\right), \qquad \text{s.t.}\ \ P \in \partial \mathrm{Win}\left(P_{\mathrm{R}}(t)\right) \cap \mathrm{FD}$$

即简化为求到终点的距离最小的 P 为 P_{win}（t），当求得的 P_{win}（t）不止一个时，可任选其一。

2）滚动窗口内的局部规划方法

在滚动窗口内进行局部规划时，采用简便的严格趋近可行路径算法，主要步骤如下。

步骤 1：朝终点笔直行走，如果终点已达到，则规划结束，如果走到某障碍物边界，则转入下一步。

步骤 2：沿能使到终点距离减小的障碍物的一侧边界行走，如果终点已到达，则规划结束，如果朝终点是笔直行走而不会碰到该障碍物，则转入上一步。

4.4.2　基于观测窗口的局部航路规划方法

本章借鉴滚动航路规划方法的思想，结合静态环境下极坐标空间 PSO 航路规划方法，提出一种基于运载器观测窗口的局部航路规划方法。该方法主要包括环境信息建模、障碍物运动轨迹预测、观测窗口实时探测、信息反馈、窗口局部规划和控制执行几个步骤。

1. 环境信息建模

1）运载器观察窗口

设运载器避碰声呐探测范围为 r，定义 $\mathrm{Win}(P_{\mathrm{R}}(t)) = \{P \mid P \in W, d(P, P_{\mathrm{R}}(t)) \leqslant r\}$ 为运载器 Rob 在点 $P_{\mathrm{R}}(t)$ 处的观察窗口域，即该点的观察窗口。通常情况下，由于运载器避碰声呐捕获环境信息区域呈放射状扇形，所以观察窗口也是一个扇形区域，如图 4.29 所示，扇面角 θ 的大小与具体避碰声呐的配置有关，这里不作具体讨论。

设 T 时刻运载器 Rob 前进到位置 $P(T)$，运载器航行步长 ε，运动速度 v_{R}，控

制周期为 T_o，且有

$$T_o = \frac{\varepsilon}{v_R}$$

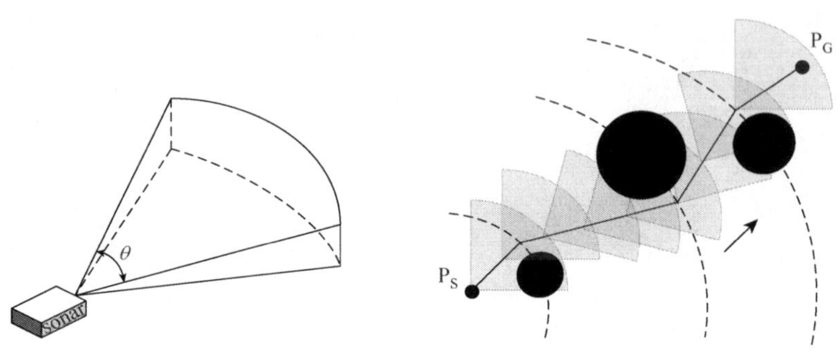

图 4.29　运载器观测窗口建模示意图

其中，滚动窗口半径 r 取值有下限，一定要大于 Rob 的行进步长 ε，即 $0<\varepsilon<r$。滚动窗口子目标点为 P_{win}（T）。

2）膨胀模型的建立

针对障碍物环境中具有的未知因素，需要对其运动信息进行进一步的预测，做出相应的处理。这里采用膨胀模型建模的方法。将动态未知障碍物限定为一个凸集，使用 DO'_i 表示，同可预知轨迹的障碍物 DO_i 区分。虽然动态未知障碍物在 Δt 时刻后的具体位置不可知，但可预测其在 Δt 时刻后可能到达的区域。定义第 i 个动态未知障碍物在 t 时刻的预测运动区域为 $\tilde{\text{D}}\tilde{\text{O}}_i(t+\Delta t)$，此区域称为 DO'_i 在 t 时刻的膨胀模型，边界为 $\partial\text{DO}'_i$，$\tilde{\text{D}}\tilde{\text{O}}_i$ 表示预测值。

为简单起见，用圆形表示此区域。DO'_i 在 t 时刻的中心为 $\left(\rho_i(t),\theta_i(t)'_i\right)$，半径为 R，将 $\partial\text{DO}'_i$ 上各点沿半径方向，向外侧延伸 ΔR 距离。ΔR 可简单近似为 $\Delta R\approx v'_{\text{OD}i}\Delta t$，其中 $v'_{\text{OD}i}$ 为预测第 i 个动态未知障碍物的速度。这样就形成以 $R+v'_{\text{ODi}}\Delta t$ 为半径的圆，$\partial\text{DO}'_i$ 在 WS 中形成的曲线可表示为

$\rho^2-2\rho\rho_{\text{i}}(t)\left(\cos\theta-\theta_{\text{i}}(t)\right)+\left(\rho_{\text{i}}(t)^2-R'^2\right)=0$，其中 $R'=R+v_{\text{OD}i}\Delta t$。

在这样的膨胀模型方法中，工作空间的可行区域和窗口范围内的可行区域可以分别表示为

$$\text{FD}=\left(\bigcap_{i\in\text{SNum}}(\text{SO}_i^{\text{o}})^{\text{c}}\right)\bigcap\left(\bigcap_{j\in\text{DNum}}\left(\text{DO}_j^{\text{o}}(t+\Delta t)\right)^{\text{c}}\right)$$

$$\text{WFD}(t+\Delta t)=\text{Win}\left(P_R(t)\right)\bigcap\left(\bigcap_{i\in\text{SNum}}(\text{SO}_i^{\text{o}})^{\text{c}}\right)\bigcap\left(\bigcap_{i\in\text{SNum}}\left(\text{DO}_j^{\text{o}}(t+\Delta t)\right)^{\text{c}}\right)$$

其中，SNum 为静态障碍物数目，DNum 为动态障碍物数目（包括运动轨迹可预知和不可预知的障碍物）。

2. 窗口子目标确定

在进行局部航路规划时需在窗口内确定规划子目标。选取全局最优路径与观测窗口的交点作为观测窗口的子目标点，即 $P_{\text{win}(t)} = \partial \text{Win}(P_{\text{R}}(t)) \cap L_{\text{Best}}$，其中 L_{Best} 为全局最优路径，这样能够实现全局优化与局部优化的结合。

3. 基于窗口遇障情况分析的局部规划方法

确定窗口子目标点后，如何针对探测到的未知动态障碍物进行局部规划，达到安全避障的目的，是本节要解决的问题。滚动窗口航路规划采用的方法是先朝向目标点运动，当遇障之后沿趋近目标的边缘前进，这样就对障碍物的运动预测准确率要求很高，当运载器运动到障碍物边缘时，如果障碍物不再按照预测轨迹运动，就会发生相撞。下面对运载器前进过程中遇到突发障碍物可能发生的碰撞情况进行更详细的分析。

假设运载器在某一时刻 T 以航速 v_{R} 航行，声呐通过观测窗口实时探测环境信息，并预测其运动轨迹对其进行膨胀处理。运载器调整运动状态需要一段时间，不能快速转向或紧急增减速度。所以，不仅通过动态障碍物膨胀模型考虑动态障碍物在一个控制周期 T_0 中的运动轨迹，还需考虑 T_0 之后动态障碍物的运动区域。运载器可能面临以下几种障碍物会遇情况。

（1）危险状态：如果运载器在接下来的控制周期 T_0 中按照规划的原始路径前进，则会进入动态障碍物预测运动区域内，这种情况下会造成运载器同障碍物碰撞，属于不可逃离障碍物的危险情况，这里称为运载器在 T_0 时间段内处于危险状态。如图 4.30（a）所示。这种情况运载器应马上采取避障措施，常见的有紧急转向和减速。

（2）准危险状态：运载器在 T_0 时间段内不会航行到障碍物危险区域内，但航行 T_0 时间段后运载器会位于预测的 T_0 后的障碍物膨胀区域内（图 4.30（b）中虚线圆圈 $\tilde{\text{D}}\tilde{\text{O}}_i(T+2T_0)$）。说明运载器依据规划的原始路径安全航行一个控制周期后，会面临危险的状态。因此，当在 T_0 时间段内规划出的路径判断是安全时，行为上也不能贸然前进，由于无法保证在下一个时刻同样安全，需要验证在 T_0 时刻后是否会进入危险状态，如图 4.30（b）所示。这种情况按照 T_0 时间段后的预测轨迹，利用观测窗口局部规划算法解算出一条新的避障路径。

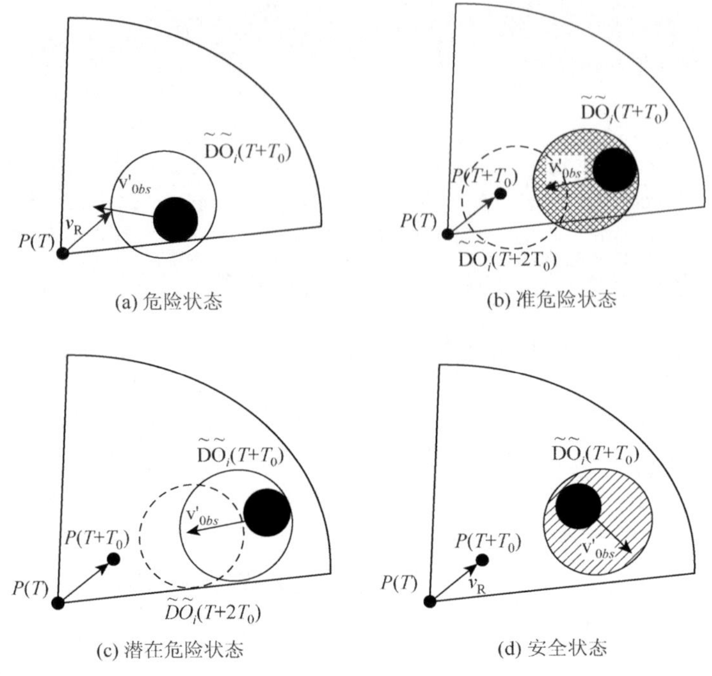

图 4.30　观测窗口遇障情况示意图

（3）潜在危险状态：运载器观测窗口中存在动态突发障碍物，并且此障碍物的运动方向是朝向运载器的，但经过预测发现运载器按照原规划路径前进在 $T+T_0$ 时间段内能保证航行路径中不遇障，但在 $T+T_0$ 时刻后再按照原计划航行就会驶入预测的 $T+T_0$ 时刻后的障碍物膨胀区域中，会进入危险状况，即情况二。但这种碰撞情况存在不确定性，首先，障碍物需要严格按照预测的运动轨迹运动，在经过时间段 T_0 后到达图 4.30（c）中虚线圆圈 $\tilde{\mathrm{D}}\tilde{\mathrm{O}}_i(T+2T_0)$ 的位置，如果偏离这个轨迹，动态障碍物也不会对运载器造成威胁。另外运载器有一个控制周期的时间 T_0 去调整运动状态以偏离原计划航线，可以成功躲避障碍物。这种带有潜在碰撞可能性的状态称为潜在危险状态。由于 T_0 时刻后的相对位置存在不确定因素，如果在 T 时刻就采用避障行动，则不能保证是有效行为。

（4）安全状态：在下一控制周期内的运载器观察窗口中，如果没有动态障碍物出现或者突发障碍物经过预测发现其运动方向远离运载器，就可以认为在控制周期 T_0 中运载器处于安全状态。如图 4.30（d）所示，为了方便起见，只考虑一个动态突发障碍物的情况。实黑线为运载器按照原计划的航线，灰色圆圈是 T_0 时间段内动态突发障碍物的预测运动区域 $\tilde{\mathrm{D}}\tilde{\mathrm{O}}_i(T+T_0)$。

当运载器观测窗口中探测到突发动态障碍物，面临障碍物会遇情况时，需要马上采取避障行为，这时局部规划方法的主要任务就是快速避障，并不过多考虑窗口内的路径优化问题。而且随着运载器航行，观测窗口信息是实时更新的，局部最优也是暂时的，花费时间去求解窗口内的最优路径的意义并不大。在观测窗口中进行局部航路规划的具体流程如下。

步骤 1：朝目标点笔直行走，如果目标点已到达，则规划结束，如果运载器面临危险状态和准危险状态，则转入下一步。

步骤 2：沿该障碍物从[T，T_0]时间中预测的运动膨胀区域的切线航行，两条切线中选择离当前航向偏角较小的一条航行，如果偏角相等就任选其一。如果终点已达到，则规划结束，如果朝终点笔直行走不会碰到该障碍物，则回到上一步。

4. 算法描述

观测窗口航路规划方法是通过运载器周期性地进行“探测—解算—行动”这一系列行为来达到避障目的的，具体算法流程如下。

步骤 1：运载器沿预定路径前进，判断是否到达目标点。如果没有到达，则观测窗口探测环境信息，假设在 T 时刻时观测窗口 Win（T）中探测到动态障碍物，根据传感器预测的情况，将$\Delta T=T_0$时间段之后的障碍物进行膨胀处理。

步骤 2：判断运载器处于哪种会遇情况，安全等级如何。根据具体情况采取以下措施。

（1）判断是否处于安全状态，即 Win（T）中动态障碍物是否驶向运载器。若动态障碍物运动方向远离运载器，则处于安全状态，转入步骤 4；若动态障碍物驶向运载器，则继续执行。

（2）如果运载器下一控制周期后的航行位置位于障碍物预测运动轨迹中，则处在危险状态，立即采取避障措施，转入步骤 3。

（3）如果运载器处于准危险状态，则运载器会在 T_0 时间段中向着动态障碍物方向航行，使得两者走得更近。T_0 时刻后，Rob 可能会进入动态障碍物运动区域，甚至不能逃逸出危险区域。这种情况运载器就需要在当前的这个控制周期进行航行状态的调整，转入步骤 3。

（4）如果运载器只是处在潜在危险状态，则转入步骤 4。

步骤 3：利用观测窗口局部规划算法判断调整航向，然后转入步骤 4。

步骤 4：前进一个控制周期，返回步骤 1。

如果预测的会遇障碍物危险区域稍有变化，或者运载器目标点位置稍有变化，经过局部航路规划的解算，运载器的航行状态也应进行调整，会造成运载器频繁地调整航行角度或速度，这在实际航行过程中是不允许的。为了避免这种情况，给出如下的解决方法。

设定航行状态限制阈值 $\delta=(\delta_{\mathrm{v}},\delta_{\alpha},\delta_{\mathrm{H}})$，分别代表航行速度阈值、航向角阈值、运载器水深阈值。如果在实际航行过程中，运载器的状态需要调整，但调整量 $(\Delta v,\Delta\alpha,\Delta H)$ 小于其对应的阈值，则可先不进行调整，表示为

$$
\begin{cases}\Delta v=0\ , & (|\Delta v|<\delta_{\mathrm{v}})\\ \Delta\alpha=0\ , & (|\Delta\alpha|<\delta_{\alpha})\\ \Delta H=0\ , & (|\Delta H|<\delta_{\mathrm{H}})\end{cases}\tag{4.24}
$$

阈值 δ 的值需要结合实际情况来确定，因为观测窗口航路规划方法中避障措施主要是航向角的调整，所以速度变化阈值 δ_{v} 取值较小。

4.4.3 仿真实验及分析

针对本章设计的观测窗口局部航路规划方法，设计四种情况进行仿真实验，具体仿真实验环境和仿真结果如下。

1）运载器观测窗口内只探测到一个动态障碍物的情况

仿真实验环境为：运载器运动到位置 P_1 时，探测到单个动态障碍物 O_1 存在，运载器航行速率为 $\varepsilon_{\mathrm{R}}=8.0$，观测窗口可视角度为正前方 180°，窗口半径 R_{win}=40。起始点 S，目标点 G，G 在 S 正东侧。

假设障碍物 O_1 的运动速率为 $\varepsilon_{o1}=8.0$，运动方向为正西。障碍物经预测膨胀之后的模型用黑色圆圈表示。仿真实验结果如图 4.31 所示。当运载器按照原计划航路航行到 P_1 位置时，观测窗口中出现动态障碍物 O_1，经过判断发现处于潜在危险状态，不会在下一个控制周期发生会遇，所以继续前进。直至两个控制周期后到 P_1 位置，判断此时为准危险状态，为了防止运载器航行到危险的境地采取转向的避障行为，沿障碍物膨胀区域的切线方向调整航向，完成避障。

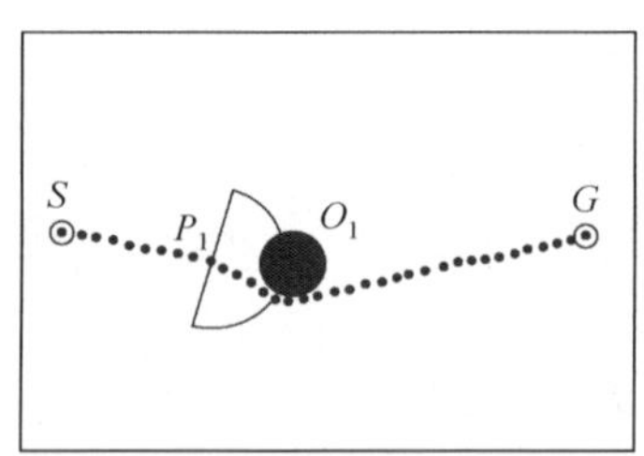

图 4.31 仿真实验 1 结果图

2）运载器观测窗口内探测到多个动态障碍物存在的情况

假设运载器的航行速率为 $\varepsilon_{\mathrm{R}}=8.0$，方向为正东。在运载器航行时，观测窗口探测到两个动态障碍物，其运动状态分别为 $\varepsilon_{o1}=8.0$，运动方向为正西方，

$\varepsilon_{o2}=6.0$，运动方向为正北方。仿真实验结果如图 4.32 所示。

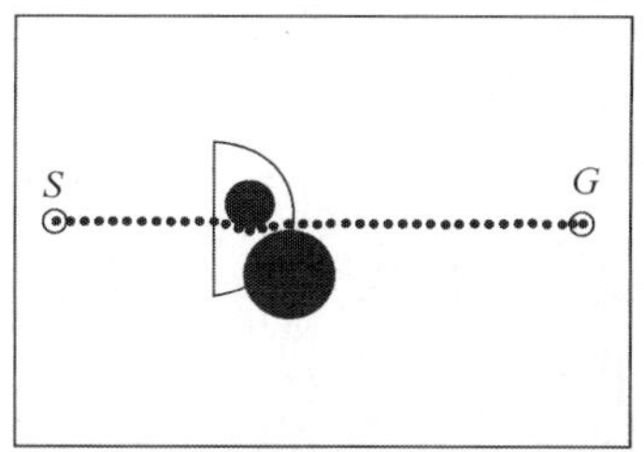

图 4.32　仿真实验 2 结果图

3）运载器遇到往复运动障碍物时的情况

假设运载器的航行速率为 $\varepsilon_R=8.0$，方向为正东。窗口半径 R_{win}=40。航路上存在动态障碍物作南北往复直线运动，单程周期为 T_0，速度为 40，障碍物运动轨迹的中心在运载器原计划航路上。如图 4.33 中黑色实心圆和黑色空心圆代表障碍物运动到的南北位置。

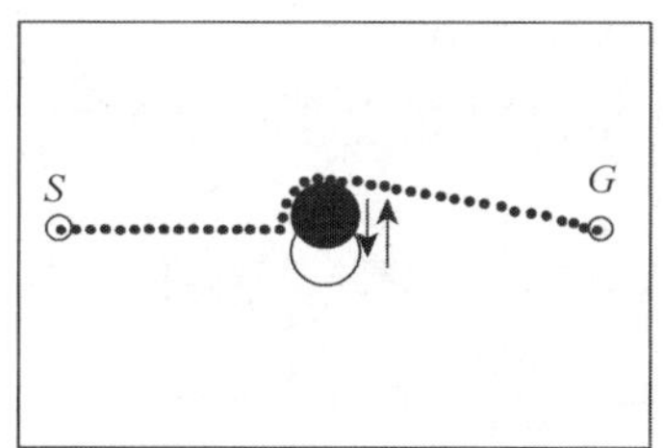

图 4.33　仿真实验 3 结果图

在仿真实验中，运载器能够预测到动态障碍物的南北往复运动，仿真实验结果如图 4.33 所示，没有出现随障碍物往复运动而使规划的路径震荡的现象。这主要是因为本章的局部规划方法不仅考虑当前障碍物运动轨迹，还考虑下一控制周期后的遇障状态，规避对象是[T，T_0]时间中预测的运动区域，因此不会发生运载器随障碍物的往复运动而往复航行的情况。

4）运载器窗口子目标点位置发生细微变化的情况

该情况下的仿真实验主要是为了考察运载器能否避免航行状态的频繁微调，从而验证航行状态限制阈值 δ 的有效性。将设运载器航行速率为 $\varepsilon_R=8.0$，方向为正东，观测窗口半径 R_{win}=40，设阈值 $\delta=(\delta_v,\delta_\alpha,\delta_H)=(1,20°,0)$（不考虑水深值变化的情况）。目标点 G 在起始点 S 正东侧距离 300 处。

设计陷阱环境使运载器航行状态发生微调。如图 4.34 所示，在前半程窗口子目标位置数据上施加正弦波的扰动，正弦波幅值为 10，在后半程存在一南北往复运动障碍物，偏移原计划航路距离为 10。

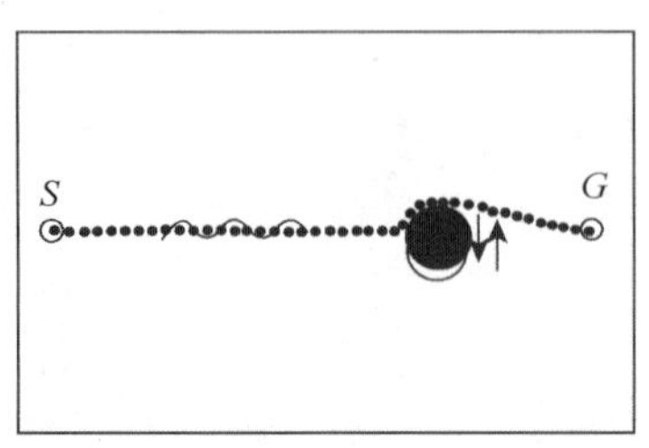

图 4.34 仿真实验 4 结果图

运载器按照直线路径驶向目标点 G，先遇到窗口子目标发生变化，后遇到往复运动障碍物，采用加入航行状态限制阈值 δ 的航路规划方法来避障，得到结果如图 4.34 所示。由于正弦波对运载器影响不大，运载器需要进行小于 δ_α 的航向微调，可以忽略不计，以原计划直线航路前进。对于后半程的障碍物运载器，尽管在初期的航向调整量小于 δ_α，不会产生实质性调整，但随着运载器前进，航向调整量逐渐大于 δ_α，需要进行转向避障，从而成功避障。

表 4.7 给出了上述四种情况下仿真实验的数值结果。

表 4.7 各种动态环境下算法运行的数值结果

仿真实验	平均路径长度	平均航行时间/s
1	378.382	35.7
2	328.327	30.6
3	386.463	41.5
4	335.882	38.9

由上述仿真实验数值和结果图可以说明，本章设计的基于运载器观测窗口的局部航路规划方法考虑了各种障碍物分布的情况，具有较强的可靠性，并且规划算法简单易行，运算速度快，可以满足在线实时规划的要求。

4.5 基于 PSO 的多航路规划方法

全局航路规划是船舶智能化航行的关键技术之一，其主要任务是在对环境已知的情况下，使船舶避开环境中的障碍物，按照某一最优指标安全到达预定的位置。在通常的航路规划算法中，对规划路径优劣的评价完全是依靠适应值评价函数来进行的，算法求得的最优路径的性能与评价函数密切相关。但在实际使用过程中，由于航路规划问题本身的复杂性、船舶运动的复杂性和外部环境的复杂性，采用任何一个单一的评价函数都是不完善的，很难用一个统一的适应值评价函数把所有要考虑的重要因素都包括进去。而且，人的思维总有一定的片面性，不能兼顾所有的限制因素。因此，本节借鉴遗传算法求解多峰函数优化问题的思想，在标准粒子群优化算法的基础上设计了多航路规划算法，并通过对多个不同环境的仿真实验，验证了算法的正确性和有效性。

4.5.1　算法的基本思想

多航路规划的目的是同时寻找多个最优和次优可行路径，供决策者选择使用。也就是说，规划算法不仅要搜索到全局最优解，同时还要获得若干个次优解。由此看来，多航路规划问题也就是多峰函数优化问题。本节设计的多航路规划算法的思想是以标准粒子群算法为基本算法，借鉴并结合遗传算法多峰函数优化求解中的适应值共享技术和多种群进化策略，从而实现群体的多样性，同时获得若干最优和次优解。

4.5.2　多航路规划算法设计

多航路规划算法流程如图 4.35 所示。算法主要分为粒子群多样化和多群体隔离进化两个阶段，每一阶段的算法均在标准粒子群算法模型的基础上改进得到。

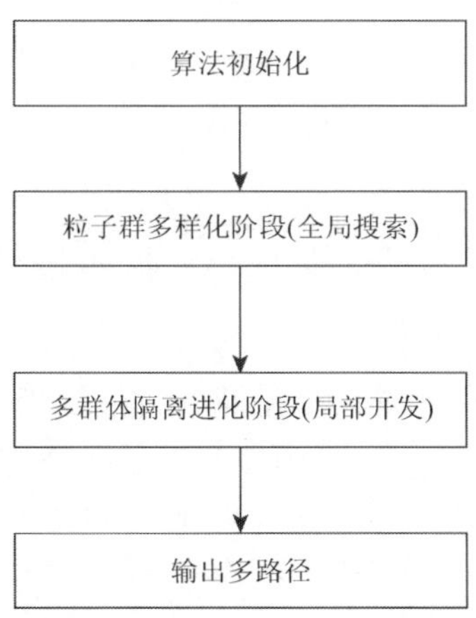

图 4.35　多航路规划算法基本流程

粒子群多样化阶段主要是进行全局搜索，通过在标准粒子群算法的基础上引入聚类分析和适应值共享等策略，确保粒子的充分多样化，产生大量符合不同特性的子群体；多群体隔离进化阶段主要是进行局部开发，通过在多个子群体间采用隔离进化策略，确保多路径的快速生成。

4.5.3 粒子群的多样化

粒子群的多样化阶段算法流程如图 4.36 所示。算法首先对所有粒子进行聚类分析，形成多个子群体；然后对各粒子进行适应值评价与共享，并采用标准粒子群算法进行位置、速度更新；当粒子位置更新后，得到子代粒子，在子代粒子和父代粒子中进行粒子选取。算法重复执行，直到满足多样化结束条件。

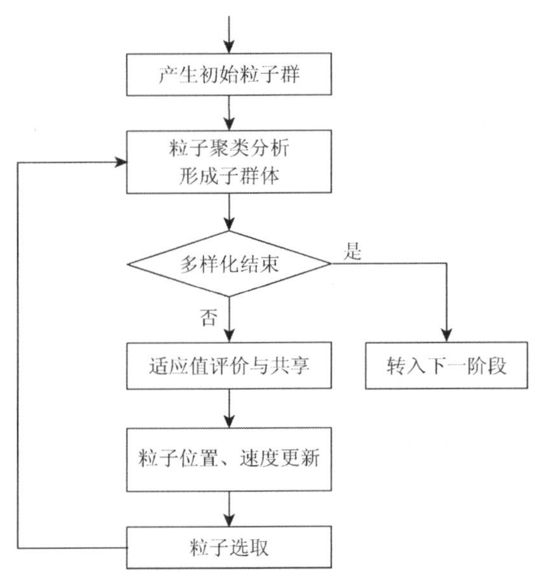

图 4.36 粒子群多样化阶段算法流程

1. 粒子聚类分析方法

粒子聚类分析的目的是要按照各粒子所代表路径的不同特点将整个粒子群划分为多个子群体，从而保证具有不同特性的各子群体均能充分地多样化。该方法将各粒子所代表的路径之间是否存在障碍物作为聚类分析的判据。若两个粒子所代表的路径之间不存在障碍物，则这两个粒子属于同一个子群体；否则，若两个粒子所代表的路径之间存在障碍物，则这两个粒子属于不同的子群体。因此，所有的粒子就按其所对应路径的空间分布聚类为多个子群体。

假设粒子群 C 表示为$\{c_1, c_2, \cdots, c_N\}$，其中，$N$ 为粒子个数，c_i（i=1，2，…，N）为粒子群中的任意粒子。粒子群聚类后形成的子群体表示为 $Z=\{Z_1, Z_2, \cdots, Z_{\mathrm{popNum}}\}$，其中，popNum 为聚类个数，$Z_i$（$i$=1，2，…，popNum）代表聚类后的

各子群体。则粒子群聚类分析的具体过程如下。

（1）取第一个粒子 c_1，令其属于聚类 Z_1，即 $c_1 \in Z_1$。

（2）计算 c_2 与 Z_1 中任意粒子所代表的路径之间是否存在障碍物，若不存在，则 $c_2 \in Z_1$，否则，形成新聚类 Z_2，即 $c_2 \in Z_2$。

（3）假设在（2）中，粒子 c_1 和 c_2 分别属于不同的聚类 Z_1 和 Z_2。取粒子 c_3，计算该粒子与 Z_1 和 Z_2 中任意粒子所代表的路径之间是否存在障碍物，若均存在，则形成新聚类 Z_3，即 $c_3 \in Z_3$，否则，粒子 c_3 属于聚类 Z_1 或 Z_2。

（4）按上述过程判断剩余所有粒子。

重复上述过程，直至整个粒子群 C 中所有的粒子都已经划入相应的子种群。同时计算子种群的个数和每个子种群中所拥有个体路径的数量。

2. 多样化结束条件

粒子群多样化的目的是确保生成的粒子能够尽可能多地反映不同特性的路径。在上面的内容中已经知道，每个子群体代表一类具有相同特性的路径，因此，多样化结束的条件选取如下：

（1）粒子群经聚类分析后得到的子群体稳定，且没有丢失。

（2）每个子群体中的粒子数量要大于某一数值 cNum（本节仿真实验中取 20）。

3. 粒子更新策略

在标准粒子群优化算法中，每一次粒子位置更新和速度更新后，父代粒子直接转化为子代粒子。因此，算法寻优过程的每一迭代步中，粒子群的总数是不变的。而本节讨论的用于求解多航路规划问题的粒子群优化算法需要充分实现粒子群的多样化，子群体的数目是不定的，而且每个子群体中均要保证生成一定数量的粒子，因此，无法采用标准粒子群优化算法中的粒子更新策略。

在粒子群多样化阶段，粒子更新策略如下：

（1）在每一迭代步粒子进行位置更新后，父代粒子要保存，与子代粒子共同竞争，形成新的粒子。算法维持总的粒子数目取为 1.5×popNum×cNum。其中，popNum 为子群体个数，cNum 为多样化结束时每个子群体需要达到的粒子数目。

（2）在每一迭代步中，若父代粒子与子代粒子的总和大于算法所要维持的总粒子数，则按适应值大小从高到低选取适量粒子保存。否则，若父代粒子与子代粒子的总和小于算法所要维持的总粒子数，则保存所有粒子，待下一迭代步中再做判断。

4. 适应值评价与共享

适应值评价与共享首先采用适应值评价函数对各粒子所代表的路径进行优劣

评估，得到各路径的适应值。然后采用适应值共享方式对各粒子适应值进行再处理，从而改善粒子群优化算法的全局搜索能力，保持粒子的多样性。本节算法采用的适应值评价函数 $\mathrm{Fit}_{\mathrm{Base}}(c)$和适应值共享处理函数 $\mathrm{Fit}(c)$分别为

$$\mathrm{Fit}_{\mathrm{Base}}(c)=w_1\times S(c)+w_2\times D(c)+w_3\times M(c) \tag{4.25}$$

$$\mathrm{Fit}(c)=\mathrm{Fit}_{\mathrm{Base}}(c)/N_i \quad i=1，2，\cdots，\mathrm{popNum} \tag{4.26}$$

式中，$S(c)$代表路径的安全性因素，用路径到障碍物的最短距离来评估；$D(c)$代表路径的快速性因素，用路径的总长度来评估；$M(c)$代表路径的适航性因素，用路径的平滑程度来评估；w_1、w_2、w_3 分别为各因素的权值；N_i 为粒子 c 所属的第 i 个子群体中所含有的粒子数目；popNum 为子群体的个数。

4.5.4　多群体的隔离进化

在粒子群多样化阶段结束后，算法进入多群体隔离进化阶段。多群体隔离进化阶段的算法流程如图 4.37 所示。

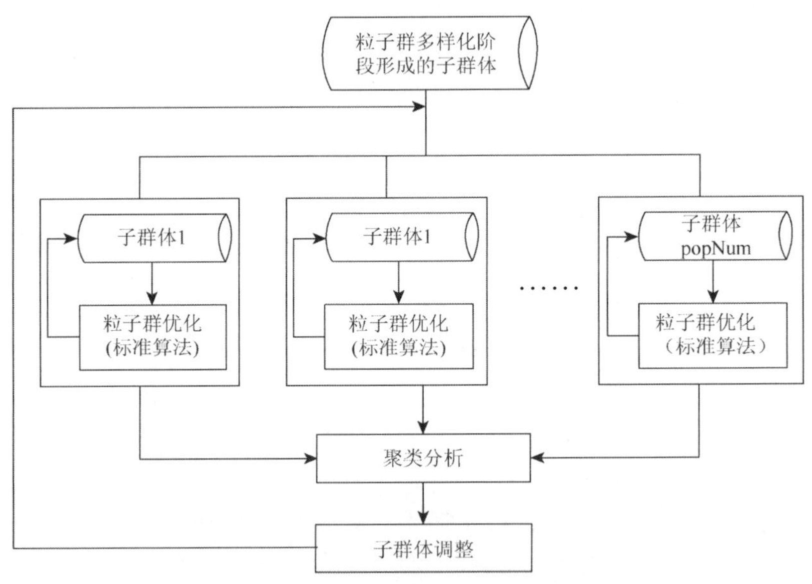

图 4.37　多群体隔离进化阶段算法流程

由于粒子群多样化后形成的每一个子群体是围绕在一个局部最优周围形成的小环境，每个子群体应只含有一个最优解，没有陷入局部最优的顾虑，所以，对于每个子群体采用标准粒子群算法进行求解。

由于算法在经过位置更新后，很有可能会跳出当前的子群体，产生不属于该子群体的粒子，所以，在各子群体寻优一定代数后（仿真实验中取为 10），需要

对所有粒子进行重新聚类分析。聚类分析的方法与上面所述方法相同。

在进行聚类分析后，新形成的各子群体中的粒子数会发生变化，需要进行子群体调整。对于粒子数大于 cNum 的子群体，按粒子适应值大小保存适应值最高的 cNum 个粒子；对于粒子数小于 cNum 的子群体，采用高斯变异方法生成新的粒子。算法如此循环，直至满足总的迭代次数，或者各子群体收敛到各自的最优解。

4.5.5 仿真实验及分析

为测试本节提出的多航路规划算法的正确性和有效性，使用 VC++6.0 实现算法，在不同的环境下进行仿真实验。

在算法运行过程中，粒子群初始规模设置为 50 个粒子。惯性权值 w 采用线性递减策略，在粒子群的多样化阶段，惯性权值 w 的变化范围取为 w_{max}=0.5，w_{min}=0.2；在多群体隔离进化阶段，惯性权值 w 的变化范围取为 w_{max}=0.95，w_{min}=0.2。参数 c_1 和 c_2 在算法中均取 2。粒子群多样化阶段的结束条件设置为每个子群体中的粒子数目不少于 20 个。多群体隔离进化阶段的结束条件设置为算法外循环迭代 100 次或各子群体均收敛。即若在 100 次迭代过程中，各子群体均收敛到各自最优解，则算法退出，否则，算法迭代 100 次后退出。

图 4.38 给出了多航路规划仿真实验的结果。

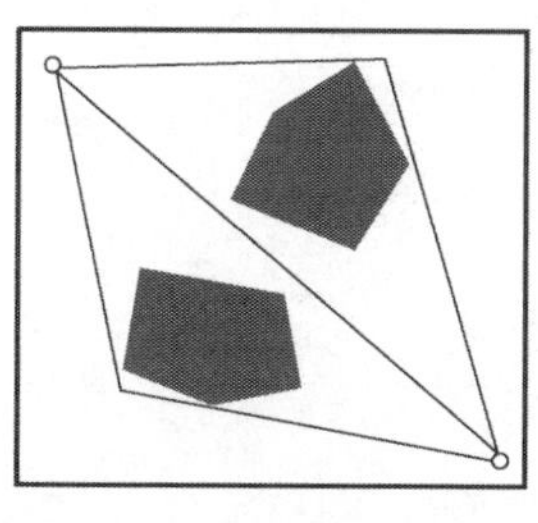

(a) 仿真环境一结果

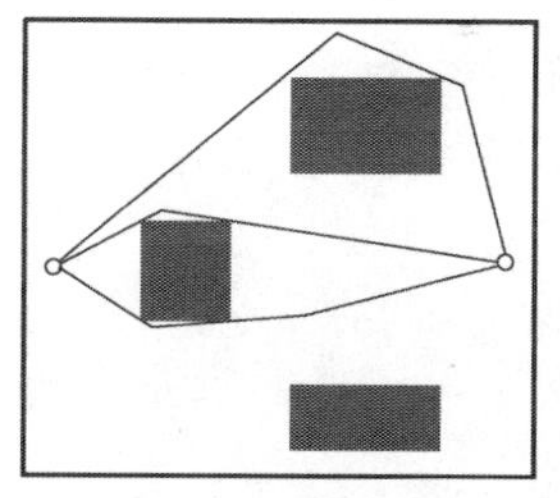

(b) 仿真环境二结果

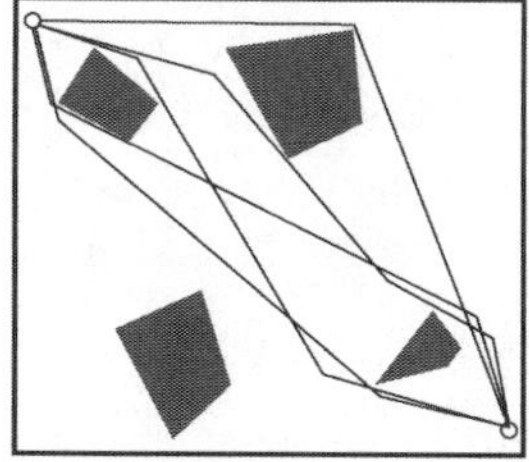

(c) 仿真环境三结果

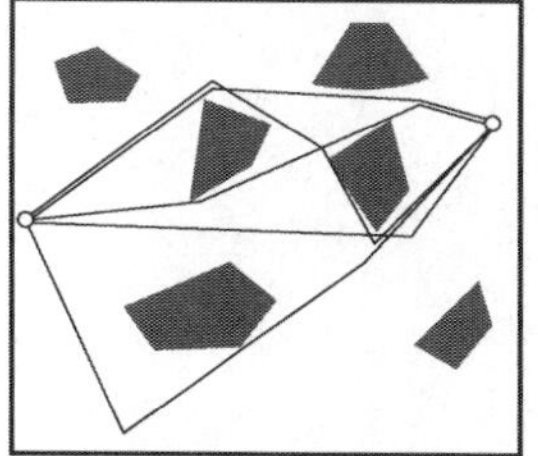

(d) 仿真环境四结果

图 4.38　多航路规划算法仿真实验结果

由该仿真结果可以看到，本节设计的基于粒子群优化的多航路规划方法能够正确有效地规划出多条路径。但同时也看到，当障碍物离环境边界较近或者环境较复杂时（例如，仿真环境二、仿真环境三、仿真环境四），算法较难规划出绕过边界障碍的路径。这一问题可能是两方面引起的。一方面是当障碍物离环境边界较近时，很难得到绕过障碍物和环境边界的可行路径，这就导致无法得到对应的子群体，因此无法规划出相应路径。另一方面是在评价路径的适应值评价函数中，往往将路径长度设置为主要的评价标准，而绕过边界障碍的路径一般会较长，因此无法得到与其相对应的路径。

第 5 章　基于协同进化的航路规划方法

5.1　协同进化算法

协同进化算法（Co-evolutionary algorithm，CEA）是基于协同进化论而提出的一类进化算法。协同进化论承认生物的多样性，强调生物与生物之间、生物与环境之间在进化过程中的某种依存关系。协同进化研究的内容主要包括捕食者—猎物系统的协同进化、寄生物—寄主系统的协同进化、竞争物种之间的协同进化、拟态的协同进化、互利作用的协同进化等。

所谓“协同进化”是一个物种的性状作为对另一个物种性状的反应而进化的，而后一物种的这一性状本身又是作为对前一物种性状的反应而进化的。协同进化算法与传统进化算法的区别在于：在传统进化算法中，每个个体代表了整个问题的解，个体自身独立进化，而没有考虑个体之间的协同影响以及个体与环境之间的复杂关系；而协同进化算法模拟自然界协同进化机制，考虑种群与环境之间、种群与种群之间在进化过程中的协调性，强调独立进化的不同物种之间可以通过协作完成整个系统的进化，打破传统的单一物种进化算法的局限性。

协同进化算法的定义如下。

定义 5.1　一个进化算法是协同进化算法，当且仅当它满足如下条件：

（1）该算法同时维持多个子种群；

（2）该算法中个体的适应度值依赖其他种群中的个体；

（3）该算法中个体的改变（添加、删除、修改）会导致其他种群的适应度曲面（fitness landscape）发生变化。

5.1.1　算法基本特征与类型

协同进化算法与传统进化算法基本特征的区别在于对个体的评估方式。在传统进化算法中，个体的评估相互隔离，适应度互不影响，而在协同进化算法中个体之间相互影响适应度，个体并不是以一个固定的适应度函数来评估的，而是通过与种群（或其他物种）中其他个体的比较或配合来评估的。

根据参与进化的物种数目不同，协同进化算法分为两种形式。

第一种形式的协同进化算法中只存在单个物种种群，采用一种称为竞争性适应度函数的相对适应度函数来评价个体，协同进化的关系存在于同一物种种群内的个体之间，这实际上是将协同进化引入传统的进化算法中。

第二种形式的协同进化算法中问题被分解为多个组成部分，分别由不能相互交配繁殖的多个物种表示，各物种维持各自的种群，采用各自的进化算法求解。每个物种的个体通过与从其他各物种选择的代表性个体一起组成问题的完整解，然后评估该完整解的质量，根据该个体对完整解的贡献或完整解的质量来确定其适应度。各种群分别进化彼此影响而进行问题求解。

根据所模拟的协同进化关系的不同，协同进化算法主要有基于互利共生关系的协同进化算法、基于竞争关系的协同进化算法和基于寄生关系的协同进化算法等。基于互利共生关系的协同进化算法中，各物种间是一种合作关系，各物种都能够从其他物种的进化中受益，物种的进化促使与其他物种配合较好的个体有较大的生存和繁殖机会。进行这类算法研究的主要有 Husbands、Paredis、Potter 等。竞争协同进化算法中，个体之间是竞争对手的关系，而不是合作者，它们相互争夺有限的资源。这类协同进化算法模拟的竞争关系有种内竞争和种间竞争两种，主要应用有排序网络、博弈策略学习等。基于捕食关系的协同进化算法中，采用一种互逆的适应度相互作用，一方的成功对另一方则是失败，必须做出相应的反应以保持其生存的机会。捕食协同进化算法主要应用有排序网络、神经网络分类问题、约束满足问题、多目标优化等。

由于本章主要探讨协同进化算法在多飞行器协同航路规划问题方面的研究，而该问题可以表述为合作与竞争关系，所以，下面主要介绍竞争型协同进化算法和合作型协同进化算法。

1. 竞争型协同进化算法

竞争型协同进化算法指的是模拟自然界中物种间竞争关系的一类协同进化算法。其主要特点是，个体的适应度值是通过和其他种群中的个体直接竞争得到的。这种特殊的适应度评估方式使得竞争型协同进化算法不需要计算目标函数值，因此非常适合解决博弈问题、策略问题等没有可计算的“绝对”目标函数的问题。

早在 1990 年，Hillis 就使用了两个相互竞争的子种群来解决博弈问题，其中子种群 host 负责寻找问题的解，而子种群 parasite 则负责寻找对应的测试集。Hillis 的方法是一类最具有代表性的竞争型协同进化算法，它模拟的是捕食者与被捕食者的关系。在自然界中，捕食者通过进化出更尖利的爪子和牙齿以便顺利地抓住被捕食者，而被捕食者则通过进化出更灵敏的耳朵和矫健的四肢以免成为捕食者的美餐。类似地，在 Hillis 的方法中子种群 host 试图通过进化获得更好的解以击败 parasite 中更多的测试集，与此同时，子种群 parasite 则试图寻找更加复杂的测试集以战胜 host 中的解。换句话说，该方法为原有问题（寻找更好的解）创建了一个对立问题（寻找更好的测试集），然后为两个问题各分配了一个子种群并令它们相互竞争共同进化，因此称为“解—测试集”的问题分解方式，或者简称为“解—测试集”法。

在博弈问题和策略问题中，问题的目标是寻找最好的解，换句话说，就是对所有可能的测试集，寻找可以击败最多测试集的解。从这个角度，在理论上存在一个全局性的适应度函数，可以准确地评价一组解的优劣。然而这个适应度函数是不可计算的，因为可能的测试集数量太多，无法和它们一一比较并统计最终结果。但如果能找到一个高质量的测试集集合，那就可以以该集合中的测试集为标准，在相对较短的时间内对一组解给出比较准确的评价，从而使进化算法的优势得以发挥。

然而维持这样一个高质量的测试集集合并不是一件容易的事。如何获得高质量的测试集？如何比较测试集之间的优劣以确定哪些是更需要的？早期具有很强分辨能力的测试集，在后期面对更高质量的解的时候是否仍然有效？这些都是需要解决的问题。而这些问题都可以归结为原有问题的一个对立问题，即寻找更好的测试集以击败更多的解。显然该问题同样不具有可计算的全局性适应度函数，若要使用进化算法来解决这个对立问题，就必须要维持一个高质量的解的集合以便能够对测试集的质量做出快速而准确的评价。注意到维持一个高质量的解的集合恰好是原来的问题，也就是说这两个相互对立的问题互为解决对方的先决条件。此时最好的解决方法就是采用上面给出的“解—测试集”的问题分解方式，使用两个相互竞争的子种群，一个表示解的集合，另一个表示测试集的集合，同时求解这两个相互对立的问题。

在评价一个解（测试集）时，把它和另一个子种群中的测试集（解）进行比较（竞争），并根据竞争的结果给出适应度值。这种求解方式还有一些额外的好处：一方面，无论解种群还是测试集种群，其中个体的质量都在进化过程中不断地提高，从而在评价对方的个体时可以给出越来越准确的评价结果；另一方面，这种捕食者和被捕食者之间的竞争关系，迫使解（测试集）种群在进化过程中不停地寻找测试集（解）种群的“弱点”，并产生相应的进化（即所谓的进化军备竞赛）。

使用“解—测试集”法的另一个理由是，在很多实际应用中，构造一组合适的测试集以验证解的有效性是解决问题的一个必不可少的步骤，获得高质量的测试集和获得高质量的解同样重要。此时使用“解—测试集”法可以在获得高质量的解的同时，还能一举两得地给出高质量的测试集，显然是一个理想的选择。

“解—测试集”的问题分解方式是使用最广泛的竞争型协同进化算法的求解思想，图 5.1 给出了使用这种问题分解方式的竞争型协同进化算法的示意图。它采用了“解—测试集”的问题分解方式，并模拟了捕食者与被捕食者之间的竞争关系。

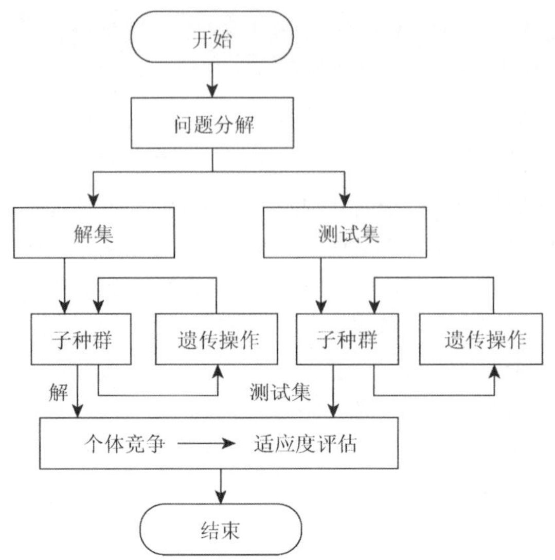

图 5.1　竞争型协同进化算法的示意图

2. 合作型协同进化算法

1991 年，Husbands 和 Mill 在解决作业车间调度问题时就使用了合作型协同进化的思想，但直到 1994 年 Potter 和 De Jong 才提出了比较成熟的合作型协同进化算法用于函数优化问题。此后 Potter 等在该领域的研究中保持领先，并在 2000 年为合作型协同进化算法给出了一个具有普适性的通用模型。

与竞争型协同进化算法相对应，合作型协同进化算法模拟的是自然界中物种间合作关系的一类协同进化算法。其主要特点是：首先将问题分解为若干个子问题，对每个子问题使用一个子种群单独进行优化，子种群中的个体表示的不是问题的完整解，而是子问题的部分解，个体的适应度是在与其他种群中的个体组合完整解（合作）之后，通过评价完整解得到的。合作型协同进化算法的核心思想是对复杂问题实行分治法，因此最适合解决可模块化的问题，如复杂系统的优化与控制。

什么样的问题是可模块化的？下面给出一个并不精确的定义。

定义 5.2　给定待求解的问题 D，其候选解空间为 S，如果可以找到 D 的 k 个子问题 $\left(D_1,D_2,\cdots,D_k\right)$，其候选解空间分别为 $\left(S_1,S_2,\cdots,S_k\right)$，并且对于 D 的任意候选解，它可以表示为这 k 个子问题的候选解的组合，即

$$\forall x\in S\Rightarrow x=\left(x_1,x_2,\cdots,x_k\right),x_i\in S_i\left(i=1,\cdots,k\right)$$

则称问题 D 是可模块化的，或者说问题 D 可以分解为子问题 $\left(D_1,D_2,\cdots,D_k\right)$。

如果待求解问题 D 可以按照定义 5.2 分解为 k 个子问题 $\left(D_1,D_2,\cdots,D_k\right)$，那么就可以采用分治法的思想，对每一个子问题 D_i，使用一个子种群 P_i 来专门搜索对

应的问题空间 S_i。一般来说，子空间对应的问题空间 S_i，无论是从大小上还是复杂程度上都要远远低于原始问题空间 S，使用进化算法搜索起来难度小，效率高，也不容易出现过早收敛的情况。

在上面的问题分解模式中，子种群 P_i 的任务是解决子问题 D_i，因此其中的个体 x_i 代表的不是问题的完整解，而是子问题 D_i 的部分解。单独的部分解通常是无法评价其优劣的，若要为子种群 P_i 中的个体 x_i 计算适应度值，就必须从另外 $k-1$ 子种群中取出另外 $k-1$ 个部分解 $\left(x_1,\cdots,x_{i-1},x_{i+1},\cdots,x_k\right)$ 与 x_i 组成一个完整解 x，才能够使用目标函数（或其他方式）来给出评价。换而言之，合作型协同进化算法中个体的适应度值是通过与其他种群中的个体进行合作得到的，各个种群之间是一种互惠共生的关系，其示意图如图 5.2 所示。

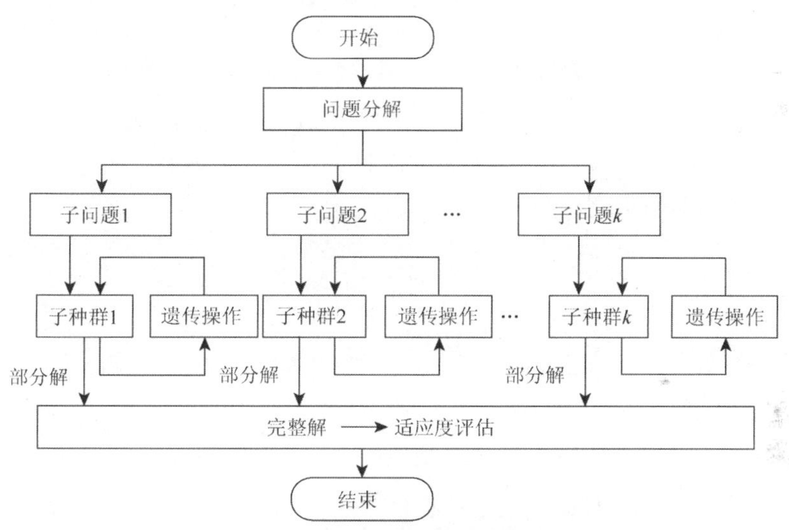

图 5.2　合作型协同进化算法的示意图

对比竞争型协同进化算法和合作型协同进化算法，可得出如下异同点（表 5.1）。

表 5.1　竞争型合作型协同进化算法的比较

相同点	不同点
①子种群的进化过程本身是相同的 ②所有的相互作用都是基于适应度评估过程中的信息交换的 ③子种群都是独立进化的	①问题分解方式不同 ②算法的适用范围不同 ③个体代表的含义不同 ④模拟的自然界的共生关系不同 ⑤子种群之间和个体之间相互影响的性质不同 ⑥个体适应度评估方式不同

5.1.2 算法基本框架

通过 5.1.1 节中对竞争型协同进化算法和合作型协同进化算法的比较分析，可以看出，各种协同进化算法的不同之处在于他们的设计思想不同，而相同点在于算法的实现细节基本一致。这意味着尽管各种协同进化算法在设计思想上差别很大，但在进化机制上仍然有许多的共通之处，只要充分研究这些共通之处，发现其中的关键所在，就可以将不同的协同进化算法统一起来，最终给出一个统一的协同进化模型。

协同进化算法区别于单种群进化算法，主要是因为协同进化算法中的个体之间存在相互作用，这种相互作用使得协同进化中的多个子种群作为一个整体来进化，而不是多个单种群进化算法的简单叠加。不仅如此，小到子种群间的相互作用，大到整个协同进化算法的进化行为模式，归根结底都是从个体间的相互作用中诞生的，只要能够把握个体间的相互作用，就等于拿到了研究协同进化算法的万能钥匙。由于各种协同进化算法的相同点之一是所有的相互作用都是基于适应度评估过程中信息交换的，所以可以很自然地以适应度评估过程为中心，以个体间相互作用为出发点，结合“子种群的进化过程本身是相同的”和“子种群都是独立进化的”这两个共同点，给出协同进化算法的基本框架（图 5.3）。

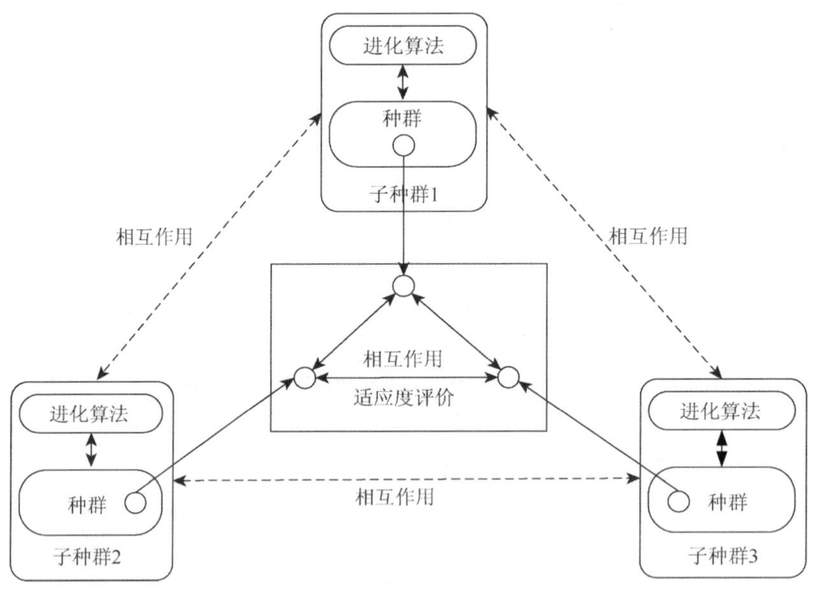

图 5.3　协同进化算法的基本框架

从协同进化算法的基本框架示意图中不难看出，无论选用什么类型的协同进化算法，其进化机制始终都包括在给出的协同进化算法的基本框架之中。

5.1.3　算法动力学描述

根据生态学可知，进化的基本单位是个体或种群。种群是指在特定时间内，由分布到同一区域的许多同种生物个体自然组成的生物系统。种群具有共同的基因库，彼此之间能进行交配并产生有生殖能力的后代。协同进化算法动力学系统是在种群的基础上讨论的。

1. 种群间竞争的协同进化动力学描述

在一定生态环境中，种群的进化同时受到自身适应度和环境与其他种群相互竞争的影响。如果在应用时不考虑种群之间的相互作用，可以使用下面的 Logistic 方程来描述种群增长与环境间的动力学特征：

$$\frac{\mathrm{d}N}{\mathrm{d}t}=rN(1-\frac{N}{K}) \tag{5.1}$$

式中，r 表示种群个体增长率；K 表示环境负荷量；N 表示种群的规模。

式（5.1）表明：单一种群增长情况只考虑了种群内部竞争，即种群内部每增加一个个体，对种群本身增长的抑制作用为 $\frac{1}{K}$。

基于 Logistic 方程，进一步考虑种群之间竞争的协同进化关系。假设存在利用同一资源相互竞争的两个种群 P_1 和 P_2，则式（5.1）可以变换成如下公式来表示每个种群的增长：

$$\begin{cases}\dfrac{\mathrm{d}N_1}{\mathrm{d}t}=r_1N_1(1-\dfrac{N_1}{K_1}-\dfrac{a_{21}N_2}{K_1})\\ \dfrac{\mathrm{d}N_2}{\mathrm{d}t}=r_2N_2(1-\dfrac{N_2}{K_2}-\dfrac{a_{12}N_1}{K_2})\end{cases} \tag{5.2}$$

式中，r_1 和 r_2 表示种群 P_1 和 P_2 个体的最大瞬时增长率，K_1 和 K_2 表示在没有竞争的情况下种群 P_1 和 P_2 的环境负荷量，N_1 和 N_2 分别是种群 P_1 和 P_2 的规模数，a_{12} 和 a_{21} 是竞争系数，a_{ij} 表示种群 P_i 的每个个体对种群 P 的竞争抑制作用。

根据式（5.2）可以看出，种群之间的竞争结果主要取决于环境负荷量 K 的取值和竞争抑制参数 a_{ij}。两个种群之间竞争产生的 4 种可能结果，如表 5.2 所示。

表 5.2　两种群间竞争的四种结果与 a_{12}、a_{21} 和 K 的关系

种群 P_1	种群 P_2	竞争结果
$K_1>K_2/a_{12}$	$K_2<K_1/a_{21}$	P_1 胜，P_2 灭亡
$K_1>K_2/a_{12}$	$K_2>K_1/a_{21}$	不稳定平衡，各有获胜可能

续表

种群 P_1	种群 P_2	竞争结果
$K_1 < K_2 / a_{12}$	$K_2 < K_1 / a_{21}$	稳定平衡，P_1 和 P_2 共存
$K_1 < K_2 / a_{12}$	$K_2 > K_1 / a_{21}$	P_2 胜，P_1 灭亡

对于 n 个不同种群组成的群落而言，式（5.1）将变换为

$$\frac{\mathrm{d}N_i}{\mathrm{d}t} = r_i N_i (1 - \frac{N_i}{K_i} - \frac{a_{ji} N_j}{K_i}) \tag{5.3}$$

2. 捕食者与猎物系统的协同进化动力学描述

目前有许多描述捕食者和猎物系统动力学行为的数学模型，其中 Lotka-Volterra 模型是一个较简单且具有价值的著名模型。它由捕食者的种群规模 P 和猎物的种群规模 N 两个主要变量构成。假设在没有捕食者的情况下，猎物的种群呈指数增长：

$$\frac{\mathrm{d}N}{\mathrm{d}t} = r_1 N \tag{5.4}$$

如果捕食者找不到猎物将会面临饥饿甚至死亡。假设这种饥饿甚至死亡将导致捕食者种群规模呈指数下降：

$$\frac{\mathrm{d}P}{\mathrm{d}t} = -r_2 P \tag{5.5}$$

如果捕食者与猎物共处一有限空间，那么猎物种群的增长率就会随着捕食者的增长而降低，因此式（5.4）可变换为

$$\frac{\mathrm{d}N}{\mathrm{d}t} = (r_1 - \varepsilon P) N \tag{5.6}$$

式中，ε 是猎物受捕食的压力常数。ε 越大代表猎物所受的压力越大，$\varepsilon = 0$ 表示猎物完全不受捕食者的影响。

同样，猎物种群密度也将影响捕食者种群的增长率：

$$\frac{\mathrm{d}P}{\mathrm{d}t} = (-r_2 + \theta N) P \tag{5.7}$$

式中，θ 是捕食者捕杀猎物的效率常数。θ 越大代表捕食效率越高，捕食者种群的增长也就越快。

5.1.4 协同进化算法与其他进化算法的对比分析

1. 协同进化算法与传统进化算法

多数学者都认为协同进化算法是对传统进化算法的扩展，是传统进化算法的

延伸。因此协同进化算法具有传统进化算法的一般特征。但与一般传统进化算法相比，协同进化算法另外具有两个重要特征：多种群和协同进化。

有个别学者认为，协同进化算法也可以使用单个种群。这时，协同进化算法与传统进化算法之间的分界线将变得非常模糊。此外，从“协同进化”原有的生物学含义和多数协同进化算法的种群结构来看，多种群仍然应当看成协同进化算法的明显特征之一。

一些传统进化算法也可能会使用多个种群，如多目标进化算法中会使用外部种群来存储非支配解。因而“多种群”只能看做判断协同进化算法的一个辅助特征，而决定某个算法是否为协同进化算法，还是要看该算法是否具有“协同进化”的特征，即在进化过程中，种群间是否存在密切的交互关系，以及不同种群间是否是相互影响并且共同进化的。

2. 协同进化算法与并行进化算法

协同进化算法强调研究协同进化模式，从而改善进化算法性能，而并行进化算法则是研究使用多个处理器来实现进化算法的，以提高进化算法的计算效率，显然二者属于不同的概念范畴，但二者之间又存在着交集。从“多种群”和“种群间交互”的角度看，一些传统进化算法的并行实现算法也同样具有该特征。但是为了减少通信代价，并行进化算法中种群间的交流通常是要求尽可能少的。并且其交流方式也往往是通过个体偶尔的迁移来实现的，其交互方式往往没有协同进化算法这样频繁和多样化。

从实际应用来看，没有必要将协同进化算法和并行进化算法进行严格的区分，正如 Potter 在提出 CCGA 算法时就曾指出，CCGA 模型可以非常方便地进行并行实现。协同进化算法可以以并行的形式来实现，并行进化算法也可以借鉴协同进化的思想来完善其通信方式。

3. 协同进化算法与 Coevolving Memetic 算法

Memetic 算法是一类将局部搜索（local search，LS）算子与进化算法相结合的混合算法。近些年，研究者发现，LS 算子的选择对于 Memetic 算法的性能有着重要的影响，因而该类算法中出现了一种新型的 Coevolving Memetic 算法（coevolving memetic algorithm，COMA）。

COMA 包含两个种群：一个是基于基因编码的候选解种群；另一个是基于 Meme 编码的 LS 算子种群（也称为 Meme 种群）。在候选解进化的同时，Meme 种群本身也在进化，使其中的 LS 算子能够自适应地进化为最适合的形式。COMA 和协同进化算法看起来非常类似，其主要不同之处在于 COMA 中的 Meme 种群能够直接改变候选解种群的基因型。Memetic 算法主要关注的还是 LS 算子对进化算法的影响，因而将 COMA 归入 Memetic 算法可能更加合适，但随着协同进化算法研究的深入，二者之间的界限也许会变得越来越模糊。

5.2 多飞行器协同航路规划问题建模

5.2.1 问题描述

飞行器航路规划的目的是要找到能够保证飞行器安全突防并到达目标点的飞行航迹。目前，针对单一飞行器的航路规划问题研究成果已经较多较成熟，多飞行器协同航路规划问题已经成为新的研究方向。

在现实应用中，为了确保任务顺利完成，往往需要同时使用多个飞行器从不同方向对同一目标执行任务，或者多个飞行器对多个不同的目标执行任务。为了使任务成功完成的概率最大，往往会要求所有飞行器同时、多角度到达。这时，如何为每一个飞行器生成有效的航迹，并协调各飞行器的到达时间，是决定能否成功完成任务的前提条件之一。多飞行器协同航路规划的目的就是为每个飞行器实时地生成一条航迹，保证飞行器能够同时、多角度到达各自的目标点，并尽量提高飞行器的生存概率。这样生成的航迹对于每个单一的飞行器不一定是最优的，但对于整个飞行器编队却必须是最优或近似最优的。

5.2.2 问题建模

1. *威胁约束建模*

飞行器在整个飞行过程中的安全性会受到地形地貌和其他各种威胁因素的影响，主要包括：

（1）自然或人工障碍，如陆地、岛屿、礁石和井架等；

（2）敌方防空部署，如警戒雷达和防空火力等；

（3）其他限制，如禁行区域等。

通过环境表达的方式可以对规划空间内影响飞行器飞行安全的各种威胁因素进行分析和处理。由于飞行器在执行任务的过程中通常为在近海面低空飞行，飞行过程中主要规避岛屿、禁行区和敌方防空火力等威胁。所以，从实际应用的角度考虑，可以在二维规划空间中进行环境建模和航路规划。

为描述方便和简化计算，在二维空间里可以将地形障碍和敌方防空火力区域等各种威胁表示为飞行器不可穿越的多边形区域。假设在规划空间中，各种威胁区域可表示为集合 R_{F}，航路曲线表示为 $f(x,y)=0$，其中 (x,y) 表示航路曲线上任意一点的经纬度坐标。则规划空间中的各种威胁约束可表示为

$$\forall x, y, f(x,y)=0, \quad \left((x,y)\notin R_{\mathrm{F}}\right) \tag{5.8}$$

式（5.8）表示规划航迹上的任意一点都不在威胁区域内。

2. 飞行能力约束建模

飞行能力是指飞行器在飞行过程中，根据自身规律和技术特点所需要遵守的限制条件。一般而言，飞行器的飞行能力约束主要包括最大航程约束、最大转弯角约束、转弯航路点个数约束、转弯调整距离约束、末段攻击距离约束等。

1）最大航程约束

飞行器的燃油携带量决定其最大飞行航程。显然在进行航路规划时，飞行器航路的航程不能超出实际最大航程，而且考虑到发动机性能的不确定性，还应考虑在航程上留有一定的余量。因此，飞行器最大航程约束可表示为

$$J_c + \varDelta_c \leqslant L_{\max} \tag{5.9}$$

式中，J_c 为某条航路的航程指标；$\varDelta_c$ 为预留的航程余量；$L_{\max}$ 为允许的最大航程。

对于一条航路点个数为 n（包括起始点和目标点）的航路，其航程指标约束可表示为

$$J + \varDelta_c = \sum_{i=1}^{n} L_{i-1,i} + \varDelta_c \leqslant L_{\max} \tag{5.10}$$

式中，$L_{i-1,i}$ 为航路点 $i-1$ 与航路点 i 之间航路段的航程。

2）最大转弯角约束

由于受飞行器自身机动性能影响，其在转弯时的转弯角度是有一定限制的。设飞行器允许的最大转弯角为 θ，则对规划航路中的任意转弯角 ∂_i 有

$$\partial_i \leqslant \theta, \quad \forall i \in n \tag{5.11}$$

3）转弯航路点个数约束

转弯航路点个数是指飞行器在整个飞行过程中允许的转向次数。设飞行器允许的最大转弯航路点数为 $N_{\max}$，则对于规划航路需满足：

$$\forall n \leqslant N_{\max} \tag{5.12}$$

式中，n 为规划航路的航路点个数。

4）转弯调整距离约束

飞行器转弯之后需要一定的缓冲飞行距离来调整自身姿态，从而使飞行器重新回到平稳状态。一般来说，对于不同的转弯角度，其需要缓冲飞行的距离也是不同的，但存在一个最小值。设飞行器在转弯之后的最小缓冲飞行距离为 $L_{n\min}$，则有

$$L_{i-1,i} \geqslant L_{n\min}, \quad \forall i \in [1,n] \tag{5.13}$$

式中，$L_{i-1,i}$ 为航路点 $i-1$ 与航路点 i 之间航路段的航程。

5）末段攻击距离约束

对于飞行器来说，其到达目标点之前的末段航路的长度是有一个最小要求的，以便于其在到达目标点之前调整好自身状态。设末段航路要求的最小航程为 $L_{ln\min}$，则有

$$L_{n-i,n} \geqslant L_{ln\min} \tag{5.14}$$

3. 协同约束建模

在进行多飞行器协同航路规划中，需要考虑的约束条件主要包括空间约束和时间约束两个方面。

1）空间约束

若两个飞行器在空间相遇，必然会形成相撞导致损毁。考虑到两飞行器在同一时空内相遇的可能性，必须保证同一次任务中的任意两飞行器的航路在规划区域中不重合（此处为了简化问题，忽略了飞行器在空间飞行的时间因素）。对于任意两条航路 P_i 与 P_j，其相距的最小距离应满足

$$\min\left\{\operatorname{dis}(P_i,P_j)\right\} > \Delta_D \tag{5.15}$$

式中，$\min\left\{\operatorname{dis}(P_i,P_j)\right\}$ 表示航路 P_i 与 P_j 之间的最小距离，Δ_D 表示允许两航路相距的最小距离，为一常量。

2）时间约束

协同航路规划中的时间约束是指多飞行器要在较短的时间内到达同一个目标点。这个问题主要在于如何调整多个飞行器之间的起飞时间和各自的航程，从而使它们同时到达目标点。假设某 3 条航路 P_i、P_j 和 P_k 的航程分别为 D_i、D_j 和 D_k，飞行器起飞的准备时间为 Δt。若有 $D_i > D_j > D_k$，则起飞时间约束为

$$\begin{cases} t_{ij} = \dfrac{D_i}{\overline{V}} - \dfrac{D_j}{\overline{V}} - \Delta t > 0 \\ t_{jk} = \dfrac{D_j}{\overline{V}} - \dfrac{D_k}{\overline{V}} - \Delta t > 0 \end{cases} \tag{5.16}$$

式中，$\overline{V}$ 为飞行器的平均速度；t_{ij} 为航路 P_i 与 P_j 之间的起飞时间间隔；t_{jk} 为航路 P_j 和 P_k 之间的起飞时间间隔。

5.3 多飞行器协同航路规划方法设计

5.3.1 协同航路规划基本流程

多飞行器协同航路规划问题从层次上可以分成两个部分。第一部分是针对

单飞行器的航路规划，这时仅需考虑单飞行器的约束条件，主要包括飞行器自身的机动特性，规避禁行区与障碍物，及满足其他特定需求（如进入目标方向，飞行时间等）；第二部分是针对多飞行器规划航迹的协同性，此时需要在满足单飞行器约束条件的前提下考虑多飞行器的多条航路在空间与时间上的协同关系。

如图 5.4 所示，对于基于协同进化算法的单飞行器航路规划，主要需完成如下工作：

（1）获取规划区域的环境信息和威胁分布信息，对规划区域进行环境建模，同时对航路信息进行编码处理；

（2）设计种群初始化算法，产生初始的航路种群；

（3）基于航路规划的约束条件和规划目标设计适应度评价函数；

（4）设计选择、交叉、变异等进化算子，对种群进行进化算子操作和适应度评估。

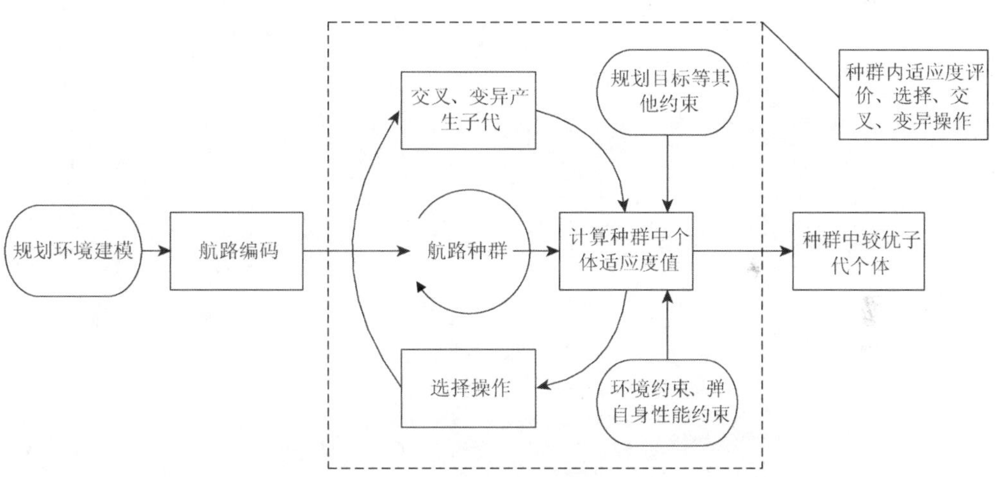

图 5.4　单飞行器航路规划方法基本框图

如图 5.5 所示，多飞行器协同航路规划是建立在单飞行器航路规划的基础上进行的，主要需完成如下工作：

（1）将多个种群进化后的较优子代个体集合在一起，组成一个多种群航路集合；

（2）基于协同航路规划中的时空约束和其他要求设计适应度函数；

（3）设计协同规划阶段的选择、交叉、变异等进化算子，对多种群集合进行进化算子操作和适应度评估。

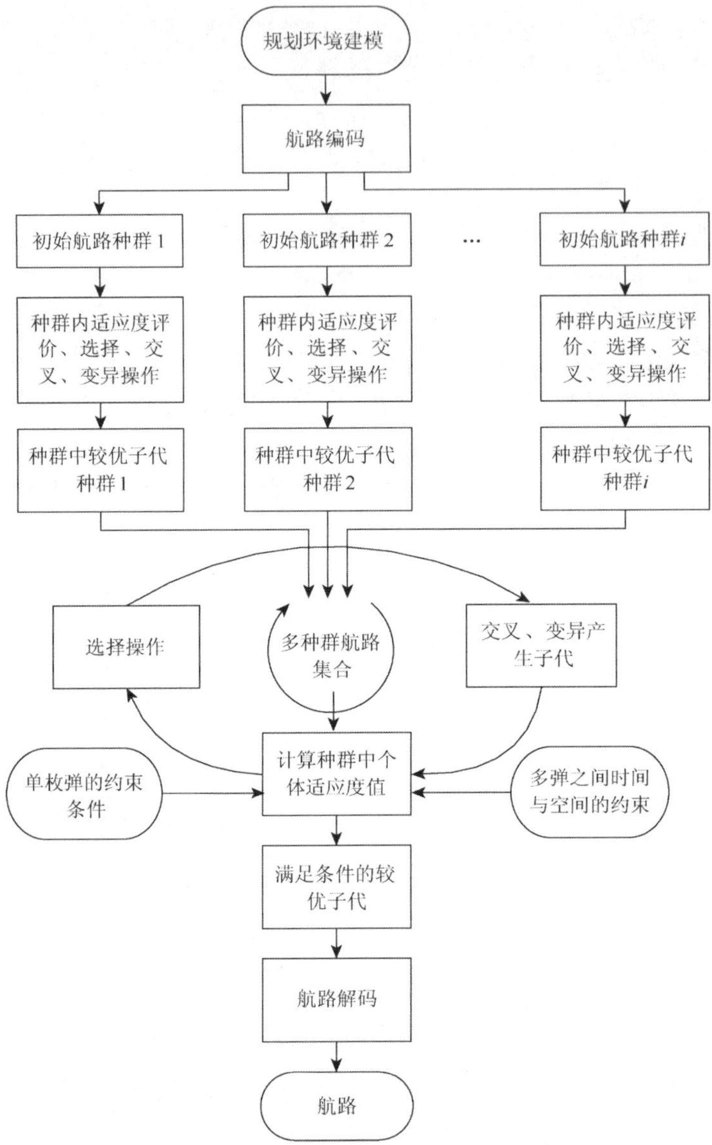

图 5.5　多飞行器协同航路规划方法基本框图

5.3.2　航路编码和种群初始化

1. 航路编码

在进行航路规划之前，首先需要将航路表示成算法可识别的编码方式，从而将问题的解空间映射到编码空间。

飞行器航路可以表示成从起始点开始到目标点结束的一组有序的航路点集合。每个航路点应该包括该点的位置（经度、纬度）和该点到下一点的方位角信息。因此，航路点编码 route_node 可表示为

$$\text{route\_node}=\{x, y, \text{angle}\} \tag{5.17}$$

式中，x 和 y 分别表示航路点的经纬度坐标；angle 表示该点到下一点的方位角。

一条航路是由若干个航路点组成的，因此航路编码应该包括该航路的所有航路点链表、航路的长度、航路的总转向角、航路的适应度值和该航路是否可行的标志信息。下面是航路编码 missile_route 的描述：

```
missile_route:
        -list<route_node>route_list            //航路点链表，长度可变
        -feasible_flag                         //航路是否可行标志
        -fitness_value                         //航路适应度值
        -route_length                          //航路总长度
        -sum_turn_angle                        //航路总转向角
```

2. 种群初始化

协同进化算法中初始种群的生成一般主要有两种方法。第一种方法使用随机方式产生初始种群，这种方法的优点是种群中个体的多样性好，在整个解空间中均匀分布，具有一定的广泛性，但使用该方法产生的航路可行性不高，因此会增加搜索时间。另一种方法是将一些先验知识作为初始化种群的必要条件，然后在满足这些必要条件的解中随机抽取样本，这种方法选择出的初始种群可加快算法收敛速度。本书设计的种群初始化是通过在满足先验知识的解空间中随机初始化而产生的。

5.3.3　适应度函数设计

协同进化算法在进化过程中使用所求问题的目标函数值来评估个体的优劣，以此作为进化操作的依据。目标函数通过评价个体的适应度来体现，所以设计一个能够准确反映个体优劣程度的适应度函数将直接决定所设计的算法能否收敛到符合条件的最优解。

1. 单种群进化的适应度函数设计

单种群中的航路个体适应度评价主要是要求满足单飞行器的航路规划约束，主要考虑规划航路的可行性和优劣性两方面性能。一般来说，航路的可行性主要是指航路不与障碍物相交，且航路满足飞行器自身的机动性能约束。而航路的优劣性则主要表现在航路的平滑度和安全程度等方面。

单种群进化的适应度评价可用使用函数 $f(m)$ 描述

$$f(m)=\delta_{\mathrm{d}}D(m)+\delta_{\mathrm{s}}S(m)+\delta_{\mathrm{c}}C(m) \tag{5.18}$$
$$\delta_{\mathrm{d}}+\delta_{\mathrm{s}}+\delta_{\mathrm{c}}=1$$

式中，$D(m)$ 表示航路的航程指标；$S(m)$ 表示航路的平滑度指标，$C(m)$ 表示航路的安全指标；δ_{d}、δ_{s} 和 δ_{c} 分别表示航程、平滑度、安全程度在适应度函数中的权重。

在 $D(m)$ 的计算中，除了航路的总航程必须满足不能超过最大总航程约束这一条件，航路中每一段小航路的航程也必须满足大于允许的最小航路段航程这一约束。且在计算航程的过程中，需保证总的航路点个数不超过允许的最大航路点个数。因此，$D(m)$ 的具体计算方法可表示为

$$\begin{cases} D(m)=\mathrm{Route\_Length\_Max}-\varDelta_l-\sum\limits_{i=1}^{n-1}\mathrm{length}_i \\ \mathrm{length}_i \geqslant \mathrm{Length\_Min}, i=1,2,\cdots,n-1 \\ 2<n\leqslant \mathrm{Route\_Node\_Num\_Max} \end{cases} \tag{5.19}$$

式中，n 表示当前规划航路的航路点总数（包括起始点和目标点）；$\varDelta_l$ 表示航路航程的余量；length_i 表示第 i 段航路的航程；Route_Length_Max 表示允许的最大总航程；Length_Min 表示允许的最小航路段航程；Route_Node_Num_Max 表示允许的最大航路点个数。

当 $D(m)\leqslant 0$ 时，航路航程超过了允许的最大航程，此航路不可行；$D(m)>0$ 时，航路航程在允许范围内，且其值越大代表航路越短。

平滑度是通过航路在各航路点的转向角度来体现的。航路的平滑度越好，飞行器在转向时带来的误差就越小。航路的平滑度 $S(m)$ 的计算方法为

$$\begin{cases} S(m)=\mathrm{Angle\_Max}-\sum\limits_{i=1}^{n-2}(\mathrm{angle}_{i+1}-\mathrm{angle}_i)/(n-2) \\ (\mathrm{angle}_{i+1}-\mathrm{angle}_i)\leqslant \mathrm{Angle\_Max}, i=1,2,\cdots,n-2 \\ 2<n\leqslant \mathrm{Route\_Node\_Num\_Max} \end{cases} \tag{5.20}$$

式中，n 表示当前规划航路的航路点总数（包括起始点和目标点）；angle_i 表示第 i 段航路与水平线的夹角；$(\mathrm{angle}_{i+1}-\mathrm{angle}_i)$ 表述航路在航路点 $(i+1)$ 处的转向角；Angle_Max 表示航路允许的最大转向角。

当 $S(m)\leqslant 0$ 时，航路所有转向角的平均值超过了允许的最大转向角，此航路不可行；$S(m)>0$ 时，航路所有转向角的平均值在允许范围内，且其值越大代表航路平滑度越高。

航路安全程度即航路远离禁行区的程度。假设 l_i 为航路的第 i 个航路段与禁行区的最近距离，则 $l_i>0$ 表示航路段不与禁行区相交，此时航路段是安全的；当

$l_i = 0$ 时，表示航路段与禁行区相交，此时航路段不可行。

对于某一航路而言，其安全程度 $C(m)$ 的计算方法为

$$\begin{cases} C(m) = \sum_{i=1}^{n-1} l_i \\ l_i > 0 \qquad i = 1,2,\cdots,n-1 \\ 2 < n \leqslant \text{Route\_Node\_Num\_Max} \end{cases} \tag{5.21}$$

式中，n 表示当前规划航路的航路点总数（包括起始点和目标点）；l_i 表示第 i 段航路距离禁行区的最短距离。$C(m)$ 越大代表航路越安全。当 $C(m) = 0$ 时，代表航路与禁行区相交，航路为不可行。

2. 多种群协同进化的适应度函数设计

多种群协同进化是在单种群进化的基础上进行的，主要考虑空间协同和时间协同两方面约束条件。其适应度函数设计如下

$$\begin{cases} g(k) = \delta_{\mathrm{r}} R(k) + \delta_{\mathrm{t}} T(k) \\ R(k) \geqslant 0 \\ T(k) \geqslant 0 \end{cases} \tag{5.22}$$

$$\delta_{\mathrm{r}} + \delta_{\mathrm{t}} = 1$$

式中，$R(k)$ 与 $T(k)$ 分别为多种群协同进化中的空间约束评价指标和时间约束评价指标；δ_{r} 和 δ_{t} 分别为其对应的权重系数。

根据 5.2.2 节中的分析，空间约束评价指标和时间约束评价指标的计算方法分别如式（5.22）和式（5.23）所示。

$$R(k) = \min_{i=1, i \neq k}^{n} \left\{ \mathrm{dis}\left(p_i, p_k\right) \right\} - D_{\min} \tag{5.23}$$

式中，n 表示航路集合中航路个体的数目（即种群数）；$\min\left\{\mathrm{dis}\left(p_i, p_k\right)\right\}$ 表示航路集合中编号为 i 的航路个体与编号为 k 的航路个体之间的最小距离（不考虑起始点和目标点）；$D_{\min}$ 表示空间相邻的两航路允许的最小间隔距离。当 $R(k) < 0$ 时，表示编号为 i 与编号为 k 的航路之间的最小距离不满足空间约束条件；当 $R(k) \geqslant 0$ 时，则表示符合空间约束条件，且越大越好。

$$T(k) = \left(\frac{\text{route\_length}_k}{\bar{v}} - \frac{\text{route\_length}_{k+1}}{\bar{v}} \right) - \Delta t \tag{5.24}$$

式中，route_length_k，$\text{route\_length}_{k+1}$ 分别表示第 k，$k+1$ 条航路的航程；$\bar{v}$ 表示飞行器的平均速度；Δt 表示飞行器起飞要求的最小间隔时间。当 $T(k) < 0$ 时，表示编号为 k 与编号为 $k+1$ 的航路之间的时间间隔不满足时间约束条件；当 $T(k) \geqslant 0$ 时，表示符合时间约束条件，且越大越好。

5.3.4 进化操作算子设计

1. 选择操作

选择操作是确定从父代群体中选择哪些个体到子代群体中进行进化计算，主要包括个体选择方法和选择数量的确定。本书设计的方法采用精英保留机制作为选择操作机制。在选择的过程中，首先将种群中的个体按照适应度值排序，然后将一定数量的精英个体（即适应度值较高的个体）保留到子代群体中，而其他个体直接舍弃。

2. 交叉操作

交叉操作采用双点交叉模式。在初始种群中任意选取两条航路作为母体，在两个母体上分别随机选取两个航路点作为交叉点，将两条航路分别从交叉点断开成两个部分，然后第一个母体的第一部分与第二个母体的第二部分组合，第一个母体的第二部分与第一个母体的第一部分组合，从而生成两条新的航路。

如图 5.6 所示，航路 $\text{missile\_route}[i]$ 的航路点信息在交叉前后分别为 $\text{route\_list}\{\cdots,i,i+1,i+2,\cdots\}$，$\text{route\_list}\{\cdots,i,j+1,i+2,\cdots\}$；航路 $\text{missile\_route}[j]$ 的航路点信息在交叉前后分别为 $\text{route\_list}\{\cdots,j,j+1,j+2,\cdots\}$，$\text{route\_list}\{\cdots,j,i+1,i+2,\cdots\}$。

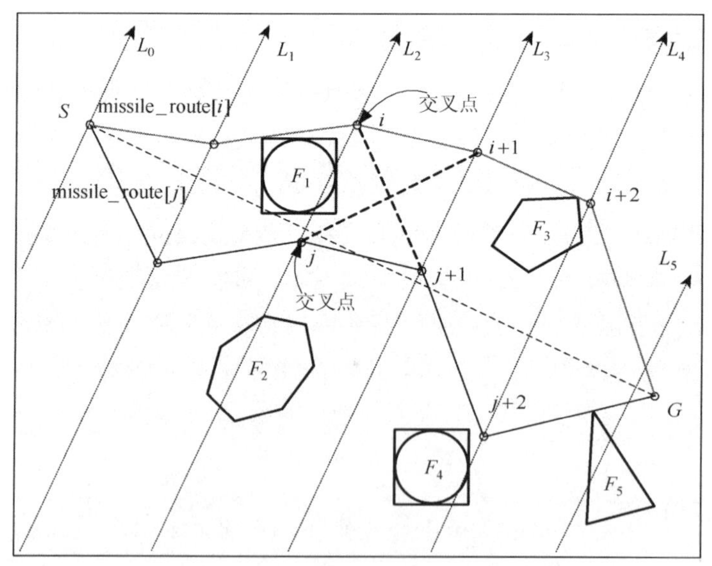

图 5.6 交叉算子操作示意图

3. 变异操作

变异操作采用两点变异模式。选择航路个体中相邻两个航路点，重新生成两个航路点替换选中的这两个航路点。在选择变异点时主要考虑两方面因素：第一是优先选择前后两个航路段都与禁行区相交的两点；第二是优先选择最大转向角附近的点。

如图 5.7 所示，选择航路与禁飞区相交附近的航路点 i 、$i+1$ 作为变异点。确定新的航路点 j 。用新航路点 j 、 $j+1$ 替换变异点 i 、 $i+1$ 。变异前航路点信息为 $\text{route\_list}\{\cdots,i-1,i,i+1,i+2,\cdots\}$，变异后航路点的信息为 $\text{route\_list}\{\cdots,i-1,j,j+1,i+2,\cdots\}$ 。

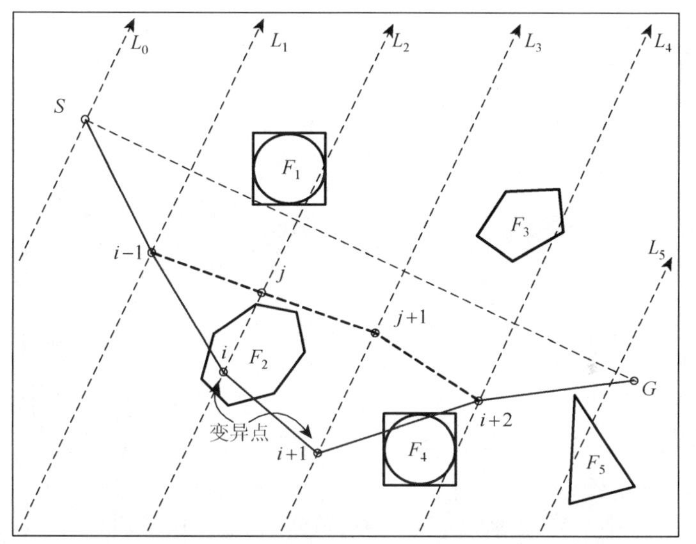

图 5.7　二点变异算子操作示意图

4. 其他操作

1）扰动操作算子

针对飞行器航路与禁行区相交的情况，设计扰动算子，以改变航路个体中某个航路点的坐标，从而使航路规避禁行区。

若航路点在禁行区内，显然连接该航路点的前后两端的航路都与禁行区相交，则对该航路点进行扰动操作。具体做法是改变该点之前一个航路点的转向角，使位于禁行区内的航路点沿其所在的垂线上下运动，直至该点不在禁行区内，且连接该点的前后两段航路也不与禁行区相交。这样可得到上下两个新的航路点，进而得到两条新的航路。选择总航程径短的一条航路保留即可。

图 5.8 给出了针对航路点在禁行区内的扰动算子操作的示意图。图中航路 missile_route$[i]$ 原始的航路点信息为 route_list$\{\cdots,i-1,i,i+1,\cdots\}$，航路点 i 在禁行区内。改变航路点 $i-1$ 的转向角，使航路点 i 在垂线 L$(i-1)$ 上移动，直至连接该点的前后两段航路都不与禁行区相交，则得到 α'_{i-1}、α''_{i-1} 两个差角，对应两个新的航路点 k_1、k_2。替换扰动点 i，得到两条新的航路 route_list$\{\cdots,i-1,k_1,i+1,\cdots\}$ 和 route_list$\{\cdots,i-1,k_2,i+1,\cdots\}$。取其中航程较短的一条航路保留。

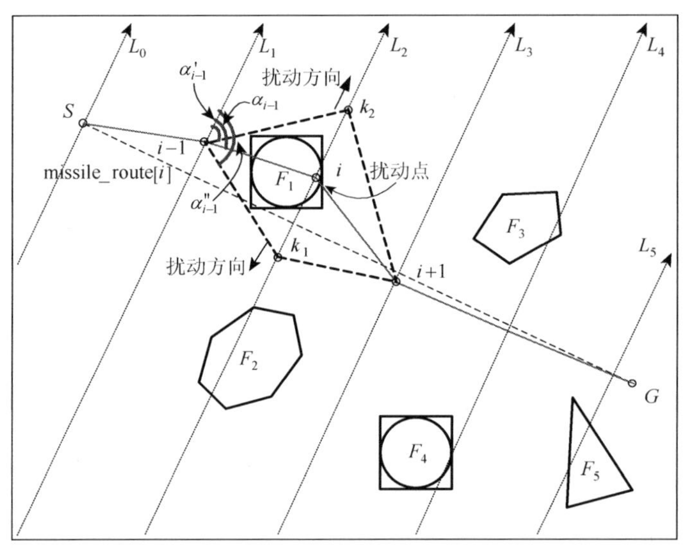

图 5.8　航路点在禁行区内的扰动算子操作示意图

当航路点不在禁行区内时，若航路段与禁行区相交，则取相交段航路的前一个航路点作为扰动点。改变该扰动点之前一个航路点的转向角，使扰动点沿其所在的垂线上下运动，直至该点两端的航路段都不与禁行区相交。此时可得到上下两个新的航路点。使用其中任意一个新航路点替换原航路点，则可得到两条新的航路，取总航程较短的一条航路保留即可。

图 5.9 给出了针对航路点不在禁行区内的扰动算子操作的示意图。图中航路 missile_route$[j]$ 原始的航路点信息为 route_list$\{\cdots,j-1,j,j+1,\cdots\}$。其中，航路点 j 不在禁行区内，但其与下一航路点的连接航段与禁行区相交。改变航路点 $j-1$ 的转弯角，使航路点 j 在垂线 $L_{(j-1)}$ 上移动，直至连接该点的前后两段航路都不与禁行区相交，得到两个新的航路点 k_1、k_2。替换扰动点 j，得到两条新的航路

$\text{route\_list}\{\cdots, j-1, k_1, j+1, \cdots\}$ 和 $\text{route\_list}\{\cdots, j-1, k_2, j+1, \cdots\}$ 。取其中航程较短的一条航路保留。

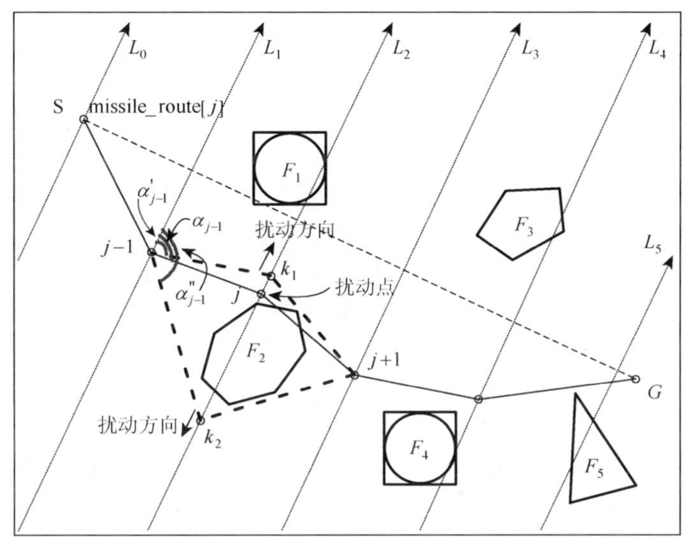

图 5.9　航路点不在禁行区内的扰动算子操作示意图

2）航路距离扰动操作算子

针对航路集合 Q 中任意两条航路的间隔距离必须大于最小值 $D_{\min}$ 这一空间约束要求，设计种群间航路距离扰动操作算子，对航路集合 Q 中航路间隔距离小于此值的两条航路进行微调。

在计算两条航路之间最小间隔距离时，首先对待计算航路生成航路管道，取航路管道的宽度为 $D_{\min}/2$ 。这样判断两航路之间的最小间隔距离就可转化为判断两航路的航路管道是否存在相交，并根据结果选择是否进行进一步的算子操作。

在具体操作时，若某两条航路的航路点 A、B 处间隔距离不满足条件，则任意选取其中一条航路相交处的航路点作为变异点，改变此点之前的航路点的转向角，使变异点沿其所在的垂线向远离另一条航路的方向移动，使其间隔距离增加，直至两条航路管道不相交。

在对其中一条航路进行算子操作后，先用单种群进化的适应度评价函数进行评价。若适应度值满足条件，则再用多种群协同进化的适应度评价函数进行评价；否则，放弃之前的算子操作，取另一航路在相交处的航路点作为变异点，重复上述操作。若对两条航路的算子操作的结果均不满足适应度值评价的条件，则放弃操作，并直接复制个体进入子代群体中。

图 5.10 给出了种群间航路距离扰动算子操作的示意图。其中，航路 missile_route$[i]$ 与 missile_route$[j]$ 在航路点 i 和 j 处管道相交。选取航路点 i 作为变异点，改变航路点 $i-1$ 的转向角，得到新航路点 k，原航路 missile_route$[i]$ 的航路点由 route_list$\{\cdots,i-1,i,i+1,\cdots\}$ 变为 route_list$\{\cdots,i-1,k,i+1,\cdots\}$。

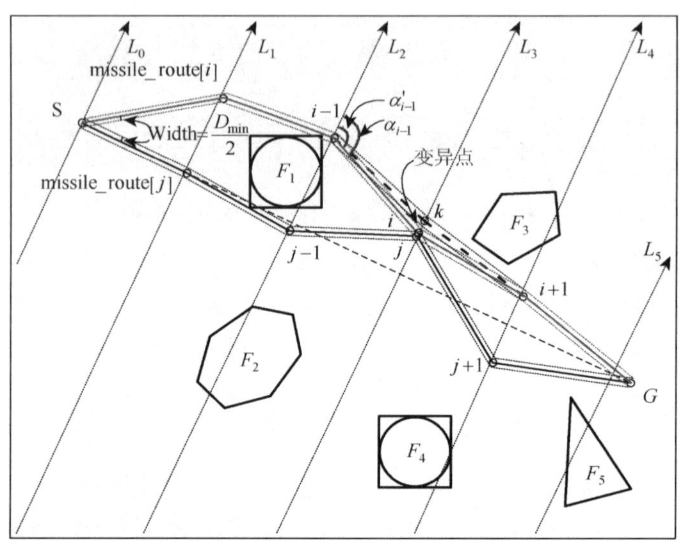

图 5.10　种群间航路距离扰动算子操作示意图

3）航路航程扰动操作算子

根据协同航路规划的时间约束要求，在确定飞行器执行任务的顺序后，对两个先后执行任务的飞行器的航路，要求其起飞时间间隔不小于 Δt。若不满足，则需进行航程调整：或者增大先执行任务的飞行器的航程，或者减小后执行任务的飞行器的航程。

图 5.11 为多种群航路航程扰动算子操作的示意图。图中航路 missile_route$[i]$ 与 missile_route$[i+1]$ 为先后执行任务的两个飞行器对应的两条航路。在图 5.11（a）中，通过增大航路点 $j-1$ 的转向角，得到新的航路点 k_1，从而将航路 missile_route$[i+1]$ 的航程调小。若一次算子操作的结果不满足适应度函数的评价条件，则可进行二次算子操作，改变航路点 k_1 的转向角，得到新的航路点 k_2。此时，该航路的航路点由 route_list$\{\cdots,j-1,j,j+1,j+2,\cdots\}$ 变为 route_list$\{\cdots,j-1,k_1,k_2,j+2,\cdots\}$。若经过两次算子操作后得到的航路仍不满足适应度函数评价条件，则放弃之前的操作，对另一条航路执行航程扰动算子操作。

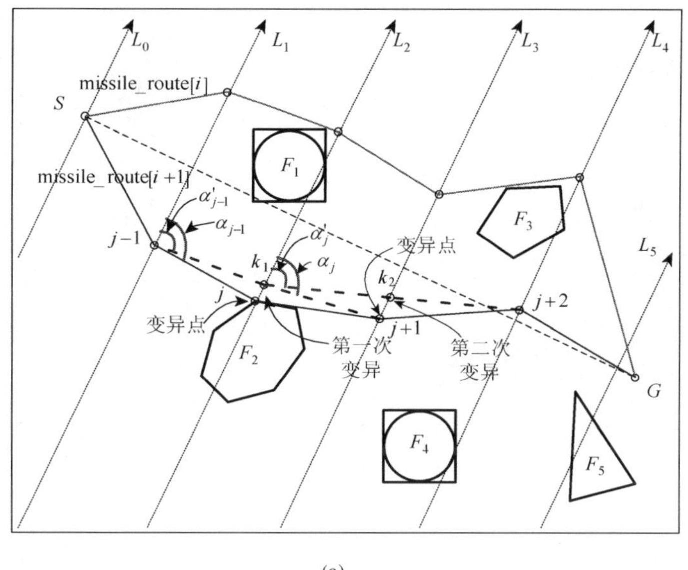

(a)

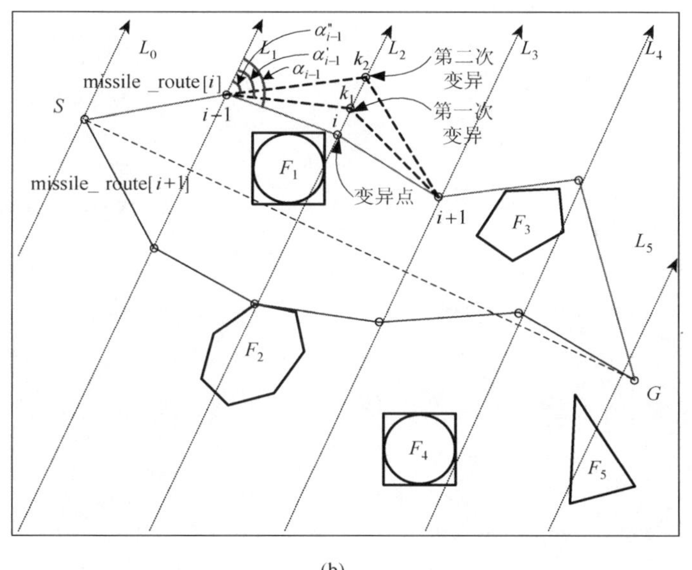

(b)

图 5.11　多种群航路航程扰动算子操作示意图

在图 5.11（b）中，通过减小航路点$i-1$的转向角，得到新的航路点k_1，从而将航路 missile_route$[i]$ 的航程增大。若一次算子操作的结果不满足适应度函数的评价条件，则可进行二次算子操作，继续减小航路点$i-1$的转向角，得到新的航路点k_2。此时，该航路的航路点由 route_list$\{\cdots,i-1,i,i+1,\cdots\}$ 变为 route_list$\{\cdots,i-1,k_2,i+1,\cdots\}$。

5.3.5 算法流程

本书设计的基于协同进化的多飞行器协同航路规划方法可分为种群内进化和种群间进化两个部分。具体流程如图 5.12 所示。

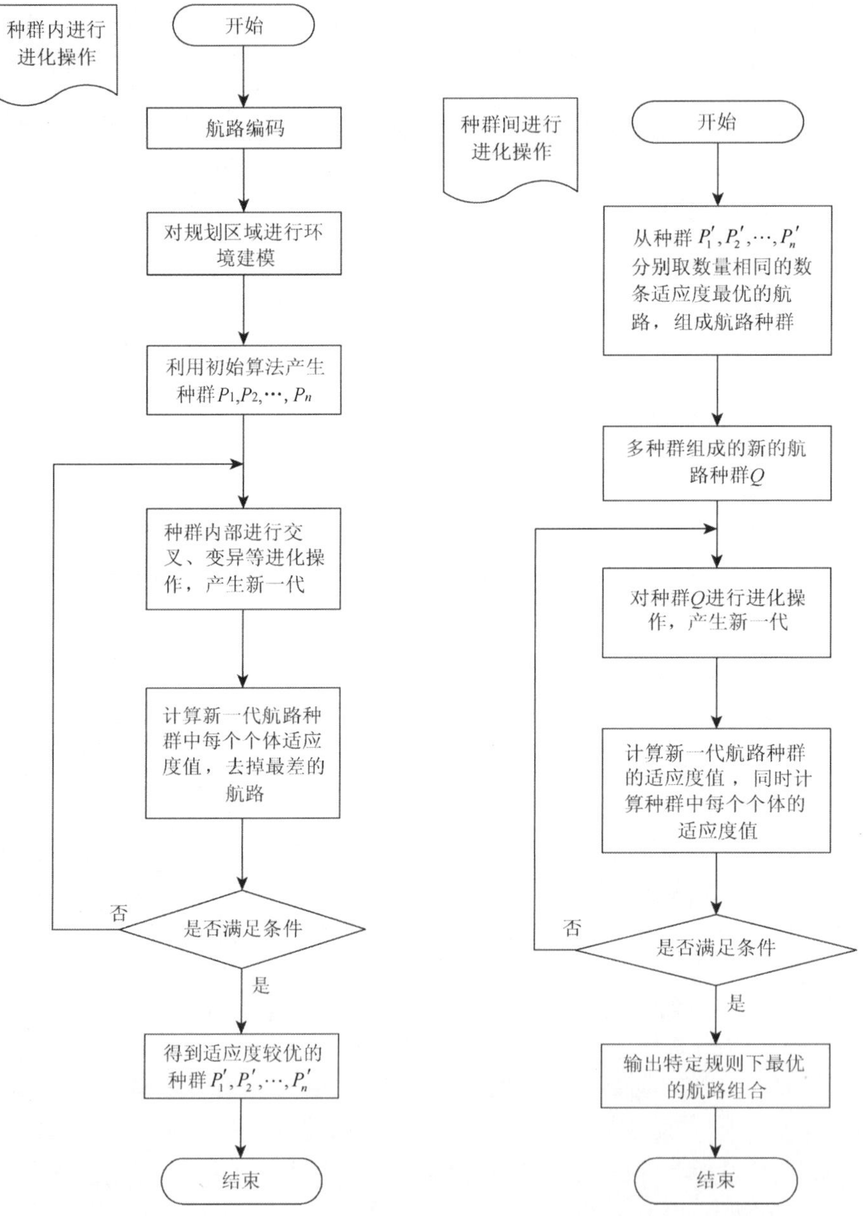

图 5.12　基于协同进化算法的多飞行器协同航路规划方法流程图

种群内进化是对单一飞行器航路的寻优。在该进化过程中，不考虑多飞行器航路间的约束关系，仅需求解出满足单种群进化评价指标的航路，并从每个种群中挑出其适应度值最高的航路组成一个航路集合。种群间进化是对第一阶段获取的航路集合进行多种群进化操作。此时需综合单种群进化的评价指标与多种群进化的评价指标来对航路集合进行综合评价和进化操作，从而最终求得既满足单飞行器航路规划约束，又满足多飞行器协同航路规划约束的航路集合。

5.3.6　仿真实验与分析

1. 仿真实验设计

对本书设计的多飞行器协同航路规划方法进行仿真实验，共设计单起点单目标点多飞行器航路规划、多起点单目标点多飞行器航路规划、多起点多目标点多飞行器航路规划三组仿真实验进行算法验证。在仿真实验中，算法运行参数和起始点目标点的位置参数分别如表 5.3 和表 5.4 所示。

表 5.3　算法参数设置

参数名称	参数取值
最大航程	550km
最小航路段距离	80km
末段最小距离	90km
最大航路点数	5
最大转向角	90°
平均飞行速度	0.3km/s
两航路间允许的最小间隔距离	2km
起飞准备时间	40s
权值系数	δ_d=0.5，δ_s=0.3，δ_c=0.2，δ_r=0.5，δ_t=0.5
单种群规模	20
单种群最大进化代数	50
多种群最大进化代数	100

表 5.4　起始点和目标点位置参数

项目	起点 1	起点 2	起点 3	起点 4	目标 1004	目标 1003	目标 1002
经度/（°）	121.20	121.42	121.62	121.65	123.84	124.10	124.31
纬度/（°）	28.05	28.24	28.27	28.34	26.41	26.81	26.96
起始角度向/（°）	90	90	90	90	—	—	—

2. 仿真结果及分析

1）单起点单目标点多飞行器航路规划

该仿真实验中设定起始点 2 中的 3 个飞行器飞往编号为 1003 的目标。在规划区域中假定存在 3 个禁行区。航路规划结果如图 5.13 所示。

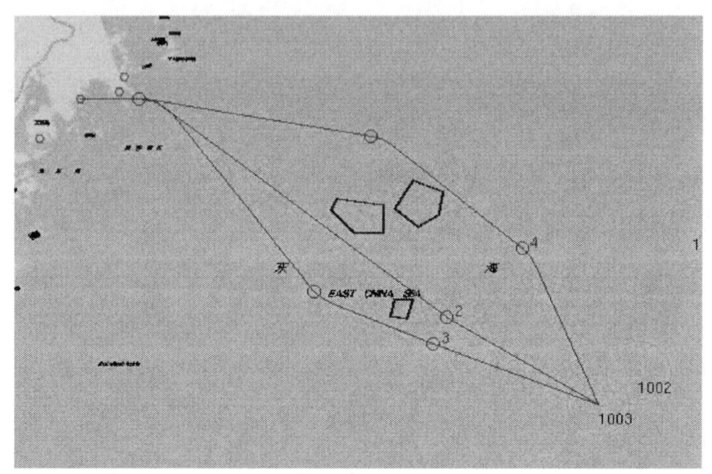

图 5.13　单起点单目标点多飞行器航路规划效果图

2）多起点单目标点多飞行器航路规划

实验中设定从 4 个起始点的 9 个飞行器同时飞往编号为 1003 的目标。在规划区域中假定存在 3 个禁行区。航路规划结果如图 5.14 所示。

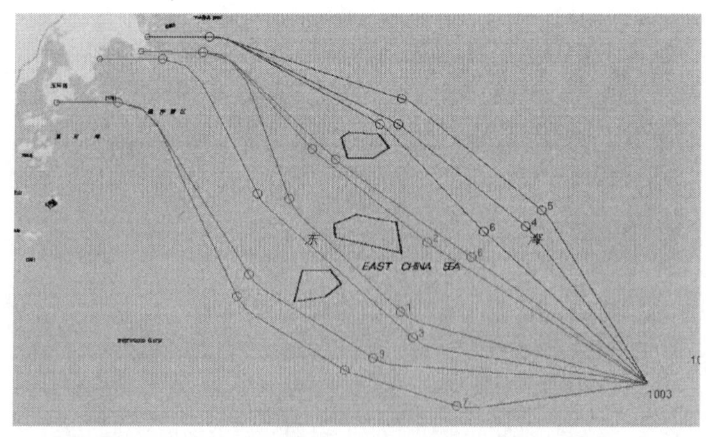

图 5.14　多起点单目标点多飞行器航路规划效果图

3）多起点多目标点多飞行器航路规划

实验中设定从 4 个起始点的 12 个飞行器同时飞往编号为 1002、1003、1004 的 3 个目标。在规划区域中假定存在 4 个禁行区。航路规划结果如图 5.15 所示。

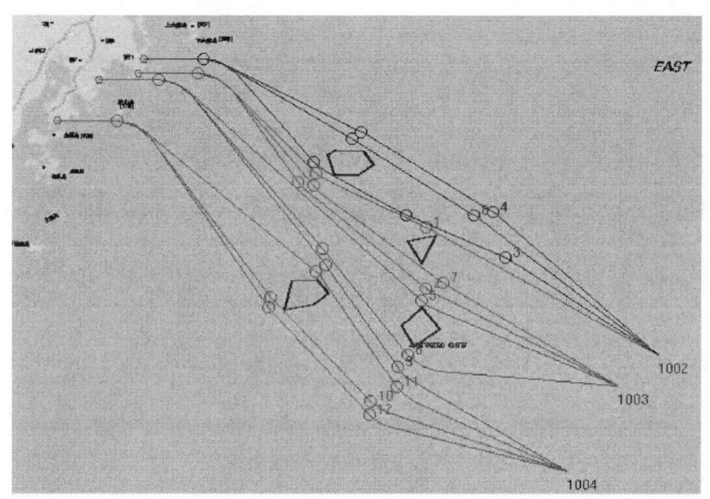

图 5.15　多起点多目标点多飞行器航路规划效果图

由上述仿真实验结果可以看到，对于仿真实验所涉及的单起点单目标点、多起点单目标点和多起点多目标点这三种情况下的多飞行器航路规划，本书设计的方法均能够在保证单航路安全避障的前提下，实现多航路间的时间和空间协同，从而实现多航路的协同。

第 6 章　基于萤火虫算法的航路规划方法

6.1　萤火虫算法

萤火虫算法（fireFly algorithom，FFA）是一种基于萤火虫社会特性的优化算法，它由杨新社于 2007 年在剑桥大学提出。尽管该算法与其他基于群体智能的算法，例如，粒子群算法、人工蜂群算法等有一些相似之处，但是该算法在理论和实现上相对较为简单。另外，根据最近的文献显示，该算法在解决很多优化问题时非常有效，并且具有较好的稳定性，其最突出的优点是利用个体的随机运动，同时基于各个个体间的全局通信。作为一种新兴的智能优化算法，萤火虫算法正在逐步应用在各种优化领域，并取得了不错的效果。

6.1.1　基本思想

自然界中的绝大多数的萤火虫都会发光，这种闪光信号可以被一定范围内的其他萤火虫感知，萤火虫借此进行沟通、求偶等。萤火虫发出的闪光仅在一定距离内可见，主要有两个原因：

（1）光强度 I 与距离光源的距离 r 的平方成反比，即 $I \propto 1/r^2$；

（2）空气会吸收光，通常萤火虫发出的闪光的可见距离是几百米，这个距离足以满足萤火虫利用闪光进行沟通的需要。

为了构建萤火虫算法，基于萤火虫的实际特性设定三个理想化的约束条件，具体如下。

约束 1：萤火虫是没有性别之分的，它们将飞向吸引力较大、亮度较大的同伴而不考虑它的性别。

约束 2：萤火虫吸引力的大小与它的亮度成正比。亮度随着个体间的距离的增加而减小，该规则与空气吸收光的实际情况一致。对于某个萤火虫，如果没有比它更亮的或者吸引力更大的其他虫存在，该虫将会随机飞行。

约束 3：一个萤火虫的亮度或者吸引力由指定问题的目标函数值决定。对于最大化问题，亮度密度正比于目标函数的值。

由于距离的增加和空气对光的吸收，萤火虫 i 的亮度会随着距离 r 的增加而逐渐减小。为了表示这种亮度随距离的变化，给出萤火虫绝对亮度和相对亮度的定义。

定义 6.1　绝对亮度（absolute light）　对于某只萤火虫 i，初始光强度（$r=0$

处的光强度）为萤火虫 i 的绝对亮度，记作 I_i。

定义 6.2　相对亮度（relative light）　萤火虫 i 在萤火虫 j 所在位置处的光强度为萤火虫 i 对萤火虫 j 的相对亮度，记作 I_{ij}。

假设待优化问题的解空间为 d 维。萤火虫算法在 d 维解空间内随机初始化一群萤火虫 $\boldsymbol{x}_1,\boldsymbol{x}_2,\cdots,\boldsymbol{x}_i,\cdots,\boldsymbol{x}_n$，$n$ 为萤火虫的个数，$\boldsymbol{x}_i(x_{i1},x_{i2},\cdots,x_{id})$ 为 d 维向量，表示萤火虫 i 在解空间中的位置，代表优化问题的一个潜在解。定义萤火虫的绝对亮度是由目标函数直接决定的，则绝对亮度的大小直接表示了萤火虫所代表的潜在解的优劣，即绝对亮度更大的萤火虫所代表的潜在解更好。

6.1.2　数学描述

萤火虫算法的核心思想是萤火虫被绝对亮度比它大的萤火虫吸引，并根据位置更新公式更新自身位置。下面对萤火虫的绝对亮度和吸引力进行建模，然后给出萤火虫算法的位置更新公式。

首先把萤火虫 i 的绝对亮度 I_i 和待优化的目标函数联系起来。在要求最大值的优化问题中，为了降低问题的复杂度，设定在 $\boldsymbol{x}_i(x_{i1},x_{i2},\cdots,x_{id})$ 处的萤火虫 i 的绝对亮度 I_i 与 $\boldsymbol{x}_i$ 处的目标函数值成比例，即 $I_i \propto f(\boldsymbol{x}_i)$。

假设萤火虫 i 比萤火虫 j 的绝对亮度大，则萤火虫 i 吸引萤火虫 j 向它移动。这种吸引力的大小是由萤火虫 i 对萤火虫 j 的相对亮度决定的，相对亮度越大，吸引力越大。所以，为了将萤火虫 i 对萤火虫 j 的吸引力进行建模，首先要对萤火虫 i 对萤火虫 j 相对亮度建模。考虑到萤火虫 i 的亮度随着距离的增加和空气的吸收而减弱，可以定义萤火虫 i 对萤火虫 j 的相对亮度为

$$I_{ij}(r_{ij}) = I_i \mathrm{e}^{-\gamma r_{ij}^2} \tag{6.1}$$

式中，I_i 为萤火虫 i 的绝对亮度，与目标函数值相关；γ 为光吸收系数，可设为常数；r_{ij} 为萤火虫 i 到萤火虫 j 的距离。

假设萤火虫 i 对萤火虫 j 的吸引力和萤火虫 i 对萤火虫 j 的相对亮度成比例，则由萤火虫 i 相对亮度的定义，可得萤火虫 i 对萤火虫 j 的吸引力 $\beta_{ij}(r_{ij})$ 为

$$\beta_{ij}(r_{ij}) = \beta_0 \mathrm{e}^{-\gamma r_{ij}^2} \tag{6.2}$$

式中，β_0 为最大吸引力，即光源处（$r=0$ 处）的吸引力，对于大部分问题，可以取 $\beta_0=1$。γ 为光吸收系数，标志了吸引力的变化，它的值对萤火虫算法的收敛速度和优化效果有很大的影响。对于大部分的问题，可以取 $\gamma \in [0.01,100]$。r_{ij} 为萤火虫 i 到萤火虫 j 的距离，可以定义为笛卡儿距离，即

$$r_{ij} = \|\boldsymbol{x}_i - \boldsymbol{x}_j\| = \sqrt{\sum_{k=1}^{d}(x_{i,k}-x_{j,k})^2} \tag{6.3}$$

萤火虫 j 被萤火虫 i 吸引并向其移动的位置更新公式如下：

$$x_i = x_i + \beta_0 \mathrm{e}^{-\gamma r_{ij}^2}(x_j - x_i) + \alpha l(\text{rand} - \frac{1}{2}) \tag{6.4}$$

式中，t 为迭代次数；$\boldsymbol{x}_i$、$\boldsymbol{x}_j$ 为萤火虫 i 和 j 所处的空间位置；$\beta_{ij}(r_{ij})$ 为萤火虫 i 对萤火虫 j 的吸引力；α 为常数，一般可以取 $\alpha \in [0,1]$，$\boldsymbol{\varepsilon}_i$ 是由高斯分布、均匀分布或者其他分布得到的随机数向量，l 为随机运动步长，是一个常数。显然，位置更新式（6.4）的第二项取决于吸引力，第三项是带有特定系数的随机项。

6.1.3 算法流程

所有萤火虫遵循以下吸引规则：绝对亮度大的萤火虫吸引绝对亮度小的萤火虫向它移动。基于这种规则，每只萤火虫都会向整个解空间内绝对亮度比它大的萤火虫移动，从而更新自己的位置，获得一个新的解。绝对亮度最大的萤火虫则随机移动。所有萤火虫都移动到新位置以后，更新萤火虫的绝对亮度，萤火虫再被绝对亮度比它大的萤火虫吸引，进行下一次移动。经过一段时间的迭代，萤火虫会聚集在亮度较大的萤火虫周围，即得到目标函数的最优解。萤火虫之间的这种相互作用几乎是独立的，这样可以高效地搜索解空间，同时获得局部最优解和全局最优解。

基本萤火虫算法需要执行算法初始化，萤火虫位置更新和萤火虫亮度更新三个阶段。在算法初始化阶段，设置算法参数，初始化萤火虫的位置，并把萤火虫的位置向量带入目标函数中，初始化萤火虫的亮度；在萤火虫位置更新阶段，根据萤火虫之间的吸引规则和亮度大小，完成所有萤火虫位置的更新；在萤火虫亮度更新阶段，把萤火虫的新的位置向量带入目标函数中，完成所有萤火虫亮度的更新。算法的具体执行流程如图 6.1 所示。

6.1.4 算法性能分析

在智能优化领域，遗传算法和粒子群算法是该领域极具影响力的两种算法，对它们的研究也相对成熟。而作为一种新颖的智能优化算法，萤火虫算法和这两种算法有很多相似的特点。下面通过试验将萤火虫算法和粒子群算法、遗传算法的性能进行对比，以进一步了解萤火虫算法的性能。

为了比较三种算法的优化性能，选择对进化算法性能测试常用的 Sphere 函数、Rosenbrock 函数、Rastrigin 函数、Griewank 函数等 4 个测试函数（图 6.2）对萤火虫算法、粒子群算法和遗传算法进行试验比较。其中，Sphere 函数和 Rosenbrock 函数是单模函数，而 Rastrigin 函数和 Griewank 函数是具有多个局部最优值的多模函数。虽然这些测试函数不能完全精确地反映算法在所有现实优化问题上表现的性能，但却可以用于对算法基本性能的评估。

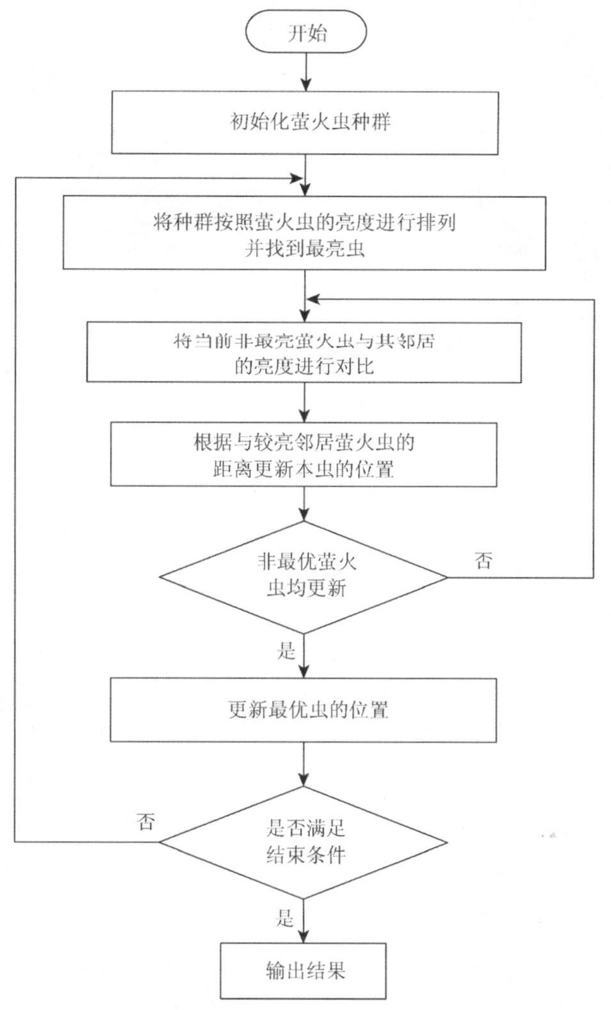

图 6.1　萤火虫算法执行流程图

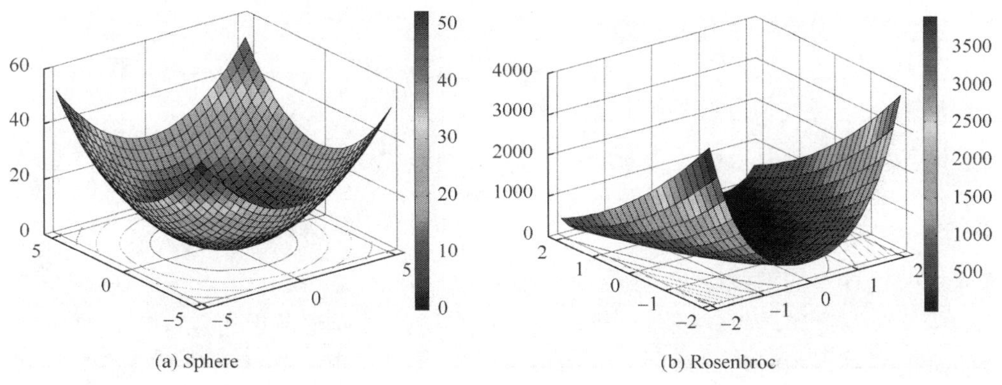

(a) Sphere　　(b) Rosenbroc

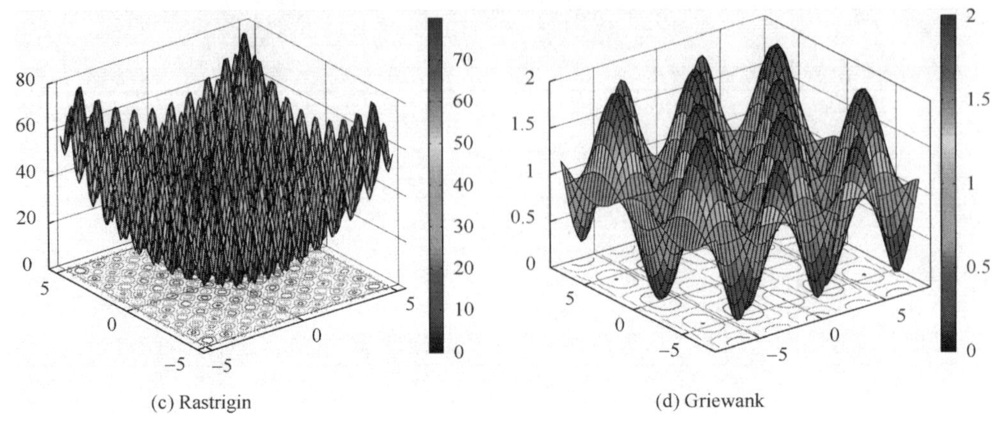

(c) Rastrigin　　(d) Griewank

图 6.2　测试函数

本书试验的目的是求出 4 个测试函数分别在小搜索范围和大搜索范围两种情况下的全局最小值，它们的全局最小值都是 0。测试函数的数学表达式和两种搜索范围设置见表 6.1。

表 6.1　测试函数

函数名	数学表达式	搜索范围 1	搜索范围 2
Sphere	$f_1(\boldsymbol{x})=\sum_{i=1}^{n}x_i^2$	$[-5.12,5.12]^n$	$[-100,100]^n$
Rosenbrock	$f_2(\boldsymbol{x})=\sum_{i=1}^{n-1}[100(x_i^2-x_{i+1})^2+(x_i-1)^2]$	$[-2.048,2.048]^n$	$[-100,100]^n$
Rastrigin	$f_3(\boldsymbol{x})=\sum_{i=1}^{n}[x_i^2-10\cos(2\pi x_i)+10]$	$[-5.12,5.12]^n$	$[-100,100]^n$
Griewank	$f_4(\boldsymbol{x})=\sum_{i=1}^{n-1}[100(x_i^2-x_{i+1})^2+(x_i-1)^2]$	$[-8,8]^n$	$[-600,600]^n$

1. 小搜索范围性能测试

三种算法的参数设置分别如下。

（1）萤火虫算法：最大吸引力 $\beta_0=1.0$，光吸收系数 $\gamma=1.0$，$\alpha=1.0$，其中 rand 是在 $[0,1]$ 上符合均匀分布的随机数。

（2）遗传算法：采用二进制编码方式，二进制编码的位数为 20；轮盘赌选择方法，单点交叉；交叉概率 $p_c=0.6$，变异概率 $p_m=1/n$，n 为待优化函数的维数。

（3）粒子群算法：惯性权重和加速常数分别设置为 $\omega=0.729, c_1=c_2=1.494$；最大速度设置为搜索范围的上限，即 $V_{max}=X_{max}$。

为了公平地比较算法的优化性能，三种算法群体规模都设为 $N=40$，测试函数的维数设定为 30 维，算法运行 2000 次迭代以后终止。分别用萤火虫算法、遗传算法和粒子群算法对以上 4 个测试函数进行寻优，独立进行 30 次实验，统计 30 次试验获得的函数最优值、最差值、平均值和标准差。试验结果见表 6.2，每一行数据的最好值用粗体标识。另外，为了观察算法的迭代过程，分别绘制三种算法对 30 维的测试函数的寻优迭代曲线，如图 6.3 所示，图中横坐标为算法迭代次数，纵坐标为 30 次运行算法得到的平均最优值。

表 6.2　优化结果的统计值

维数	统计值	FFA	GA	PSO
Sphere	最优值	9.85×10^{-8}	6.52×10^{-7}	$\mathbf{1.63\times10^{-41}}$
	最差值	1.20×10^{-3}	3.45×10^{-5}	$\mathbf{2.47\times10^{-35}}$
	平均值	1.51×10^{-4}	7.31×10^{-6}	$\mathbf{1.11\times10^{-36}}$
	标准差	2.36×10^{-4}	9.70×10^{-6}	$\mathbf{4.59\times10^{-36}}$
Rosenbrock	最优值	$\mathbf{4.90\times10^{-7}}$	2.10	1.47×10
	最差值	$\mathbf{1.44\times10^{-2}}$	1.36×10^{2}	7.38×10
	平均值	$\mathbf{2.30\times10^{-3}}$	5.42×10	2.08×10
	标准差	$\mathbf{2.90\times10^{-3}}$	3.24×10	1.01×10
Rastrigin	最优值	$\mathbf{8.44\times10^{-6}}$	3.88×10	1.89×10
	最差值	$\mathbf{6.70\times10^{-3}}$	6.67×10	7.76×10
	平均值	$\mathbf{1.10\times10^{-3}}$	5.41×10	4.44×10
	标准差	$\mathbf{1.40\times10^{-3}}$	7.37	1.34×10
Griewank	标准差	$\mathbf{9.62\times10^{-5}}$	1.11×10^{-2}	2.47×10^{-2}
	最优值	$\mathbf{4.49\times10^{-11}}$	1.66×10^{-7}	0.00
	最差值	$\mathbf{2.95\times10^{-4}}$	9.42×10^{-2}	1.40×10^{-1}
	平均值	$\mathbf{2.25\times10^{-5}}$	1.47×10^{-2}	2.22×10^{-2}

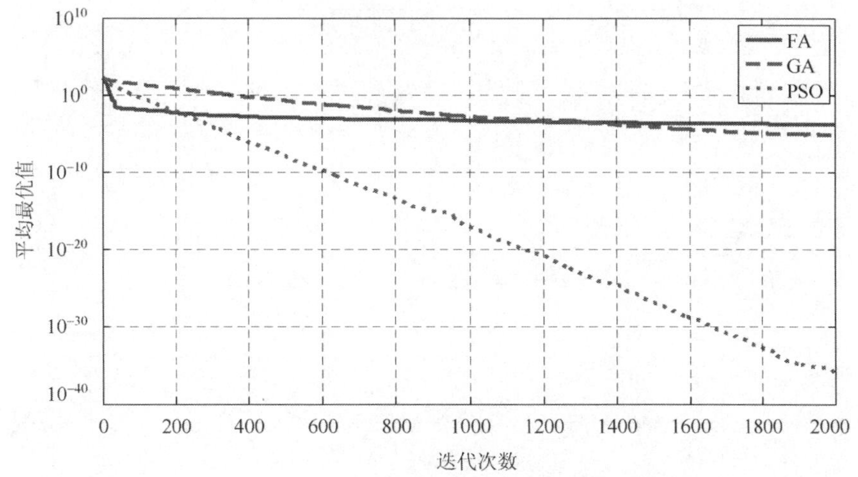

(a) Sphere ([-5.12,5.12],dimension=30)

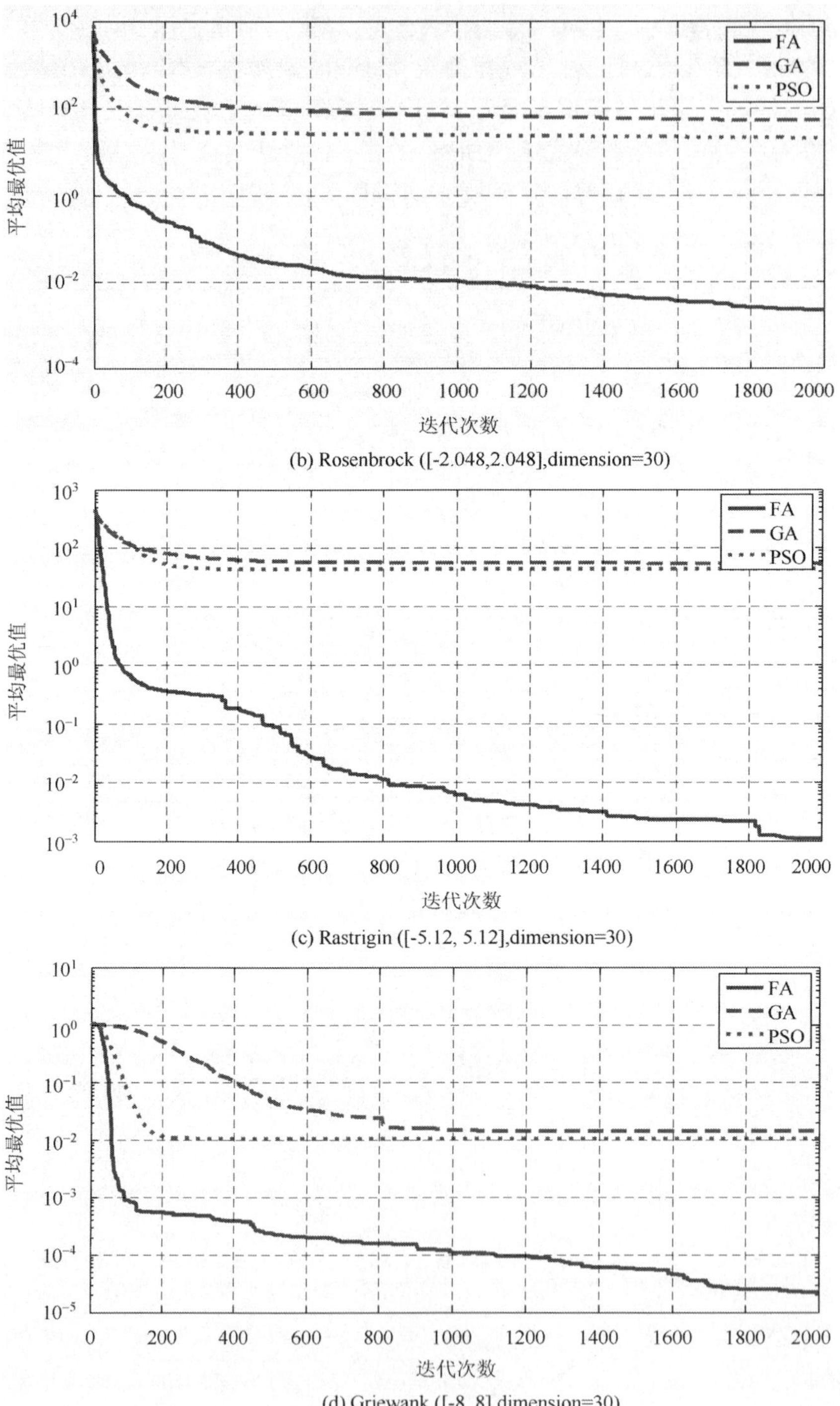

(b) Rosenbrock ([-2.048,2.048],dimension=30)

(c) Rastrigin ([-5.12, 5.12],dimension=30)

(d) Griewank ([-8, 8],dimension=30)

图 6.3　寻优迭代曲线

由表 6.2 中寻优结果的统计值以及图 6.3 迭代曲线可以得出如下结论。

（1）搜索成功率方面：对于每个测试函数，萤火虫算法均能找到最优值，且除了 Sphere 函数外，其他三个函数的最优值均是最精确的。由此可见，不论对于单值函数还是对于多值函数，萤火虫算法具有较好的性能。

（2）收敛速度方面：从迭代曲线可以看出，在迭代初期，萤火虫算法只需要经过很少的迭代次数就能找到相对较好的最优值，收敛速度很快。但是随着迭代的进行，当搜索值比较接近最优解时，获得的解依旧改变很大，收敛较慢。

2. 大搜索范围性能测试

该实验 3 个算法依旧采用前面设置的参数，为了适应较大搜索范围下的寻优需求，增大算法的迭代次数，把 Griewank 函数的迭代次数设定为 20 000 次，其他 3 个函数的迭代次数都设定为 10 000 次。四个测试函数的寻优迭代曲线如图 6.4 所示。

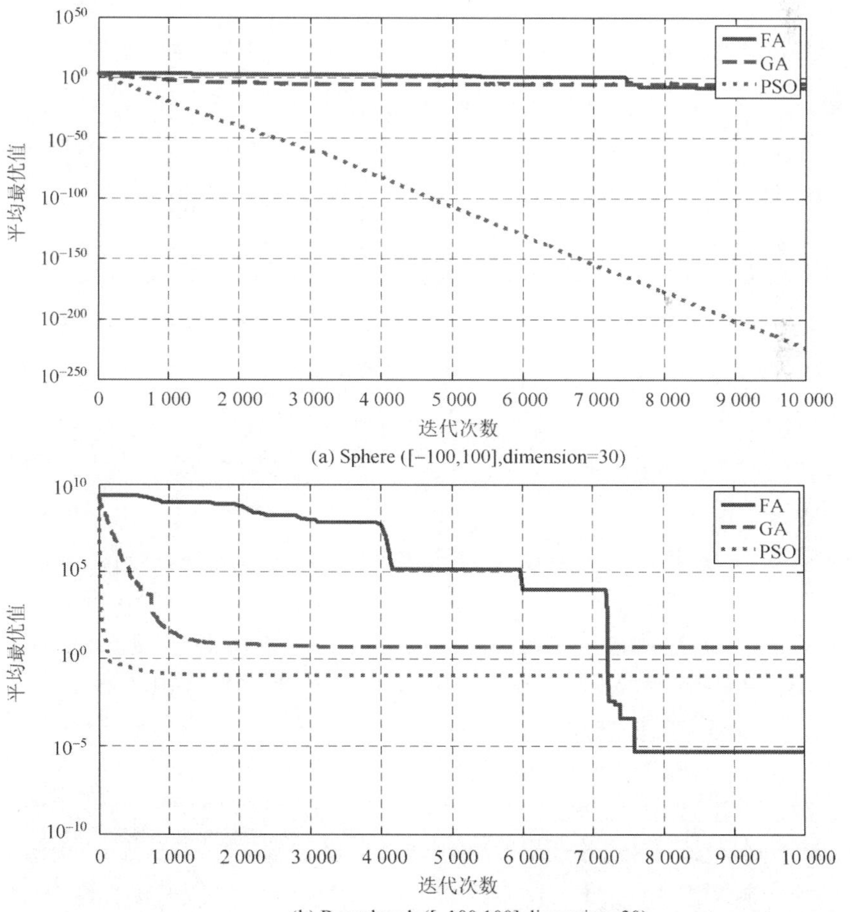

(a) Sphere ([−100,100],dimension=30)

(b) Rosenbrock ([−100,100],dimension=30)

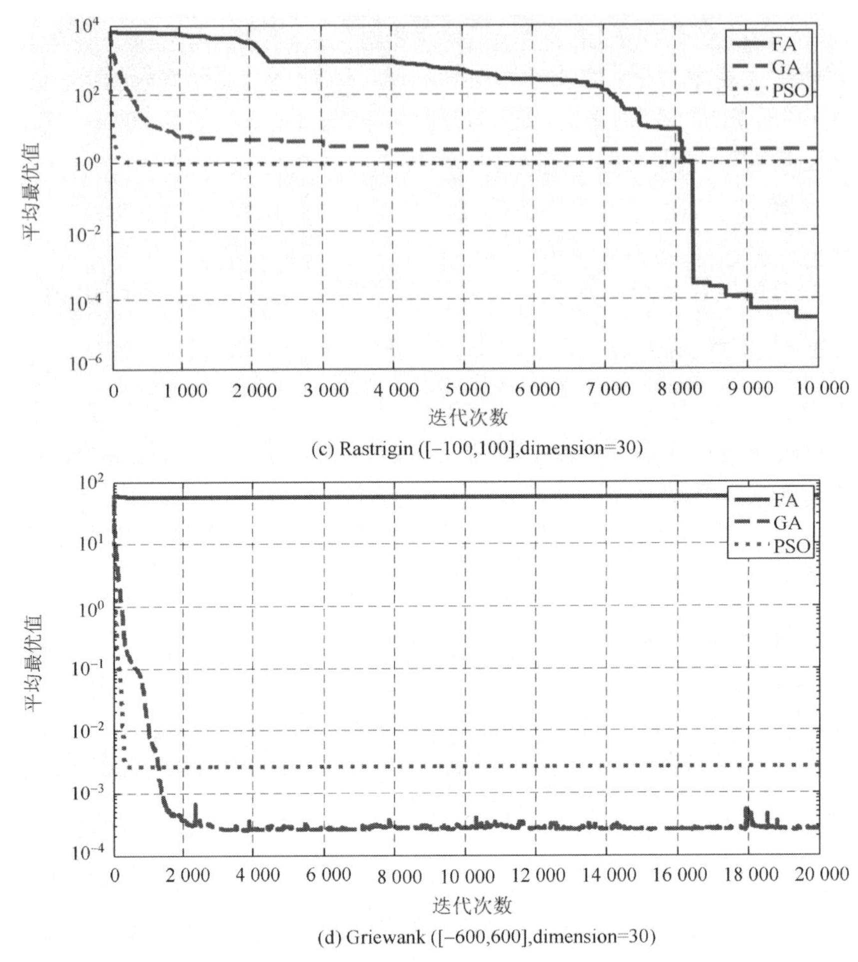

(c) Rastrigin ([−100,100],dimension=30)

(d) Griewank ([−600,600],dimension=30)

图 6.4　寻优迭代曲线

由图 6.4 可以得出如下结论。

（1）搜索成功率方面：在设定的迭代次数内，对于 Griewank 函数萤火虫算法均未能找到最优值；对于 Sphere 函数，萤火虫算法虽然能够在迭代次数内找到最优值，但精确度不如粒子群算法；对于 Rastrigin、Rosenbrock 函数萤火虫算法能够在迭代次数内找到最优值，且精确度优于其他两种算法。由此可见，在进行大范围搜索中，萤火虫算法并不能保证百分百的成功率，性能不够稳定。

（2）收敛速度方面：与遗传算法、粒子群算法相比，萤火虫算法的收敛速度较慢，通常需要很多次迭代才能寻找到比较好的最优值。尤其是对 Griewank 函数，经过 20 000 次迭代以后，萤火虫算法寻找到的最优值并没有明显的改善。以上试验结果表明，在对大范围寻优时，萤火虫算法的收敛速度过慢，不能有效地适应问题需要。

6.2　萤火虫算法改进研究

6.2.1　基本萤火虫算法问题分析

由 6.1 节的性能分析可以看出，萤火虫算法在解决优化问题时有一定的优势，但也存在着一些问题。具体如下：

（1）当搜索值比较接近最优解时，虽然获得的解在不断接近最优值，但是依旧改变很大，收敛速度较慢；

（2）当进行大范围搜索时，算法性能不稳定，容易陷入局部最优解；

（3）当进行大范围搜索时，算法的收敛速度过慢，不能有效地适应问题的需要。

由前面的介绍可知，萤火虫算法的寻优是依靠萤火虫间的相互作用实现的，为了能够在较短的时间内找到最优解，一般要求优化算法在搜索早期具有较强的全局搜索能力，在搜索的最后阶段快速收敛于全局最优解。而由式（6.4）可以看出，在搜索初期，萤火虫种群随机分布在整个搜索空间中，当搜索范围较大时，萤火虫之间的笛卡儿距离 r_{ij} 较大，导致 $\beta_{ij}(r_{ij})$ 很小，位置更新公式的第二项 $\beta_{ij}(r_{ij})(\boldsymbol{x}_i-\boldsymbol{x}_j)$ 非常小，即吸引力对萤火虫移动的影响非常小。另外，位置更新公式的第三项也比较小，即萤火虫本身的可自由探索区域有限。因此，在算法开始初期，基本萤火虫算法的探索能力不足，不能较快地在整个搜索空间内寻找到最优值所在的区域，导致收敛速度较慢。而在搜索后期，萤火虫群体已经接近最优解，但是此时萤火虫之间的笛卡儿距离 r_{ij} 较小，导致 $\beta_{ij}(r_{ij})$ 很大，同时随机项依然起着作用，导致获得的解仍然以较大的幅度进行改变。

另外，由于每次位置的更新均要受所有比当前萤火虫更优的虫影响，而这些更优的萤火虫并不一定是合理的解，这将导致当前萤火虫更新后的位置有可能远离最优解，这种错误的飞行虽然可以依靠群体其他萤火虫优秀信息的指导进行弥补，但势必会减慢搜索进程，在一定程度上也降低了算法的收敛速度。

因此，为了改善算法的性能，按照优化原则一方面可以调整算法的参数，另一方面，应该增加算法的自主调节能力。

6.2.2　参数自适应调整策略

由萤火虫的运动公式可以看出，决定萤火虫下一步位置的因素有 3 个，分别是当前虫与较优虫的空间距离、光吸收系数γ、随机系数α。由于萤火虫是随机分布的，第一个因素具有较大的随机性。而对于后两个参数，可以将其设计成自适应调整的参数，以保证算法在初期具有较强的全局搜索能力，在后期具有较强的局部搜索能力。

为了有效度量萤火虫算法的收敛性，本节提出萤火虫亮度方差的概念。

定义 6.3　萤火虫亮度方差（firefly lightness variance） 设萤火虫种群的个体数目为m，萤火虫i的亮度为I_i，整个萤火虫种群的平均亮度为I_{Avg}，群体亮度的方差σ_I^2的定义如下：

$$\sigma_I^2 = \frac{1}{m}\sum_{i=1}^{m}\left(\frac{I_i - I_{\text{Avg}}}{I}\right) \tag{6.5}$$

式中，I是归一化算子，用来控制σ_I^2的大小。I随着算法的执行而改变大小，其计算公式如下：

$$I = \begin{cases} \max(|I_i - I_{\text{Avg}}|), & \max(|I_i - I_{\text{Avg}}|) > 1 \\ 1, & \max(|I_i - I_{\text{Avg}}|) \leqslant 1 \end{cases} \tag{6.6}$$

σ_I^2反映的是萤火虫种群中萤火虫的收敛程度，σ_I^2越小，说明萤火虫种群越集中，算法处于局部搜索阶段；σ_I^2越大，说明萤火虫种群分布较分散，算法处于随机搜索阶段。

1. 吸收系数γ的调整

吸收系数γ控制着光强度的变化，在决定算法的收敛速度和行为方面起到非常重要的作用。理论上，$\gamma \in [0,\infty)$。对于γ的取值，有两个极端的例子，即当$\gamma \to 0$和$\gamma \to \infty$。对于$\gamma \to 0$，$\beta = \beta_0$，此时吸引力是一个常数，也就是说萤火虫处在一个理想的空间中，光强度不随距离衰减，该萤火虫可以在空间中任意位置被看见，因此，全局搜索很容易完成。对于$\gamma \to \infty$，$\beta(r) \to \delta(r)$，即一个狄拉克函数，也就是说萤火虫之间的吸引力接近 0，每一个萤火虫近似于随机运动，此时该算法等价为一个随机搜索算法。实际的萤火虫算法处于上述两种极端情况之间。为了保证算法在初始时具有较强的全局搜索能力，并在后期具有较强的局部搜索能力，把γ设定为一个根据萤火虫种群方差自适应调节的参数。第i次迭代后的吸收参数的计算公式如下：

$$\gamma_{\text{i}} = \gamma_{\text{b}} + \mathrm{e}^{-k\sigma_I^2}(\gamma_{\text{e}} - \gamma_{\text{b}}) \tag{6.7}$$

式中，$\gamma_{\text{e}} > \gamma_{\text{b}}$，$\gamma_{\text{b}}$为初始值，$\gamma_{\text{e}}$为最终值，$k > 0$为调节参数。吸收系数随萤火虫种群位置方差的变化曲线如图 6.5 所示。

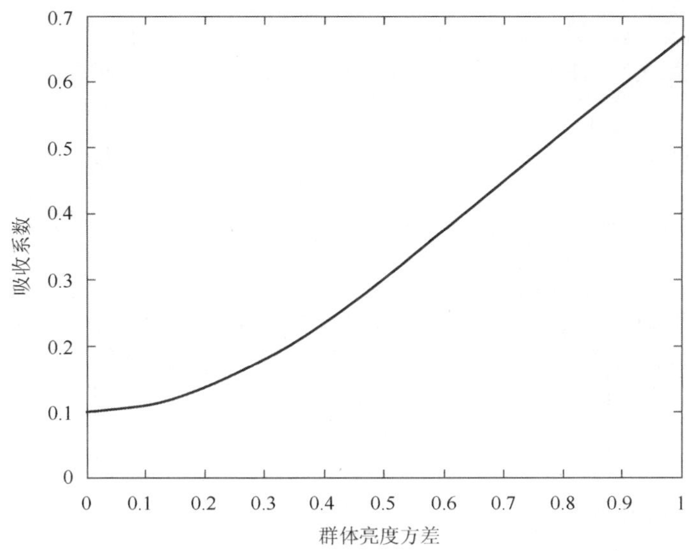

图 6.5　吸收系数变化曲线

2. 随机系数 α 的调整

随机系数 α 控制着萤火虫的随机运动。α 值较大代表萤火虫的随机运动幅度大，算法具有较强的全局搜索能力。α 值较小则表示萤火虫的随机运动幅度较小，算法具有较强的局部搜索能力。在实际的优化问题中，一般希望先采用全局搜索策略，使算法快速收敛于某一个区域，然后再采用局部搜索策略来获得高精度的解。因此在搜索初期应该采用较大的 α，在搜索后期采用较小的 α。另外基本的萤火虫算法虽然非常有效，但是可以看出，当接近最优解时，获得的解依旧在改变，可以通过降低随机分量来提高解的质量。因此，把随机系数 α 设定为一个根据萤火虫种群亮度方差自适应调节的参数，第 i 次迭代的随机系数 α 的计算公式如下：

$$\alpha_{\mathrm{i}} = \alpha_{\mathrm{b}} - \frac{1}{\mathrm{e}^{k\sigma_i^2}}(\alpha_{\mathrm{e}} - \alpha_{\mathrm{b}}) \tag{6.8}$$

式中，$\alpha_{\mathrm{e}} < \alpha_{\mathrm{b}}$，$\alpha_{\mathrm{b}}$ 为初始值，α_{e} 为最终值，$k > 0$ 为调节参数。随机系数随萤火虫种群位置方差的变化曲线如图 6.6 所示。

由吸收系数和随机系数变化曲线可以看出，吸收系数在萤火虫种群亮度方差较大时取值较小，然后随着种群位置方差的减小由小到大近似线性过渡，最后当种群亮度方差较小时其值保持在最大值附近。随机系数在萤火虫种群位置方差较大时取值较大，然后随着种群位置方差的减小由大到小近似线性过渡，最后当种群位置方差较小时其值保持在最小值附近。这样，搜索过程由全局搜索自动过渡到局部搜索，并能协调好进行全局搜索的时间、进行局部搜索的时间和搜索时的强度，使全局搜索能力与局部搜索能力良好平衡，快速收敛得到最优解。

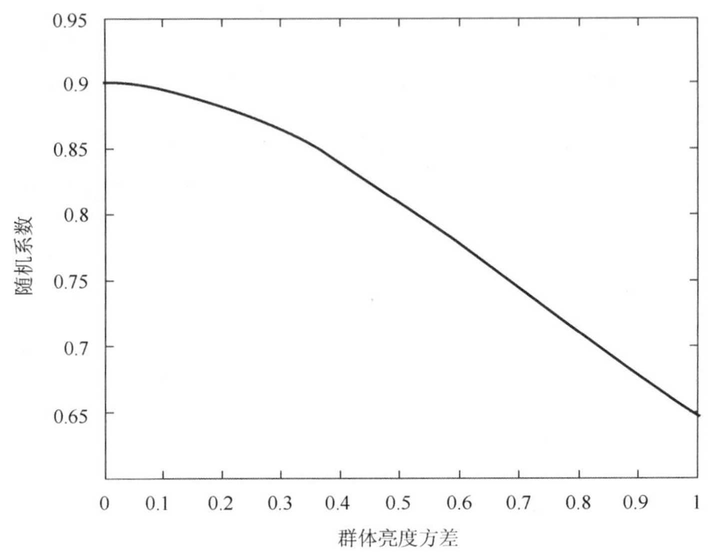

图 6.6 随机系数变化曲线

6.2.3 自主飞行策略

在萤火虫算法运行过程中，每一个萤火虫均按照定义的规则进行位置更新，但是更新后的位置并不一定比当前位置更接近最优值，从而影响优化的速度和效果。为了杜绝该类问题的出现，提出了一种萤火虫自主飞行策略。在萤火虫按照新的更新位置飞行前，首先判断更新后的位置是否更有利于最优问题的求解，如果是则将更新后的位置替代当前位置，否则保此原位置不变。具体操作方法如下。

对于萤火虫i，当前的位置为x_{i0}，亮度值为I_{i0}，按照式（6.4）进行计算后的位置为x_{i1}，亮度值为I_{i1}，如果$I_{i1} > I_{i0}$，说明更新后的位置更有利于问题的求解，萤火虫i飞行到新位置x_{i1}；如果$I_{i1} \leqslant I_{i0}$，说明更新后的位置不利于问题的求解，萤火虫i保持原位置不变，即$x_{i1} = x_{i0}$。由于萤火虫算法中包含随机项，所以，自主飞行并不会破坏算法的多样性。

6.2.4 随机步长改进方法

由 6.1 节的实验结果可以看出，萤火虫算法在解决大搜索范围的优化问题时存在收敛速度慢的问题。当萤火虫之间的距离较远时，吸引力对萤火虫位置更新的影响较小，这一现象和算法的基本思想是一致的。此时，如果萤火虫本身可以自主探索较大的范围，则可以增强算法的探索能力，从而加快在较大搜索范围条件下算法的收敛速度。需要注意的是，当萤火虫之间的距离较近时，应该适当限制萤火虫的自主探索能力，让吸引力在萤火虫位置更新过程中占主导作用。

萤火虫基本算法中的随机步长 l 决定着萤火虫算法的随机移动步长，进而影响萤火虫的搜索范围。l 取值较大，萤火虫的搜索范围也较大。为了提高萤火虫算法在解决大搜索范围的优化问题时的收敛速度，可以将随机步长 l 设置为萤火虫之间距离的函数，使其随着萤火虫间距离的调节而变化。设第 i 、j 个萤火虫的间距为 r_{ij} ，l 的取值如下：

$$l = 2r_{ij} \tag{6.9}$$

将式（6.9）代入位置更新公式：

$$x_i = x_i + \beta_0 e^{-\gamma r_{ij}^2}(x_j - x_i) + \alpha 2r_{ij}(\text{rand} - \frac{1}{2}) \tag{6.10}$$

显然，$2r_{ij}(\text{rand}-1/2)\in[-r_{ij},r_{ij}]$，即萤火虫的随机步长随 r_{ij} 变化。采用以上位置更新公式以后，当萤火虫之间距离较远，吸引力对萤火虫位置更新的指导作用较小时，萤火虫本身能够在$[-r_{ij},r_{ij}]$范围内自主移动，便于算法探索较大的搜索空间；当萤火虫之间的距离较近时，萤火虫能够自主移动的范围随着 r_{ij} 的减小而减小，而吸引力对位置更新的影响大幅增大，从而引导萤火虫快速向亮度更高的萤火虫移动。

6.2.5　改进算法描述

根据前面的描述，改进萤火虫算法（modified firefly algorithom，MFA）的实现过程如图 6.7 所示。具体执行步骤如下。

步骤 1：定义萤火虫算法的相关参数，并在限定范围内随机初始化萤火虫种群。

步骤 2：计算每一个萤火虫的亮度，并根据亮度值对萤火虫算法进行排序。

步骤 3：判断是否满足算法终止条件，如果满足则停止运算，否则继续。

步骤 4：计算萤火虫种群的亮度方差，并根据亮度方差计算出萤火虫算法的吸收系数和随机系数。

步骤 5：根据位置更新公式计算每一个萤火虫下一步的飞行位置。

步骤 6：根据自主飞行策略判断新位置是否合理，并确定该萤火虫是否进行飞行，然后转向步骤 2。

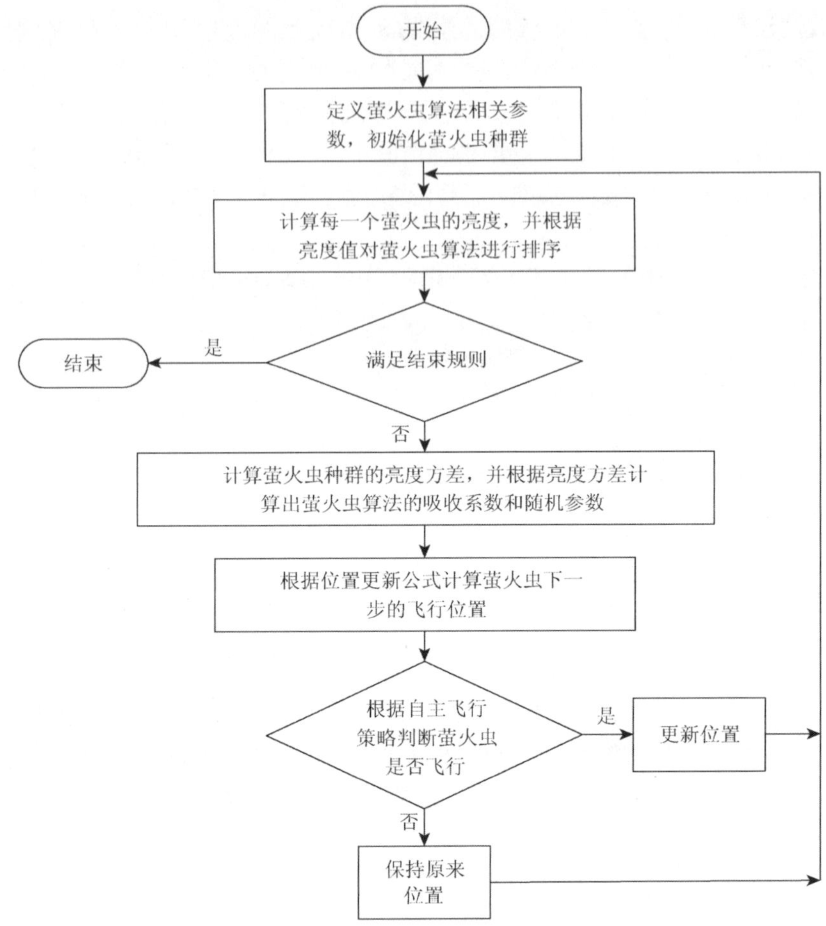

图 6.7　改进萤火虫算法执行流程图

6.2.6　仿真实验

下面从算法的收敛速度和成功率两方面来检验改进萤火虫算法的性能。仿真实验仍然采用表 6.1 中的测试函数，并将改进萤火虫算法的性能与基本萤火虫算法、粒子群算法和遗传算法进行对比分析。基本萤火虫算法、粒子群算法和遗传算法的参数设置与前面一致，改进萤火虫算法的参数设置如下：最大吸引力 $\beta_0=1.0$，$\gamma_e=1.0$，$\gamma_b=0.8$，$\alpha_e=0.1$，$\alpha_b=1.0$，$k=5$，rand 是在[0,1]上符合均匀分布的随机数。

1. 收敛速度测试

该实验以固定迭代次数作为算法的终止条件，检验算法经过指定次数的迭代后获得的最优解的优劣。设置算法的迭代次数为 2000，运行 30 次，比较算法寻优结果的统计值（包括最优值、最差值、平均值和标准差），并绘制算法的寻优迭代曲线。

在较小搜索范围下，算法寻优结果的统计值分别见表 6.3，用粗体标识每一行数据的最优值，算法的寻优迭代曲线分别如图 6.8 所示。

表 6.3　算法在较小搜索范围下的寻优结果

函数	统计项	MFA	FA	GA	PSO
Sphere $[-5.12,5.12]^{30}$	最优值	5.2193×10^{-12}	9.85×10^{-8}	6.52×10^{-7}	**1.63×10^{-41}**
	最差值	4.7467×10^{-8}	1.20×10^{-3}	3.45×10^{-5}	**2.47×10^{-35}**
	平均值	8.8774×10^{-9}	1.51×10^{-4}	7.31×10^{-6}	**1.11×10^{-36}**
	标准差	1.3016×10^{-8}	2.36×10^{-4}	9.70×10^{-6}	**4.59×10^{-36}**
Rosenbrock $[-2.048,2.048]^{30}$	最优值	**4.8452×10^{-9}**	4.90×10^{-7}	2.10	1.47×10
	最差值	**1.4118×10^{-4}**	1.44×10^{-2}	1.36×10^{2}	7.38×10
	平均值	**1.4042×10^{-5}**	2.30×10^{-3}	5.42×10	2.08×10
	标准差	**3.0158×10^{-5}**	2.90×10^{-3}	3.24×10	1.01×10
Rastrigin $[-5.12,5.12]^{30}$	最优值	**7.2539×10^{-10}**	8.44×10^{-6}	3.88×10	1.89×10
	最差值	**8.1889×10^{-6}**	6.70×10^{-3}	6.67×10	7.76×10
	平均值	**1.1498×10^{-6}**	1.10×10^{-3}	5.41×10	4.44×10
	标准差	**2.1285×10^{-6}**	1.40×10^{-3}	7.37	1.34×10
Griewank $[-8,8]^{30}$	最优值	**4.8163×10^{-11}**	4.49×10^{-11}	1.66×10^{-7}	0.00
	最差值	**1.8489×10^{-7}**	2.95×10^{-4}	9.42×10^{-2}	1.40×10^{-1}
	平均值	**6.2638×10^{-9}**	2.25×10^{-5}	1.47×10^{-2}	2.22×10^{-2}
	标准差	**5.7440×10^{-8}**	5.54×10^{-5}	2.12×10^{-2}	3.08×10^{-2}

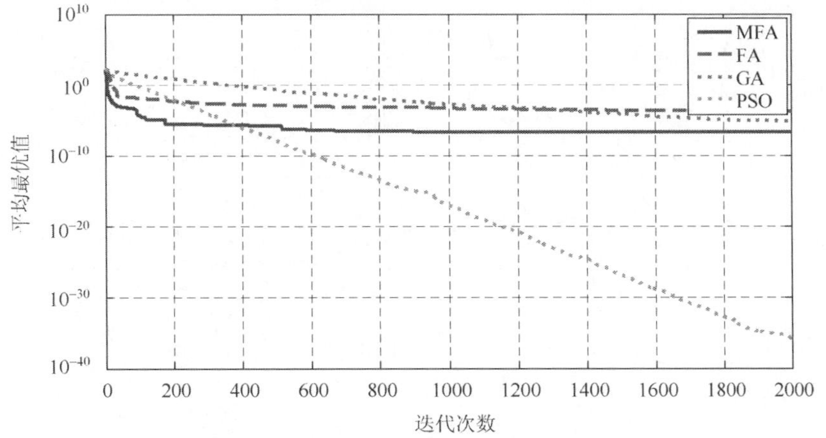

(a) Sphere ([−5.12,5.12],dimension=30)

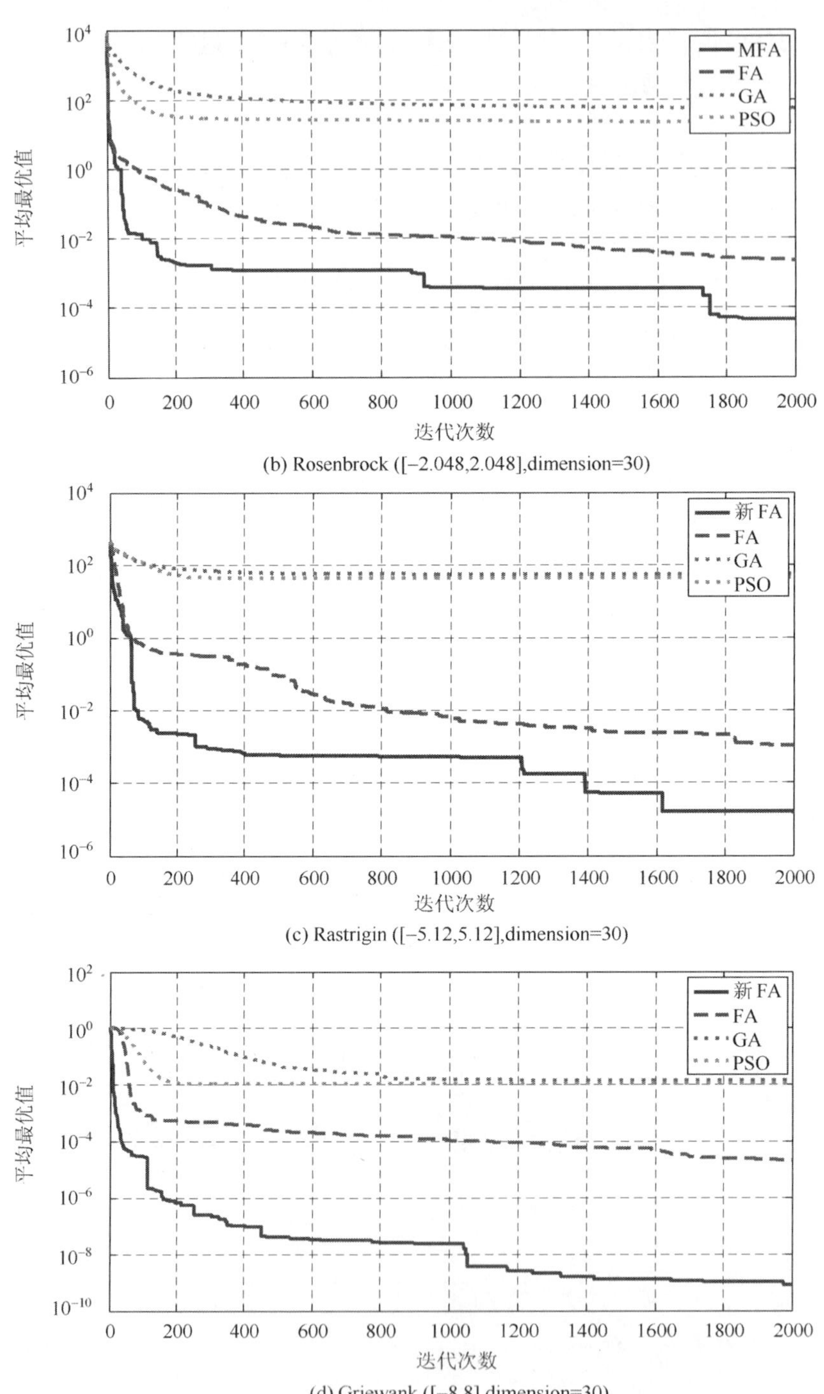

(b) Rosenbrock ([−2.048,2.048],dimension=30)

(c) Rastrigin ([−5.12,5.12],dimension=30)

(d) Griewank ([−8,8],dimension=30)

图 6.8　算法在较小搜索范围下的寻优迭代曲线

在较大搜索范围下，算法寻优结果的统计值见表 6.4，用粗体标识每一行数据的最好值；算法的寻优迭代曲线如图 6.9 所示。

表 6.4　算法在较大搜索范围下的寻优结果

函数	统计项	MFA	FA	GA	PSO
Sphere $[-100,100]^{30}$	最优值	2.3482×10^{-16}	5.93×10	4.26×10^{-4}	$\mathbf{3.79\times10^{-46}}$
	最差值	1.3163×10^{-10}	4.62×10^{4}	1.33×10^{-2}	$\mathbf{1.34\times10^{-37}}$
	平均值	1.5089×10^{-11}	2.22×10^{4}	2.30×10^{-3}	$\mathbf{6.11\times10^{-39}}$
	标准差	3.0525×10^{-11}	1.30×10^{4}	2.90×10^{-3}	$\mathbf{2.54\times10^{-38}}$
Rosenbrock $[-100,100]^{30}$	最优值	$\mathbf{7.9655\times10^{-13}}$	5.16×10^{4}	1.16	5.82×10^{-4}
	最差值	$\mathbf{1.3989\times10^{-8}}$	7.75×10^{9}	1.75×10^{2}	6.77×10^{1}
	平均值	$\mathbf{1.9795\times10^{-9}}$	2.61×10^{9}	7.31×10	5.18×10
	标准差	$\mathbf{3.3595\times10^{-9}}$	2.18×10^{9}	5.01×10	1.24×10
Rastrigin $[-100,100]^{30}$	最优值	**0**	6.08×10^{3}	1.90×10	9.95×10^{-1}
	最差值	$\mathbf{3.0460\times10^{-8}}$	3.94×10^{4}	1.41×10^{2}	1.59×10
	平均值	$\mathbf{3.4527\times10^{-9}}$	2.54×10^{4}	6.06×10	7.96
	标准差	$\mathbf{6.0672\times10^{-9}}$	9.22×10^{3}	1.41×10^{2}	3.68
Griewank $[-600,600]^{30}$	最优值	$\mathbf{4.8163\times10^{-11}}$	4.26×10^{2}	5.41×10^{-4}	0.00
	最差值	$\mathbf{2.6696\times10^{-7}}$	6.72×10^{2}	3.42×10^{-1}	9.36×10^{-2}
	平均值	$\mathbf{2.7323\times10^{-8}}$	5.81×10^{2}	9.23×10^{-2}	2.39×10^{-2}
	标准差	$\mathbf{5.7440\times10^{-8}}$	6.60×10	7.39×10^{-2}	2.59×10^{-2}

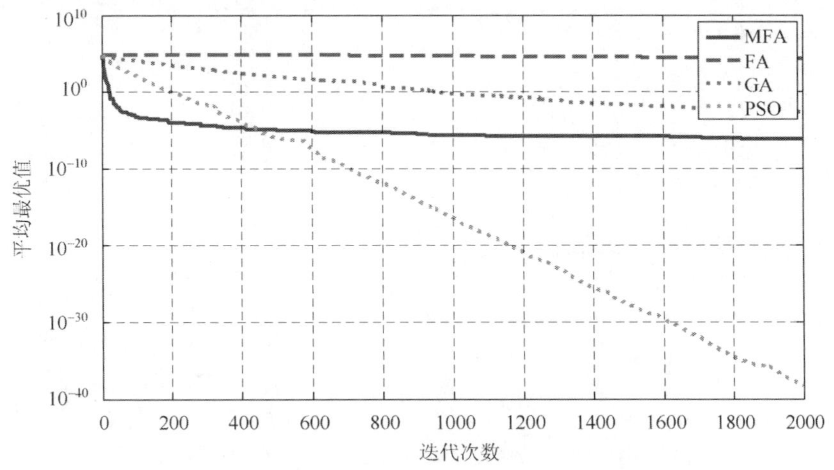

(a) Sphere ([−100,100],dimension=30)

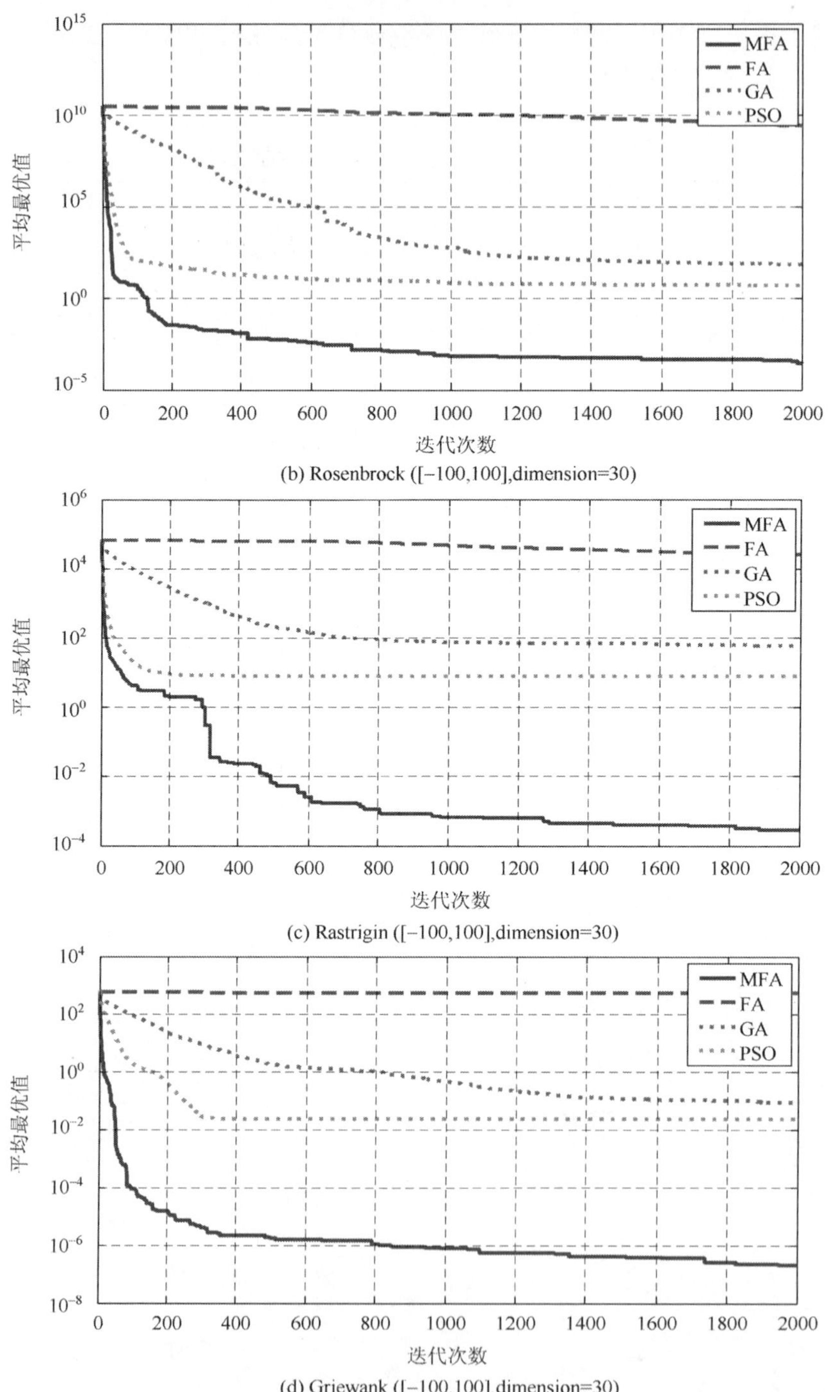

图 6.9　算法在较大搜索范围下的寻优迭代曲线

仿真曲线可以形象地反映算法的收敛性特征。从以上结果可以看出，改进萤火虫算法在收敛速度和收敛精度等方面具有显著提高，比基本萤火虫算法、传统 PSO 和 GA 有更快的求解速度、更强的寻优能力和较高的搜索精度。说明了参数自适应调整策略和自主飞行策略，以及随机步长这些改进方法的引入能够有效提升基本萤火虫算法的寻优性能。

2. 成功率测试

该试验以特定寻优精度作为算法的终止条件，检验算法达到特定寻优精度所需迭代的次数。设置测试函数的寻优精度如表 6.5 所示，每个算法运行 30 次，最大迭代次数为 10 000。

表 6.5　函数的寻优精度

函数名	寻优精度
Sphere	0.01
Rosenbrock	100
Rastrigin	100
Griewank	0.1

如果算法在所允许的最大迭代次数内找到满足精度要求的最优值，则该次试验成功；否则，试验失败。成功率定义为算法在 30 次运行中成功的试验次数所占的比率。平均迭代次数定义为成功的试验中算法所需迭代次数的平均值。

在较大搜索范围下，算法的平均迭代次数和成功率如表 6.6 所示。在较小搜索范围下，算法的平均迭代次数和成功率如表 6.7 所示。表中粗体用于标识每一行数据的最好值。

表 6.6　算法平均迭代次数和成功率（较大搜索范围）

函数	试验结果	MFA	FA	GA	PSO
Sphere	平均迭代次数	**35**	4991	1996	360
	成功率/%	**100**	96.67	**100**	**100**
Rosenbrock	平均迭代次数	**15**	5543	2719	866
	成功率/%	**100**	**100**	93.33	**100**
Rastrigin	平均迭代次数	**18**	9063	1581	302
	成功率/%	**100**	**100**	**100**	33.33
Griewank	平均迭代次数	**31**	—	2103	312
	成功率/%	**100**	0	86.67	96.67

表 6.7　算法平均迭代次数和成功率（较小搜索范围）

函数	试验结果	MFA	FA	GA	PSO
Sphere	平均迭代次数	**15**	121	722	164
	成功率/%	**100**	**100**	**100**	**100**
Rosenbrock	平均迭代次数	**3**	5	583	64
	成功率/%	**100**	**100**	**100**	**100**
Rastrigin	平均迭代次数	**6**	16	140	86
	成功率/%	**100**	**100**	**100**	**100**
Griewank	平均迭代次数	**6**	41	503	78
	成功率/%	**100**	**100**	**100**	**100**

由表 6.6 可以看出，在较大搜索范围下，对于所有测试函数，MFA 达到指定寻优精度所需要的平均迭代次数最少，成功率都是 100%，说明了算法的稳定性。而 FA、GA 和 PSO 所需要的平均迭代次数都比 MFA 的平均迭代次数多，而且对于某些函数，这些算法不能达到 100%的寻优率。

由表 6.7 可以看出，在较小搜索范围下，对于所有测试函数，4 种算法都可以达到 100%的成功率。但是，在算法所需的平均迭代次数方面，MFA 表现最好，经过很少的迭代就可以找到满足寻优精度要求的最优解。其次是 FA，而 GA 和 PSO 所需的平均迭代次数较多。

试验结果表明，改进以后的萤火虫能够改善原有萤火虫算法的局限性，在较大搜索范围内能够很快地搜索到满足寻优精度要求的函数的最优值。

6.3　基于萤火虫的三维航路规划方法

本节将利用萤火虫算法在求解复杂优化问题方面的优势，使用 6.2 节中设计的萤火虫改进算法针对三维空间航路规划问题开展研究，并通过试验验证算法的有效性。

6.3.1　航路表达

任何一条航路均是由一系列航路点顺次连接而成的。假定 n 个航路点（不含起始点和终止点）组成一条航路，则该航路可以表示为 $P=\{S,p_1,p_2,\cdots,p_n,E\}$，其中 $(p_1,p_2,\cdots,p_n)$ 为航路点的序列，航路规划的目标就是确定这 n 个航路点。为了确定这些航路点，并减小计算量，基于群集智能算法的二维航路规划一般采用如下设计思想：首先根据航行任务确定规划空间，建立如图 6.10 所示的坐标系。然后利用垂直于坐标轴的直线将整个规划空间 $n+1$ 等分，得到 n 条垂直于坐标轴的垂线。其中第一条垂线对应第一个航路点的活动范围，第二条垂线对应第二个航路点的活动范围，第 i 条垂线对应第 i 个航路点的活动范围。整个航路规划过程就是在相应垂线上找到对应的航路点，使整条航路最优。

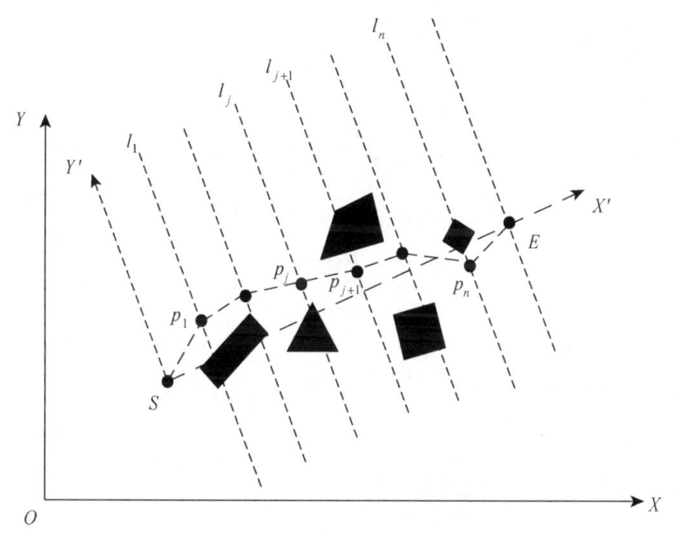

图 6.10　二维航路表达示意图

相对于二维航路规划，三维航路规划的计算量要大很多。为了保证航路规划的效率，借鉴上述思想，将航路规划过程设定为在沿某一坐标轴方向等分的各个平面内寻找航路点，然后将各航路点顺次连接成线的过程。

如图 6.11 所示，设航行任务的起始点和目标点的坐标分别为 $P_S(x_S,y_S,z_S)$，$P_E(x_E,y_E,z_E)$。如果 $|x_E-x_S|\geqslant|y_E-y_S|$，那么选取纬度变化方向作为航路搜索的主方向，将航路点分散在沿 OX 方向划分的等纬度平面内；否则，选取经度变化方向作为航路搜索的主方向，将航路点分散在沿 OY 方向划分的等经度平面内。当以纬度变化方向作为航路搜索的主方向时，设需要寻找的航路点个数为 n，首先确定航路起始点 P_S、终止点 P_E 所在的平面，分别记为 Ω_0 和 Ω_{n+1}。然后将 Ω_0 和 Ω_{n+1} 之间的规划空间中沿 OX 方向平均划分为 $n+1$，获得 n 个平行于 Ω_0 和 Ω_{n+1} 的平面，记为 Ω_i，$i=\{1,2,\cdots,n\}$。使用萤火虫算法进行航路规划时，首先在第一个平面 Ω_1 上找到目标航路的第一个航路点 P_1，然后再由 P_1 出发在第二个平面 Ω_2 上找到目标航路的第二个航路点 P_2，依次类推，找到其余各个航路点。将起始点 P_S、各个航路点、终止点 P_E 顺次连接起来就构成了目标航路。

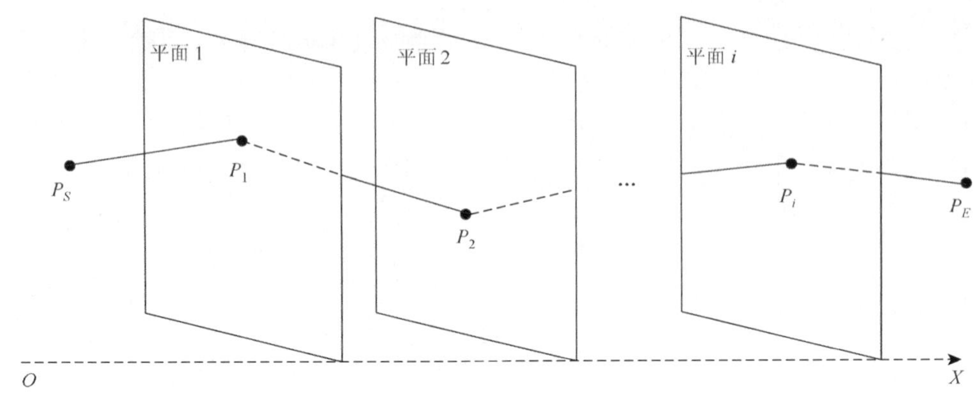

图 6.11 三维航路表达示意图

6.3.2 评价函数设计

航路长度是最常用的航路评价指标之一，一条含有 n 个航路点的航路由 $n-1$ 条航路段组成，航路长度就是将各个航路段的长度相加，航路长度的计算公式如下：

$$\begin{cases} E = L_{SP_1} + \sum_{i=1}^{n-1} \Delta L_i + L_{P_nE} \\ \Delta L_i = \sqrt{(x_i - x_{i-1})^2 + (y_i - y_{i-1})^2 + (z_i - z_{i-1})^2} \end{cases} \tag{6.11}$$

式中，(x_i, y_i, z_i) 为第 i 个航路点的坐标，$(x_{i-1}, y_{i-1}, z_{i-1})$ 为第 $i-1$ 个航路点的坐标，$1 \leqslant i < n$；L_{SP_1} 为起始点与第一个航路点间的距离；ΔL_i 表示第 i 个航路点和第 $i+1$ 个航路点间的距离；L_{P_nE} 为最后一个航路点与目标点间的距离。

6.3.3 萤火虫算法编码

将萤火虫算法应用到三维空间航路规划任务前，首先要对算法中的萤火虫进行编码，合理的编码方式可以使萤火虫算法高效地完成航路搜索任务。

设待规划航路包含 n 个航路点，那么该条航路由 $n-1$ 条航路段组成。设一个萤火虫代表一条候选航路，萤火虫的个数对应候选航路的个数，萤火虫的维数对应航路的节点数。那么一个包含 m 个萤火虫，每个个体具有 n 维的种群，第 i 个萤火虫代表的航路可以表示为

$$\text{Path}(i) = \{A_{i,j} \mid j = 0, 1, \cdots, n\} \tag{6.12}$$

式中，$A_{i,j} = (x_{i,j}, y_{i,j}, z_{i,j})$ 表示航路 Path(i) 的第 j 个节点，对应着第 i 个萤火虫的第 j 维变量。

由前面的介绍可知，萤火虫的亮度决定了萤火虫吸引力的大小，标志着

萤火虫个体的优劣，亮度大的萤火虫吸引力也较大。本航路规划方法中以航路的长度作为评价指标，航路越短，评价函数值越小的航路较优，因此将萤火虫的亮度值设置为航路评价函数值的倒数，从而保证亮度大的萤火虫代表较优的航路。

第 i 个萤火虫的亮度值的计算公式为

$$I_i = \frac{1}{E_i} \tag{6.13}$$

6.3.4　航路规划流程设计

步骤 1：根据任务信息确定航路的起始点、目标点，进而确定航行区域，并将航行环境栅格化，构建规划空间。

步骤 2：设置萤火虫种群参数，并在规划空间内初始化萤火虫种群。

首先，设置萤火虫种群参数，具体包括种群大小 M 、随机系数起始值 $\alpha_{\rm b}$ 、随机系数终止值 $\alpha_{\rm e}$ 、最大吸引力 β_0 、吸收系数起始值 $\gamma_{\rm b}$ 、吸收系数终止值 $\gamma_{\rm e}$ 、维数 n 、最大迭代次数 N 。

萤火虫种群的初始化方法如下：根据起始点和目标点的位置关系确定航路规划的主方向，然后沿该方向将规划空间进行划分，得到 n 个平面。萤火虫初始化就是在各个平面上找到一个航路点。运载器的运动状态包括直行、上浮（爬升）、下潜（俯冲）、转向四种状态。考虑到运载器自身性能和机动约束，上浮（爬升）和下潜（俯冲）要满足一定的角度约束，转向要满足最小转弯半径约束。这些约束体现在航路规划中就是要把航路点的选取限定在一定范围内。根据最大上浮（爬升）和下潜（俯冲）角，可以确定运载器沿垂向方向的运动范围，根据最小转弯半径可以确定运载器水平转向的运动范围。设运载器上下运动的范围为 $H_{\rm Scale}$ ，左右运动的范围为 $Y_{\rm Scale}$ ，那么每一个平面内航路点的实际选取范围为边长为 $2H_{\rm Scale}$ 和 $2Y_{\rm Scale}$ 的矩形区域，如图 6.12 所示。图中灰色区域是第一个航路点的选取范围，在该范围内随机选取一个可航点作为第一个航路点，然后根据该点的位置按照上述方法确定第二个航路点，以此类推找到所有的航路点，即可完成一个萤火虫的初始化。其他萤火虫按照同样的方法进行初始化。

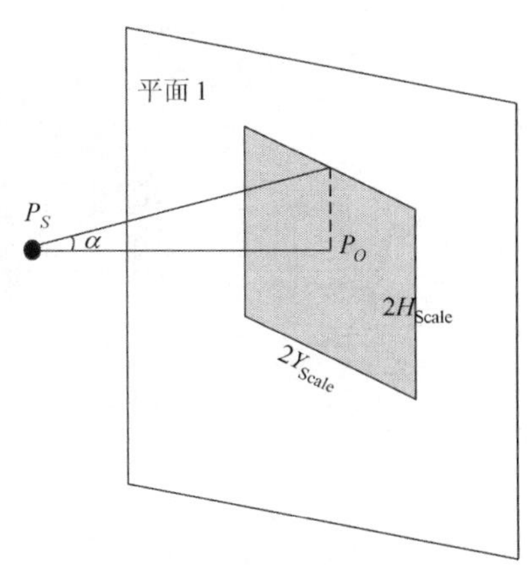

图 6.12　航路点的选取范围

步骤 3：利用改进萤火虫算法进行最优航路搜索，获得最优航路。

利用 6.3.2 节中给出的评价函数计算每一个萤火虫的亮度值，然后对整个萤火虫种群按照亮度值的大小进行排序；计算萤火虫种群的亮度方差，并根据亮度方差计算出萤火虫算法的吸收系数和随机系数；然后根据位置移动公式更新每一个萤火虫的位置。在位置更新过程中同样需要考虑航路点的实际选取范围。当萤火虫的节点位置超出设定范围时要重新进行位置更新，直到找到满足条件的节点。重复上述操作，直到满足结束条件。

6.3.5　仿真实验

本节将通过仿真试验验证基于改进萤火虫算法进行航路规划的有效性和正确性。萤火虫种群参数设置如表 6.8 所示。仿真试验选择在范围为 $2^{\circ}\times 2^{\circ}$ 的海域内进行航路规划，为便于观察算法的避障能力、突出规划空间的障碍特性，在下面的试验中将横纵坐标的实际长度缩小 $(1852\times 60)/1000$ 。三维规划空间如图 6.13 所示。

表 6.8　萤火虫种群参数

种群规模	种群维数	最大引力 β_0	吸收系数起始值 γ_b	吸收系数终止值 γ_e	随机系数起始值 α_b	随机系数终止值 α_e
10	30	1	1.0	0.8	0.1	1.0

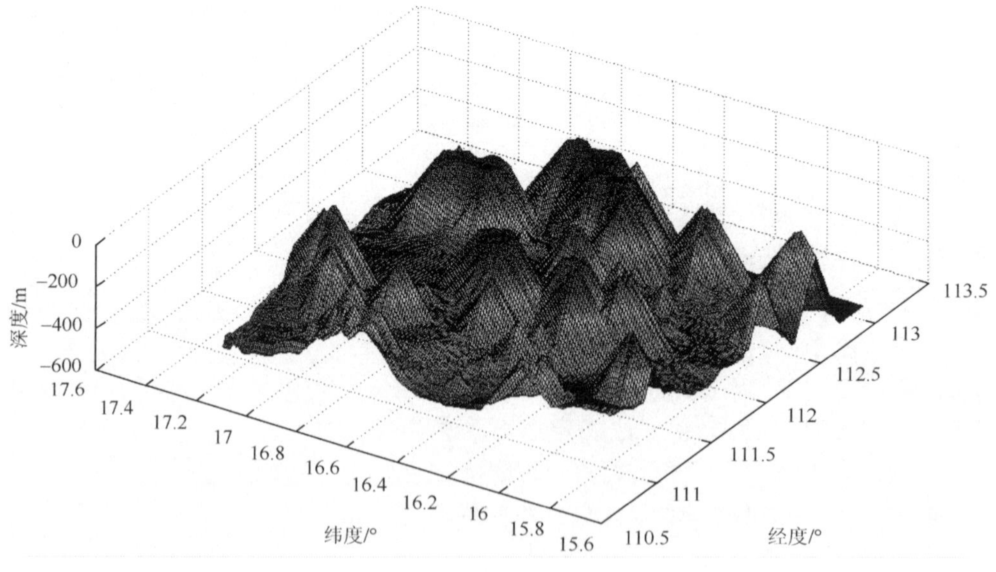

图 6.13　规划空间

1. 算法有效性测试

为了验证本节提出航路规划算法的有效性，分别对出发点和目标点在同一深度和不在同一深度两种情况进行实验。

实验 1：出发点与目标点深度均为 300m。出发点经纬度为（111.10°E，17.07°N），目标点经纬度为（112.50°E，16.69°N），规划结果的三维图和俯视图分别如图 6.14 和图 6.15 所示。

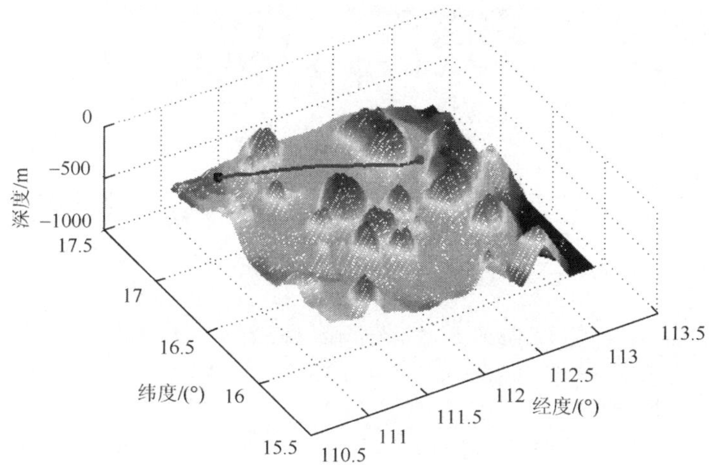

图 6.14　航路规划结果三维图

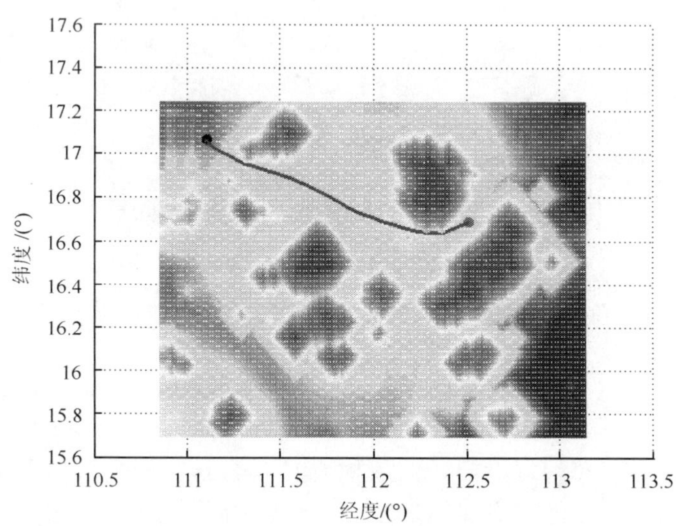

图 6.15　航路规划结果俯视图

实验 2：出发点的深度与目标点的深度不同。出发点经纬度为（111.30°E，15.87°N），深度为 230m，目标点经纬度为（112.80°E，17.11°N），深度为 450m，规划结果的三维图和俯视图分别如图 6.16 和图 6.17 所示。

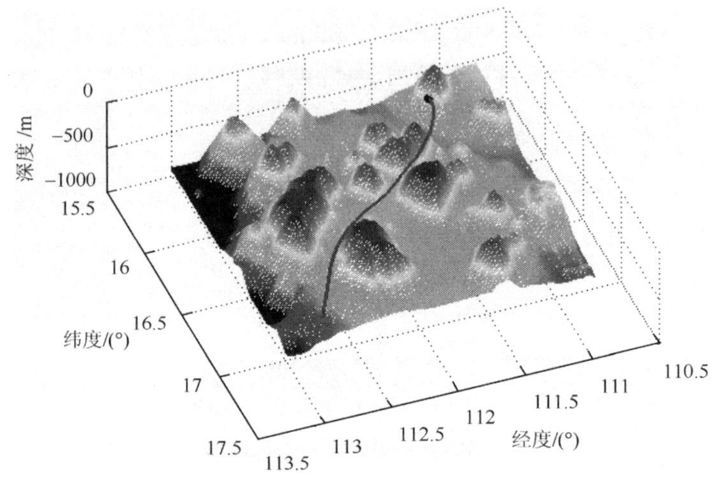

图 6.16　航路规划结果三维图

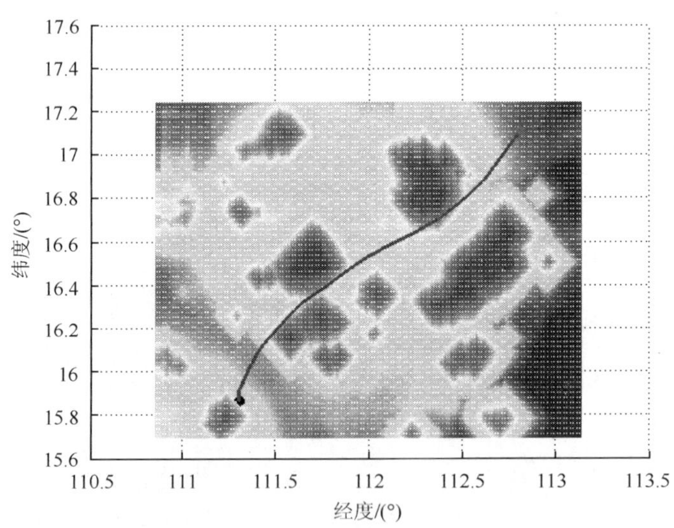

图 6.17　航路规划俯视图

由上述实验的结果可以看出，在两种情况下基于改进萤火虫算法的航路规划方法均能成功搜索到从起点到终点的航路，航路光滑且能成功规避障碍物，从而证明了该算法的有效性。

2. 算法性能测试

上面通过实验验证了萤火虫算法进行三维航路规划的可行性，下面将通过与粒子群算法的对比实验测试该算法的性能。实验选用粒子群优化算法作为对比算法，就两种算法的航路规划结果进行比较分析，从而评估本书提出算法的性能。仿真环境的选取与上面一致，航路起始点位置为（112.20°E，15.87°N），深度为370m；终止点位置（112.850°E，17.210°N），深度为 400m。

两种算法种群均设为 10，维数分别取为 5、10、20、30、40、50 等六种情况进行航路规划试验，若算法能够找到规避障碍物的航路则视为搜索成功。针对每一种情况，萤火虫算法和粒子群算法的停止条件是连续迭代 400 次。分别独立运行算法 50 次，统计每种算法的成功率、最优情况下的航路长度和平均耗时。

表 6.9 给出了性能测试统计结果，图 6.18 和图 6.19 分别给出了维数与时间、维数与路径长度的关系。

表 6.9　算法维数对规划结果影响统计表

维数	算法	成功次数	成功率/%	最优航路长度/m	平均耗时/s
5	粒子群算法	14	28	1688.87	50.32
	萤火虫算法	2	4	1688.87	57.17
10	粒子群算法	14	28	1688.87	56.70
	萤火虫算法	24	48	1688.87	70.69
20	粒子群算法	30	60	1688.87	75.54
	萤火虫算法	46	92	1688.87	101.85
30	粒子群算法	50	100	1688.87	90.06
	萤火虫算法	50	100	1688.87	134.34
40	粒子群算法	50	100	1688.96	107.54
	萤火虫算法	50	100	1688.87	163.28
50	粒子群算法	50	100	1689.0	121.98
	萤火虫算法	50	100	1688.87	196.49

由性能测试结果数据和仿真图可以看出，除维数是 5 的情况外，利用萤火虫算法进行航路规划的成功率均较高，航路长度较短，这说明该算法具有较好的性能。但是，在维数较小时，两种算法的成功率均较低，这是由于算法的维

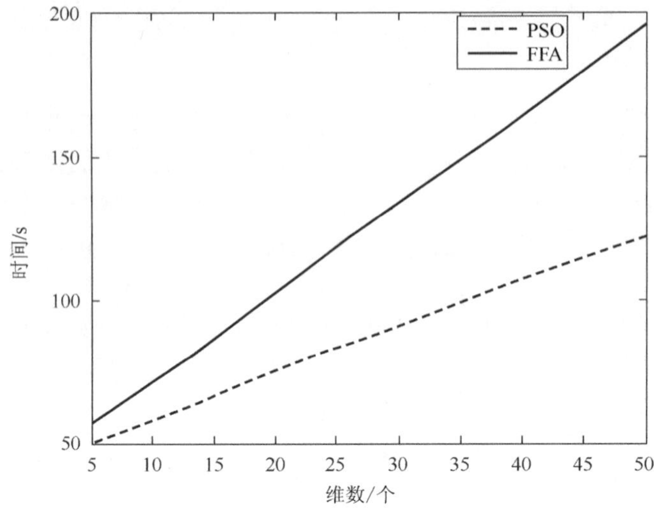

图 6.18　维数与时间的关系

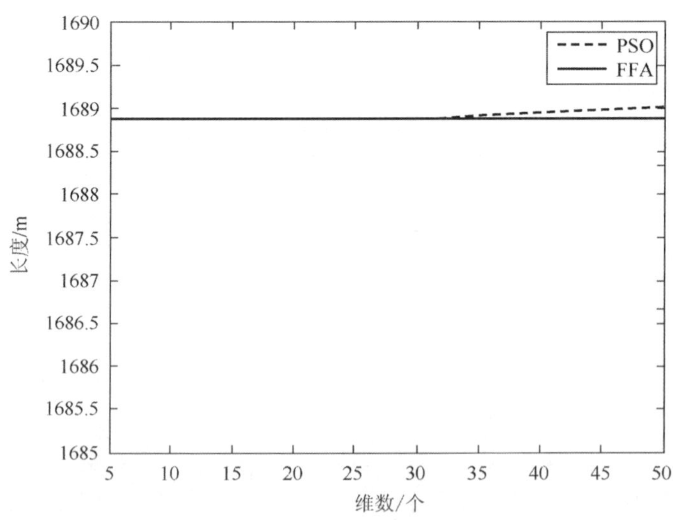

图 6.19　维数与路径长度关系图

数对应规划航路的航路点数，较少的维数会导致算法在没有航路点的区域失去避障能力，造成规划航路穿过障碍物。由平均耗时可以看出，萤火虫算法耗时较粒子群算法长，这主要是由于萤火虫算法在执行过程中，每一个萤火虫均要根据比它亮的萤火虫调节自身位置。随着维数的增加，两种算法的规划速度越来越慢，耗时随之增多。因此，在实际航路规划时，建议萤火虫的维数取 30 左右比较合适。

6.4　基于混合算法的运载器三维航路规划方法

规划航路的精细程度与航路点的个数密切相关，航路点个数越多，航路越精细。基于萤火虫算法的航路规划方法具有很强的全局搜索能力，但是对于航路点较多的航路规划问题，航路点的增多会使萤火虫维数增加，而维数的增加不仅造成计算量增大，而且航路点间很难相互协调，从而造成航路规划时间很长。而如果采用较少的航路点，则会造成算法在没有节点的区域失去避障能力，从而使航路穿过障碍物，无法获得实用的航路。基于弹性绳算法的三维航路规划方法可以解决航路点较多情况下寻路速度慢的问题，但是弹性绳算法不具备全局寻优能力，只能在某一确定区域内准确找到最优航路，不能搜索整个环境空间中的最短航路。因此，如果将萤火虫算法和弹性绳算法有机结合在一起，构成一种混合算法，充分发挥二者的优势，取长补短，应该可以形成一种高效的航路规划方法。

6.4.1　混合算法描述

为了充分发挥萤火虫算法的全局搜索能力和弹性绳算法的快速局部寻优能力，将二者同时运用在航路规划中，形成一种混合算法。该算法的设计思想如下：在确定航行区域和算法相关参数后，利用萤火虫算法和弹性绳算法交替进行航路搜索运算。即首先利用萤火虫算法进行最优区域搜索运算，并将运算结果作为弹性绳算法运算的初始值；然后利用弹性绳算法进行最优航路搜索，并将运算结果作为下一次萤火虫算法运算的初始值。重复上述两个步骤，直到寻得的航路满足停止条件。此时寻得的航路为全局最优航路。在该混合算法中，萤火虫算法与弹性绳算法交替进行运算，萤火虫算法可以专注于寻找最优区域的运算，弹性绳算法则可以专注于在某一区域内精确寻找最短航路的运算，这样两种算法可以互不干扰并且各尽其能，从而获得较好的寻优效果。

6.4.2　算法编码与执行流程

在混合算法中，定义萤火虫种群与弹性绳集一一对应，那么每一个萤火虫都代表一根弹性绳，萤火虫算法种群的大小对应弹性绳的数目。设目标航路由 m 个航路点组成，航路的起始点为 S，目标点为 D。那么用于计算的弹性绳集中包含 n 条弹性绳，那么每条弹性绳应该具有 m 个节点（不含起始点和目标点），且第一个节点对应航路的第一个待寻找航路点，第 m 个节点对应第 m 个待寻找航路点。用于计算的萤火虫种群中应该包含 n 个萤火虫，每个萤火虫应该具有 m 维，且第一维对应航路的第一个待寻找航路点，第 m 维对应第 m 个待寻找航路点。基于混合算法的航路规划流程如图 6.20 所示，具体执行步骤如下。

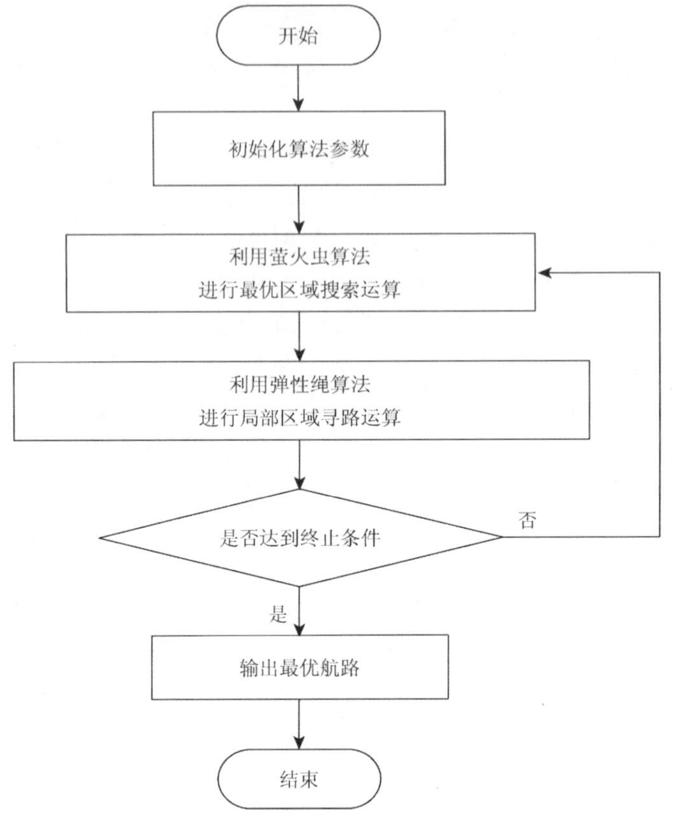

图 6.20　混合算法执行流程图

步骤 1：初始化计算参数和弹性绳集。

设置弹性绳算法的最大迭代次数 $k_{\max}^{r}$ 和迭代停止阈值 ζ 的大小。设置萤火虫算法的相关参数，具体包括随机系数起始值 α_{b}、随机系数终止值 α_{e}、完全随机运动时吸引力 β_0、吸收系数起始值 γ_{b}、吸收系数终止值 γ_{e}，最大迭代次数 $k_{\max}^{F}$。在航路规划空间内随机初始化弹性绳集，设利用 n 条弹性绳进行航路规划，每条绳具有 $m+2(m\geqslant1)$ 个节点。那么第 i 条弹性绳 X_i 可以表示为 $X_i=\{P_j\,|\,j=1,2,\cdots,m,m+1,m+2\}$，其中 $P_1=S$，$P_{m+2}=D$，S,D 分别为航路的起始点和终止点。根据排序指标对随机初始化的弹性绳节点进行排序。将初始化得到的 n 条弹性绳 $\left\{X_i^k\right\}$ 作为 n 个萤火虫的初始值，根据运载器航路综合评价模型计算每一个萤火虫的亮度函数 $F_0(P_i)$ 值，并按照亮度值的大小对萤火虫种群进行排序，计算整个种群的亮度方差。

步骤 2：萤火虫算法寻路运算。

利用 6.2 节中的改进萤火虫算法进行寻路运算。首先根据种群亮度方差计算萤火虫算法的吸收系数γ和随机系数α，按照位置更新公式计算每个萤火虫的新位置。然后根据运载器航路综合评价模型计算每一个萤火虫的亮度函数值，并按照亮度值的大小对萤火虫种群进行排序，计算整个种群的亮度方差。重复上述操作，直到满足最大迭代次数。将运算得到的 n 个萤火虫作为下一步弹性绳寻路运算的初始值。

步骤 3：弹性绳寻路运算。

利用弹性绳运算方法对 n 条弹性绳$\left\{X_i^k\right\}$分别进行迭代运算，若满足迭代次数达到最大迭代次数$k_{\max}^r$，或达到迭代停止阈值ζ要求的运算精度，则停止迭代。根据运载器航路综合评价模型计算每一条绳的代价值，并按照代价值的大小对弹性绳集进行排序。

步骤 4：结束条件判断。

判断是否满足混合算法运算结束条件，如果满足则执行步骤 5，否则将运算得到的 n 条弹性绳作为 n 个萤火虫的初始值，计算整个种群的亮度方差，然后执行步骤 2。

步骤 5：寻路结束，此轮运算代价值最小的弹性绳代表最优航路。

6.5 仿真实验

6.5.1 算法有效性测试

仿真实验在图 6.13 中给出的规划空间进行。航路起始点位置为（111.75°E，15.770°N），深度为 260m；终止点位置（112.850°E，17.210°N），深度为 400m，仅利用航路长度作为评价指标。混合算法中弹性绳算法和萤火虫算法的参数设置如表 6.10 所示。

表 6.10　有效性测试试验参数

弹性绳算法		萤火虫算法	
群数规模 n	10	最大引力 β_0	1
航路点数 m	50	吸收系数初始值 γ_b	0.8
阻力系数 k	0.9553	吸收系数终止值 γ_e	1
最大迭代次数 $k_{\max}^r$	60	随机系数起始值 α_b	1
C'	1	随机系数终止值 α_e	0.1
C''	105	最大迭代次数 $k_{\max}^F$	5

其中，参数k、C'和C''依据第 3 章弹性绳算法中相应公式计算得到。混合算法迭代停止阈值$t_{\text{stop}}^g=3$表示评价值连续不变的次数。

为验证混合算法的寻优性能，反复进行 100 次试验，分别记录萤火虫算法、弹性绳算法、混合算法进行最优航路搜索成功的次数。表 6.11 给出了算法有效性测试结果，图 6.21 和图 6.22 分别给出了规划航路的三维图和俯视图。

表 6.11　有效性测试结果

	成功次数	成功率/%	最优航路长度/m	最少耗时/s	平均耗时/s
萤火虫算法	91	91	204 449.69	231.54	234.98
弹性绳算法	58	58	202 571.76	7.127	7.6
混合算法	94	94	202 482.86	33.24	39.7

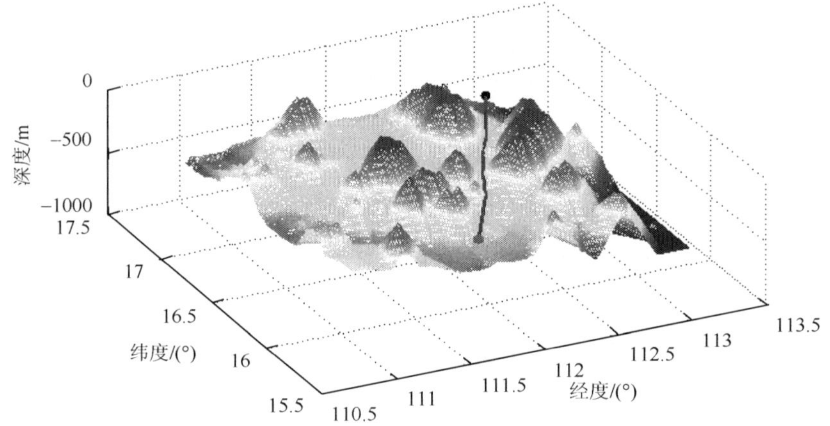

图 6.21　最优航路三维图

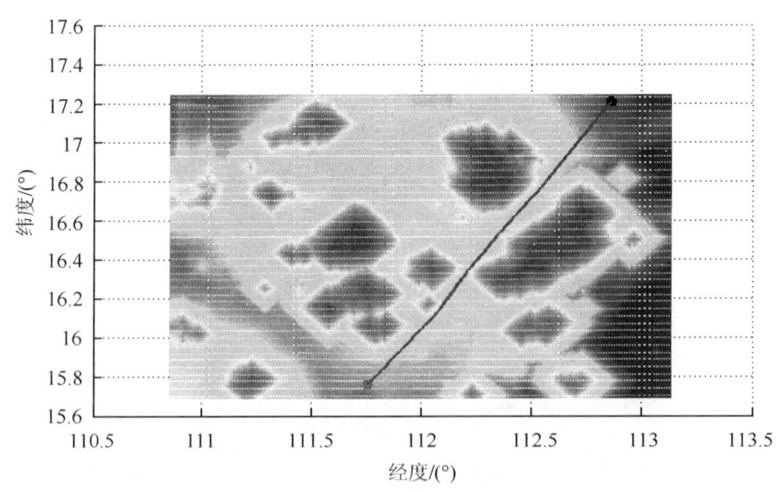

图 6.22　最优航路俯视图

由 3 种算法的性能对比分析表和最优航路图可以得出如下结论。

（1）采用混合算法规划出的最优航路平滑，没有出现锯齿状结构，能够成功规避障碍物，且在没有障碍物的区域航路笔直，由此可见，混合算法具有较好的航路规划性能。由 3 种算法得到的最优航路的长度可以看出，混合算法搜索到的最优航路长度比单纯萤火虫算法短很多，说明混合算法充分发挥了弹性绳算法的优势，具有比萤火虫算法更强的局部搜索能力。

（2）混合算法平均用时为 39.7s，虽然远大于弹性绳寻路的平均用时 7.6s，但是要远小于萤火虫算法的平均用时 234.98s，并且在可以接受的范围之内。由此可见，混合算法充分发挥了弹性绳算法快速准确的收敛特性。

（3）100 次试验中，10 条弹性绳随机初始化后同时进行规划，只用弹性绳算法进行运算，成功找到最优航路的次数为 58 次，成功率为 58%，而经过混合算法运算后成功找到最优航路的次数为 94 次，成功率为 94%，大大增加了规划的成功率。由此可见，混合算法充分发挥了萤火虫算法的全局搜索能力。

混合算法的成功率不是 100%。主要原因如下：迭代停止阈值 $t_{stop}^{g}=3$ 较小，使混合算法过早地退出了运算；种群规模较小，种群的多样性难以保证，使算法的搜索范围受到了限制。若增大种群规模，不混合算法跳出局部最优解的能力会增大，同时仅用弹性绳算法进行寻路，寻找到最优航路的概率也会增大，所以增大种群规模，将会使混合算法寻找全局最优航路的成功率大幅度提高。为观察迭代次数和种群规模对算法寻找最优航路成功率的影响，下面分别对增大迭代停止阈值 t_{stop}^{g} 和增大种群规模 n 进行试验。

6.5.2　迭代次数对规划结果影响实验

为验证迭代次数对寻找全局最优航路的影响，令迭代停止阈值 $t_{stop}^{g}=5$，其他参数采用表 6.10 中的数据。同样进行 100 次试验，实验结果如表 6.12 所示。

表 6.12　实验结果

实验次数	成功	成功率/%	平均耗时/s
100	100	100	61.4

通过增大迭代停止阈值 t_{stop}^{g}，间接地增大了混合算法的迭代次数，相同的实验参数下，混合算法寻优成功率大大提高，达到 100%，说明迭代次数对混合算法寻找全局最优位置的影响是很明显的，迭代次数越多，混合算法寻优的成功率就越大。实验中算法的平均迭代次数为 13.5 次，平均耗时为 61.4s，当 $t_{stop}^{g}=3$ 时，100 次运算平均耗时为 39.7s，可见通过增大迭代次数来提高算法寻优的成功率，

需要消耗更多的运算时间。

6.5.3 种群规模对规划结果影响实验

为验证种群规模对寻找全局最优航路的影响，令种群规模 $n=15$ ，其他参数采用表 6.10 中的数据。同样进行 100 次试验，实验结果如表 6.13 所示。

表 6.13　实验结果

试验次数	成功	成功率/%	平均耗时/s
100	100	100	45.66

在其他实验参数不变的情况下，增大种群规模 n ，混合算法寻优成功率得到很大提高，达到 100%。这说明种群规模对混合算法寻找全局最优位置的影响也是很明显的，种群规模越大，混合算法寻优的成功率就越大。本试验中算法的平均迭代次数为 8.0 次，平均耗时为 45.66s，当种群规模 $n=10$ 时，平均耗时为 39.7s，可见通过增大种群规模的方式，提高算法寻优的成功率，同样需要花费更多的运算时间。

可见通过采用耦合策略使弹性绳群算法与萤火虫算法相结合，可以使弹性绳算法和萤火虫算法的优势得到充分发挥。弹性绳算法虽然不具备最优区域搜索功能，但是起到了在某一区域进行最短航路搜索的作用；萤火虫算法算法的区域最短航路搜索功能较差，但是起到了最优区域搜索的作用。二者取长补短，优势互补达到较优的寻路效果。